Big book
of
kakuro

CONTENTS

INTRODUCTION..2

EASY PUZZLES 3

MEDIUM PUZZLES 60

HARD PUZZLES 117

ANSWERS 174

INTRODUCTION

A KAKURO puzzle is constructed on a crossword grid just like a
standard crossword, but the digits 1 to 9
are used instead of the letters of the alphabet.
In a standard Kakuro puzzle, the Across and Down clues are
simply the sums of the digits in the across and down words. A variant
of this standard is to use the products of the digits for the clues.
Crossword Express will make both of these variants.

EASY PUZZLES

PUZZLE :1

PUZZLE :2

PUZZLE :3

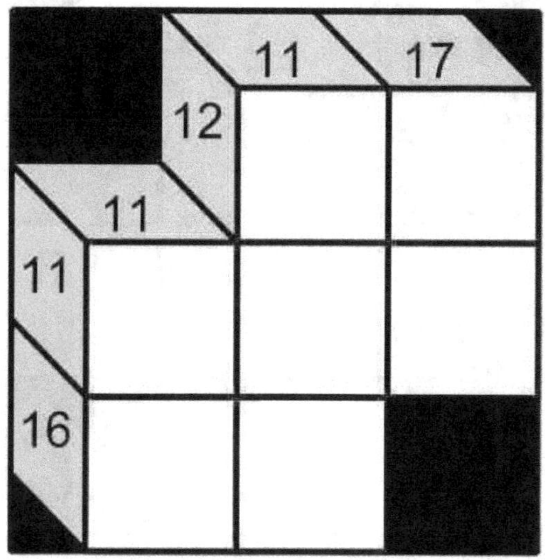

PUZZLE :4

PUZZLE :5

PUZZLE :6

PUZZLE :7

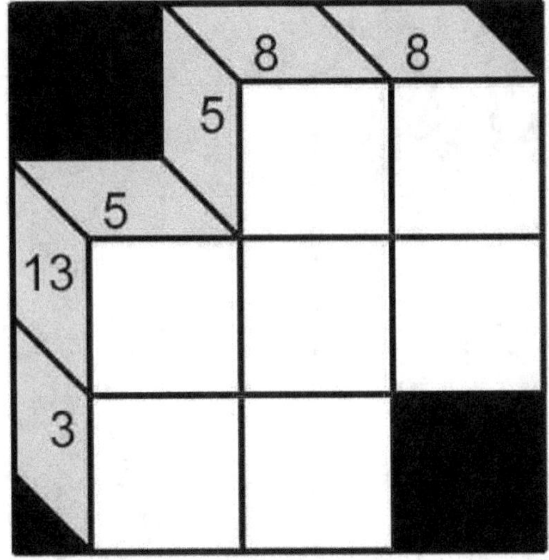

PUZZLE :8

PUZZLE :9

PUZZLE :10

PUZZLE :11

PUZZLE :12

PUZZLE :13

PUZZLE :14

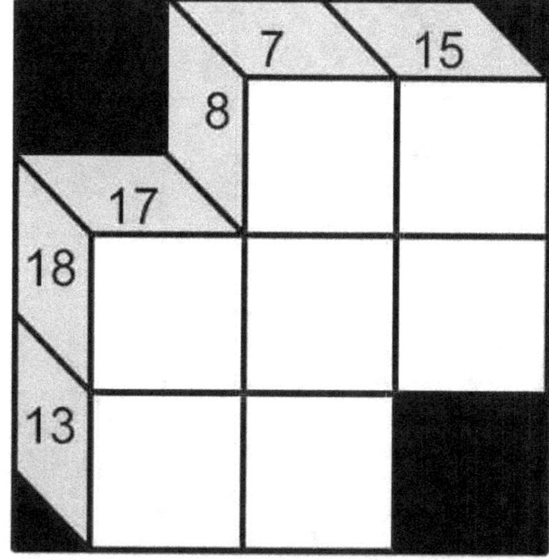

PUZZLE :15

PUZZLE :16

PUZZLE :17

PUZZLE :18

PUZZLE :19

PUZZLE :20

PUZZLE :21

PUZZLE :22

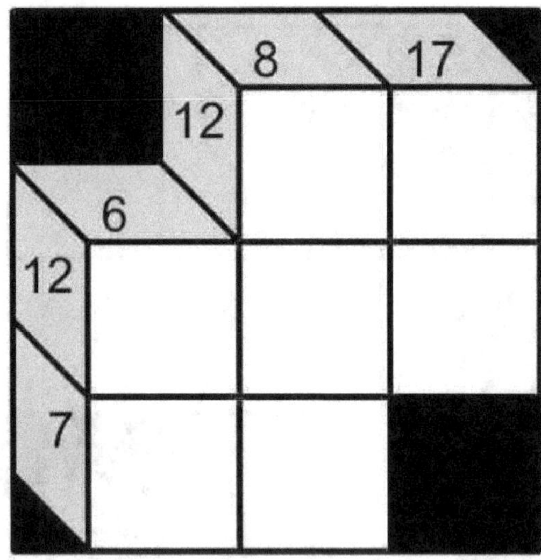

PUZZLE :23

PUZZLE :24

PUZZLE :25

PUZZLE :26

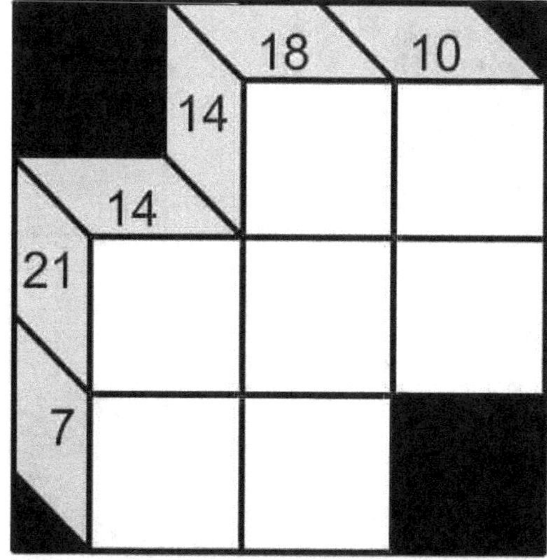

PUZZLE :27

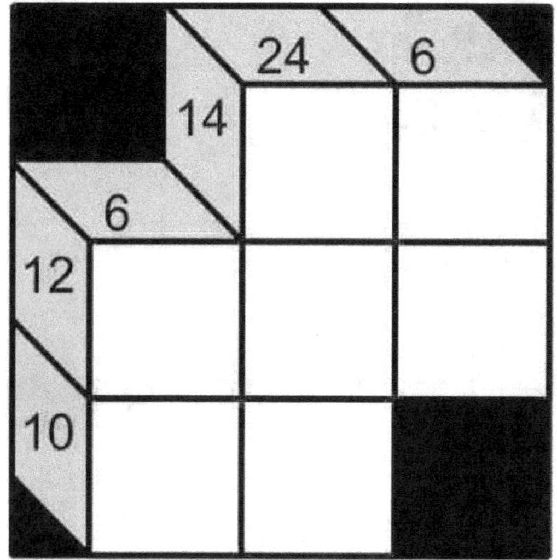

PUZZLE :28

PUZZLE :29

PUZZLE :30

PUZZLE :31

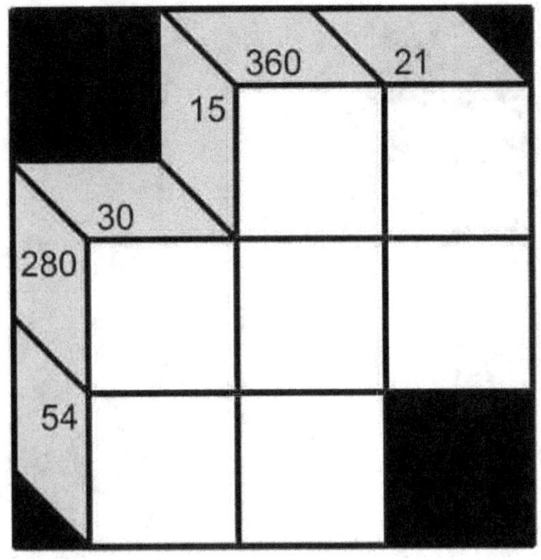

PUZZLE :32

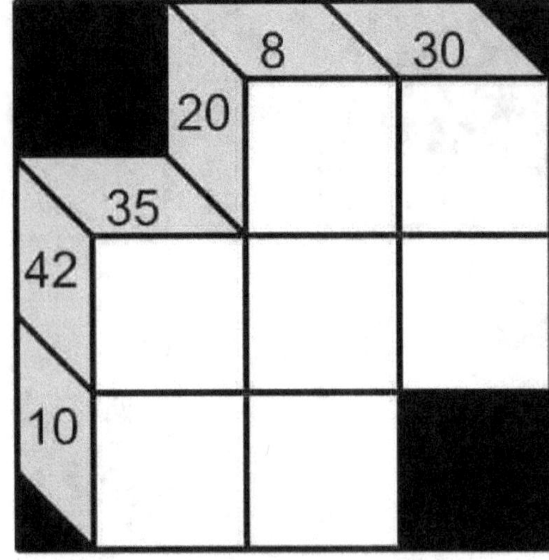

PUZZLE :33

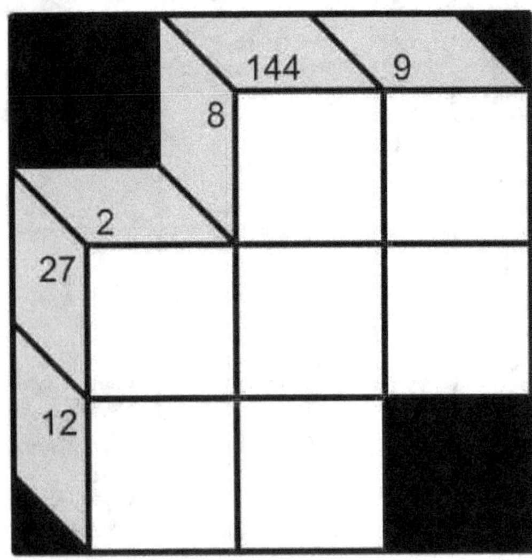

PUZZLE :34

PUZZLE :35

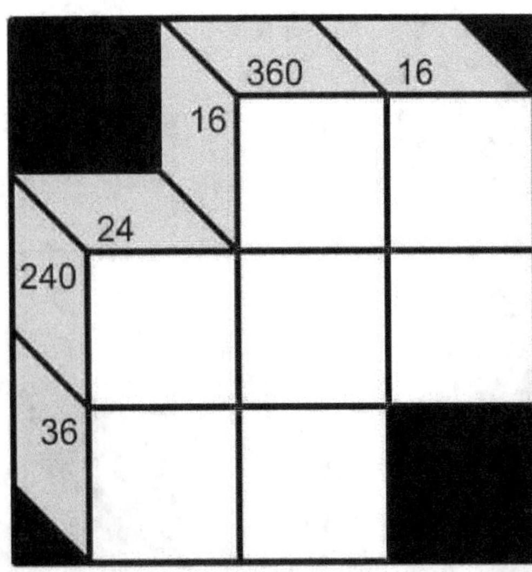

PUZZLE :36

PUZZLE :37

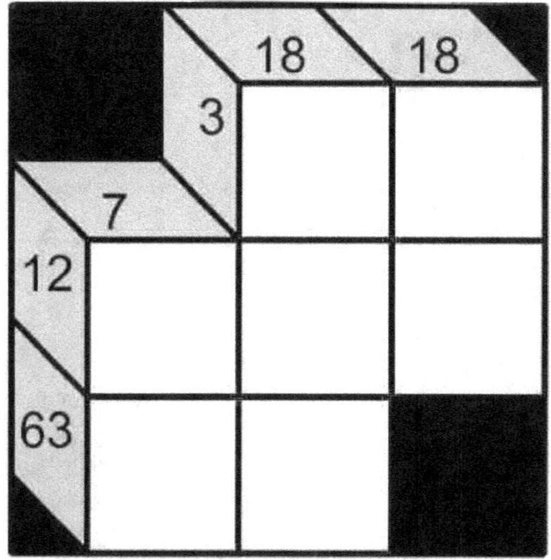

PUZZLE :38

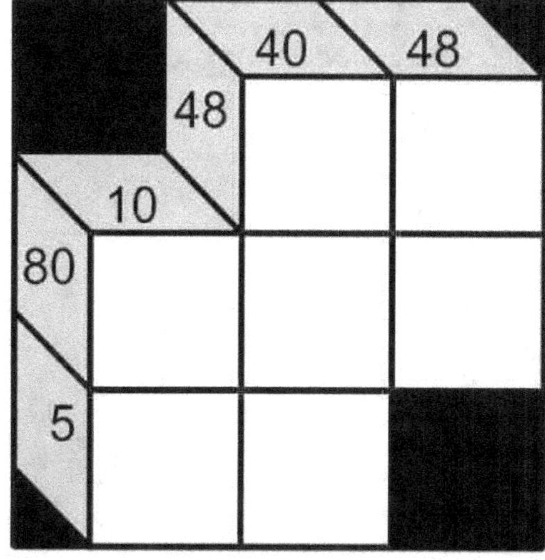

PUZZLE :39

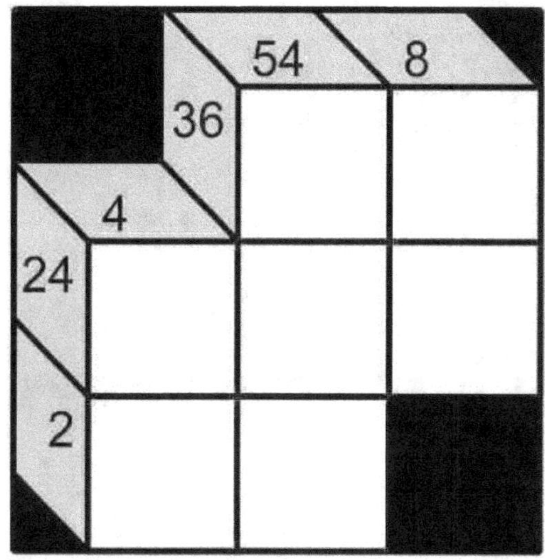

PUZZLE :40

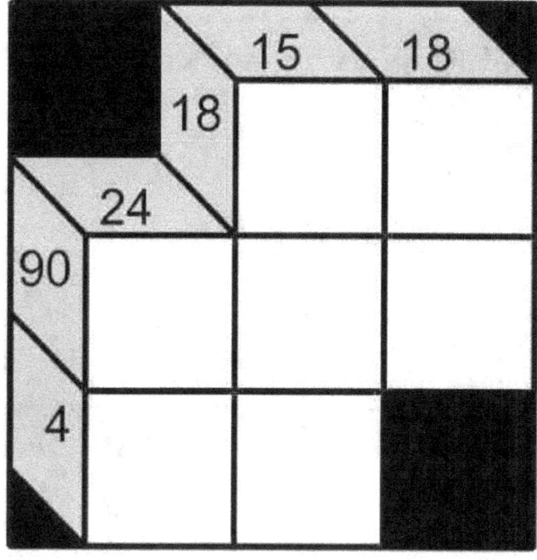

PUZZLE :41

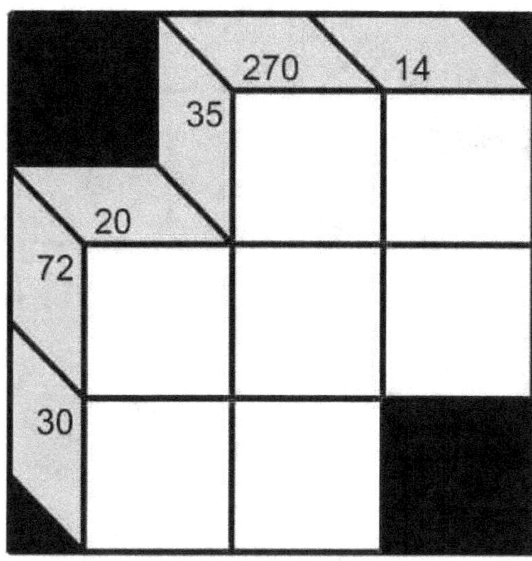

PUZZLE :42

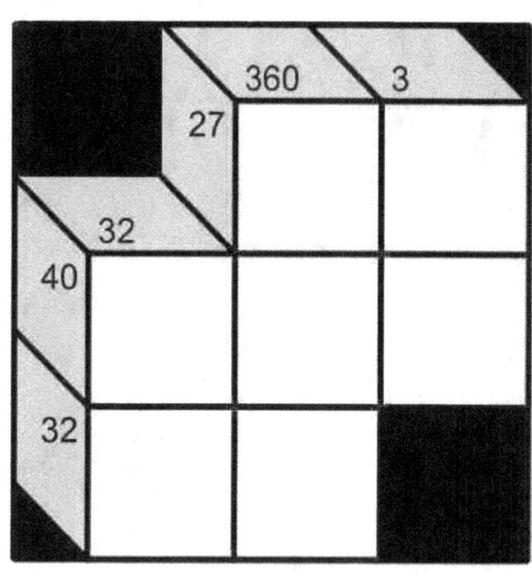

PUZZLE :43

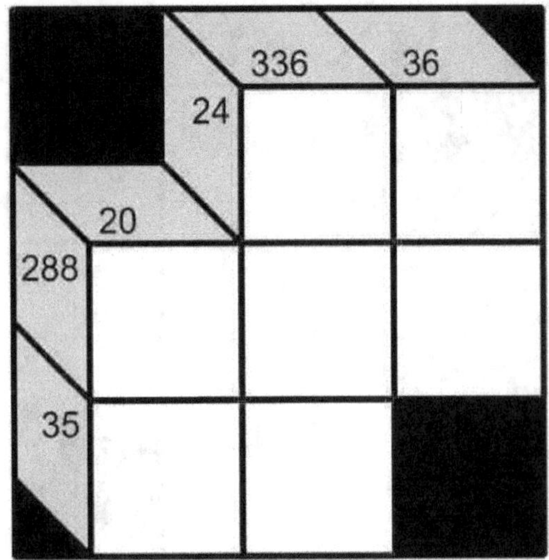

PUZZLE :44

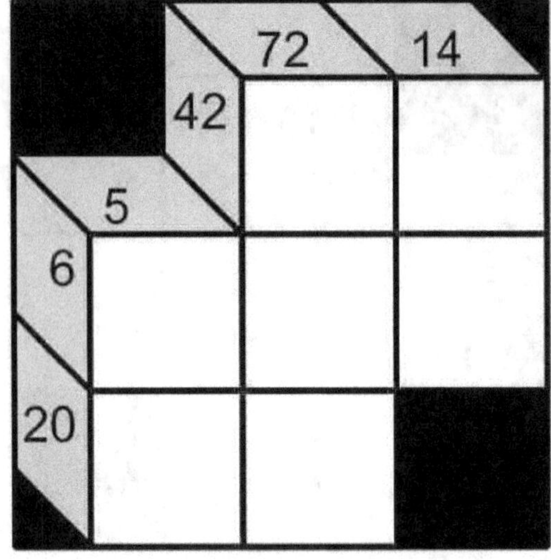

PUZZLE :45

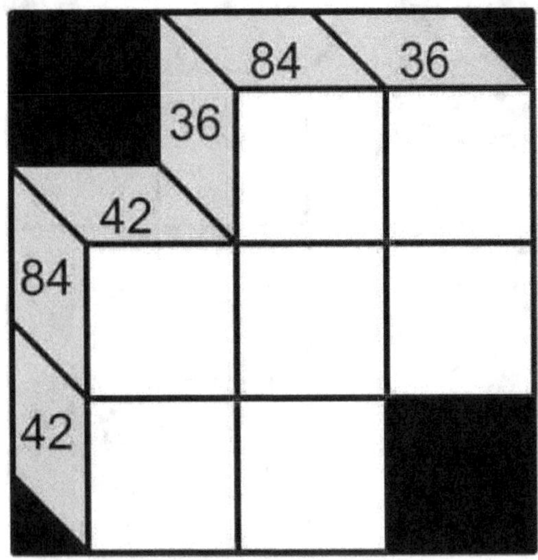

PUZZLE :46

PUZZLE :47

PUZZLE :48

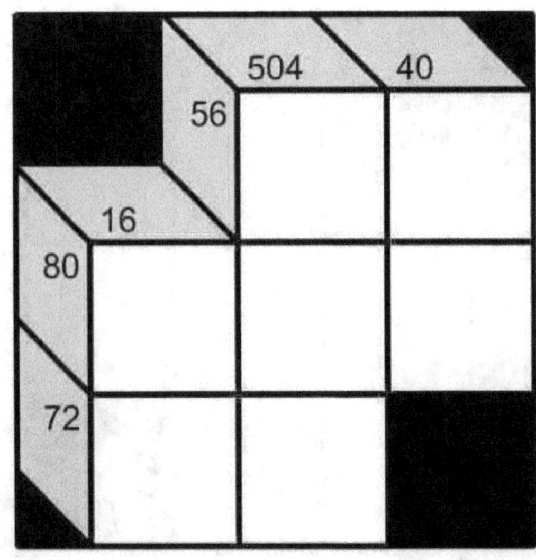

PUZZLE :49

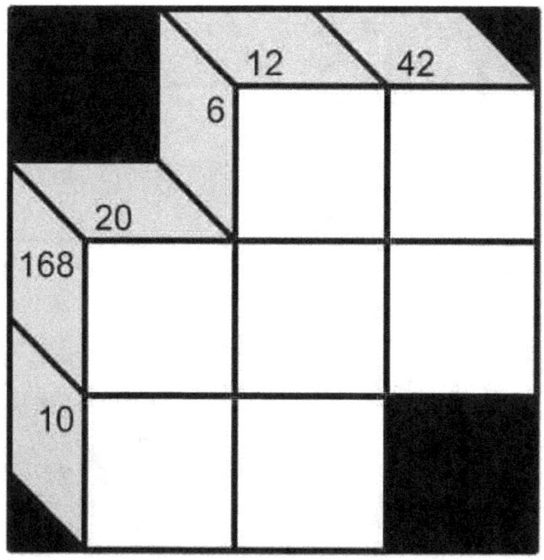

PUZZLE :50

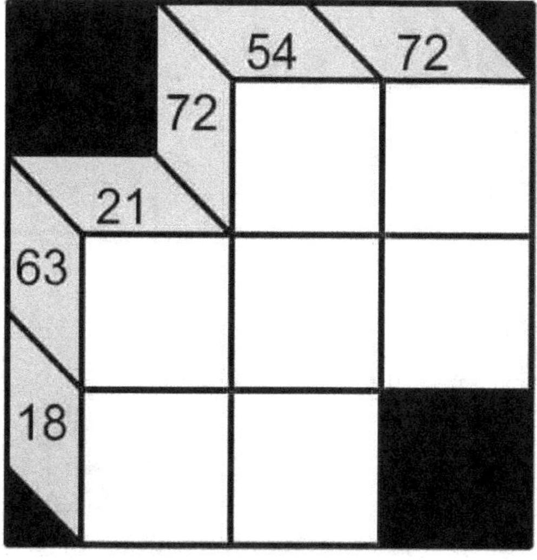

PUZZLE :51

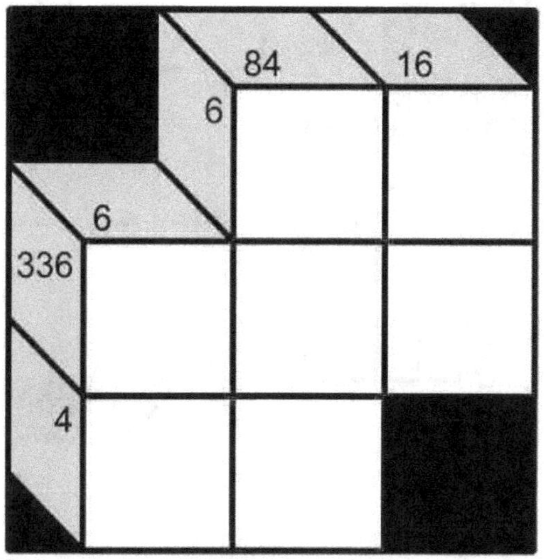

PUZZLE :52

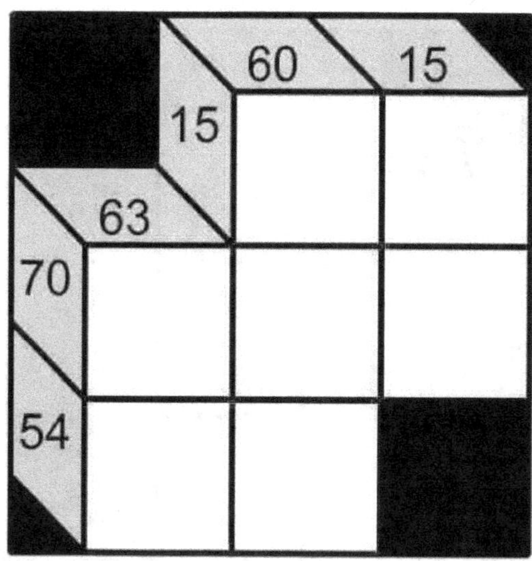

PUZZLE :53

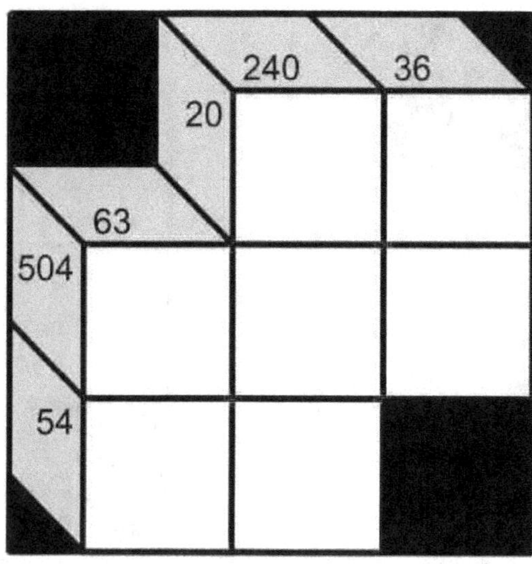

PUZZLE :54

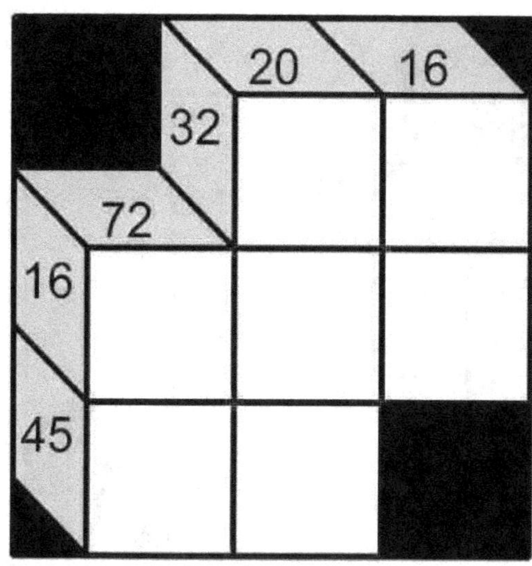

PUZZLE :55

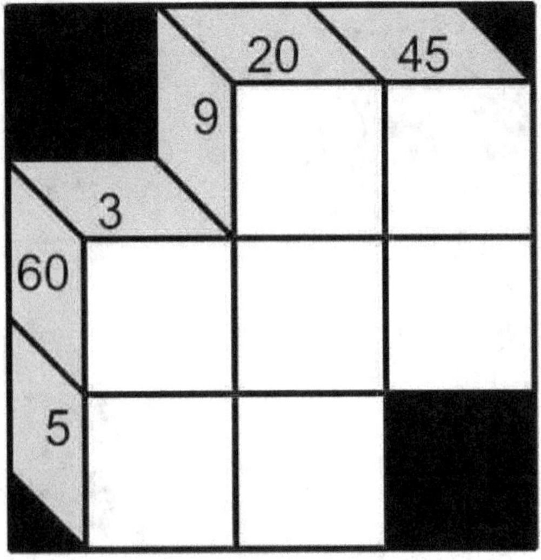

PUZZLE :56

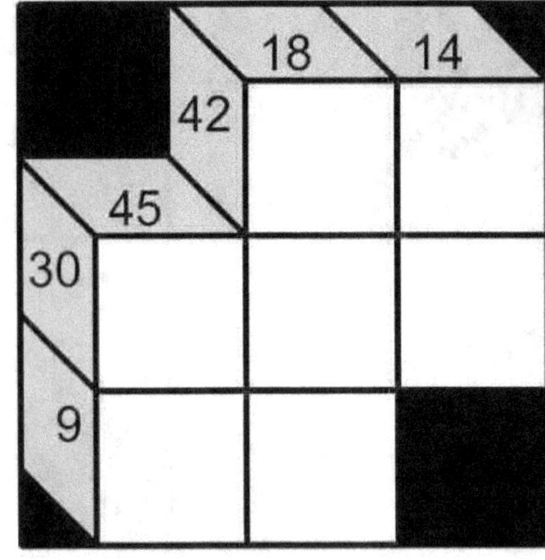

PUZZLE :57

PUZZLE :58

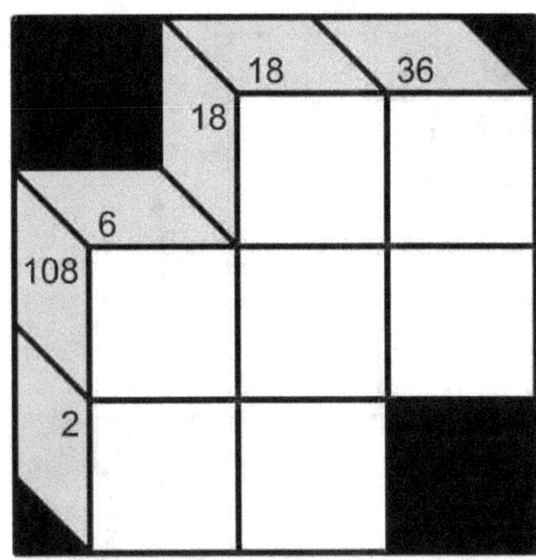

PUZZLE :59

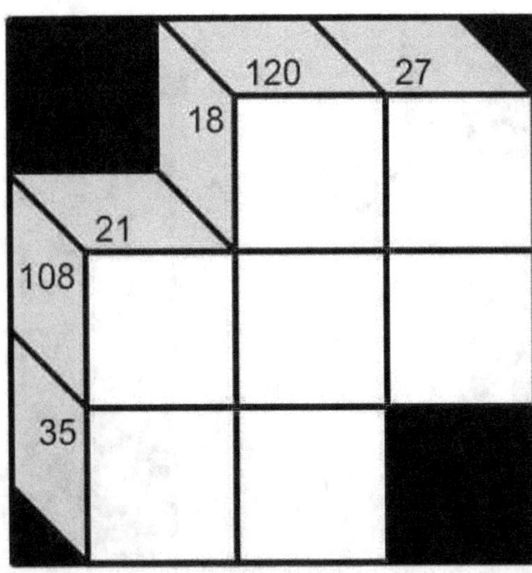

PUZZLE :60

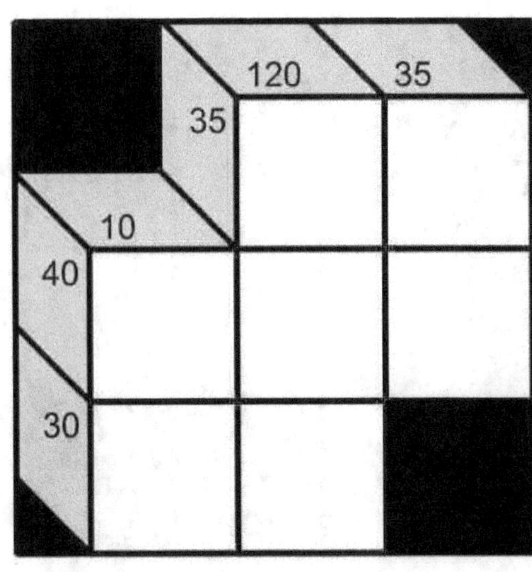

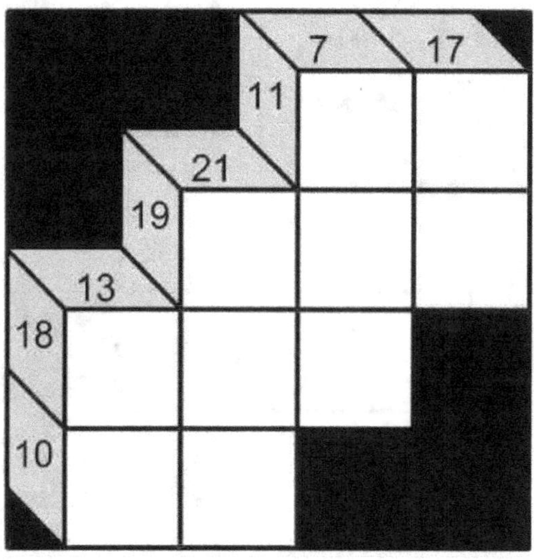

PUZZLE :67

PUZZLE :68

PUZZLE :69

PUZZLE :70

PUZZLE :71

PUZZLE :72

PUZZLE :73

PUZZLE :74

PUZZLE :75

PUZZLE :76

PUZZLE :77

PUZZLE :78

PUZZLE :79

PUZZLE :80

PUZZLE :81

PUZZLE :82

PUZZLE :83

PUZZLE :84

PUZZLE :85

PUZZLE :86

PUZZLE :87

PUZZLE :88

PUZZLE :89

PUZZLE :90

PUZZLE :91

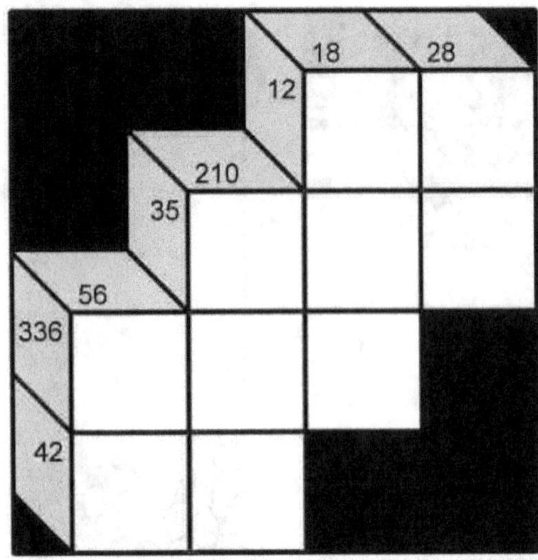

PUZZLE :92

PUZZLE :93

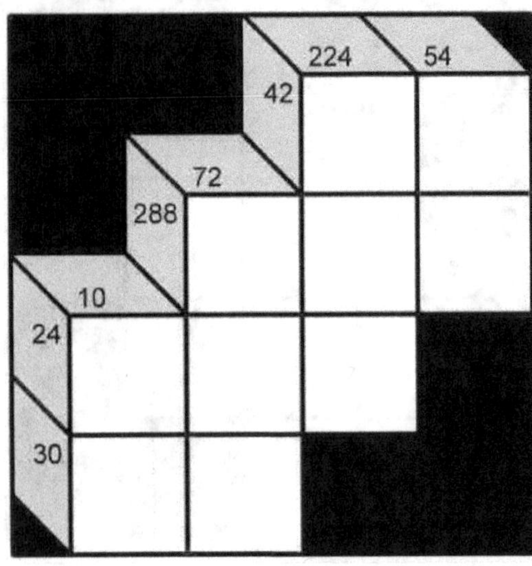

PUZZLE :94

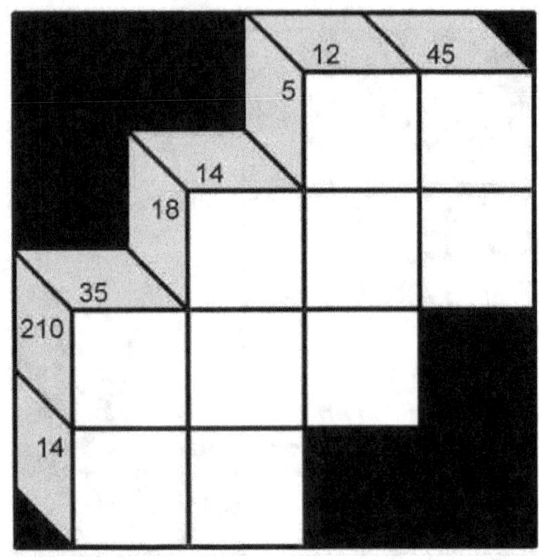

PUZZLE :95

PUZZLE :96

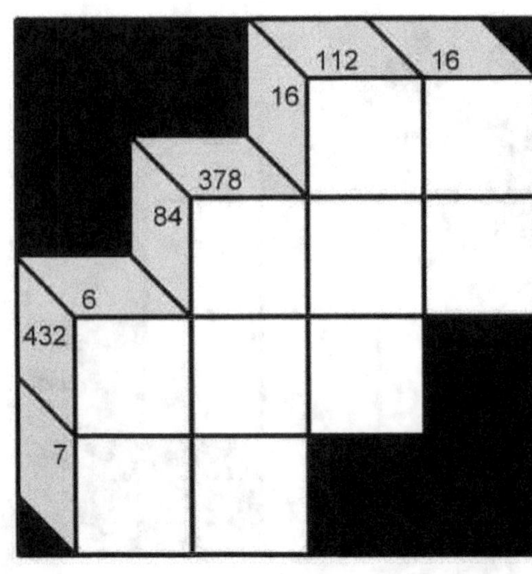

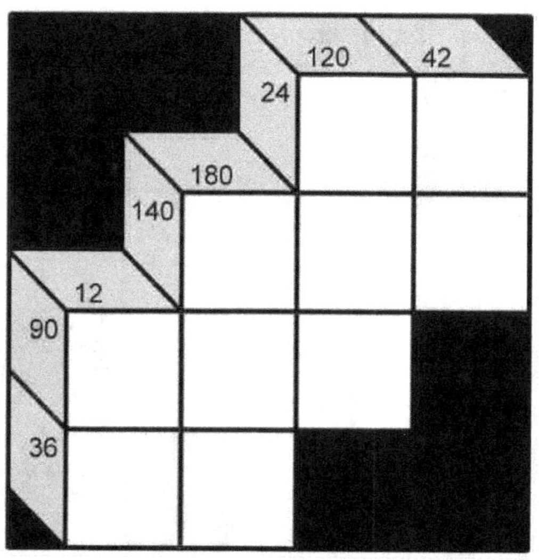

PUZZLE :97

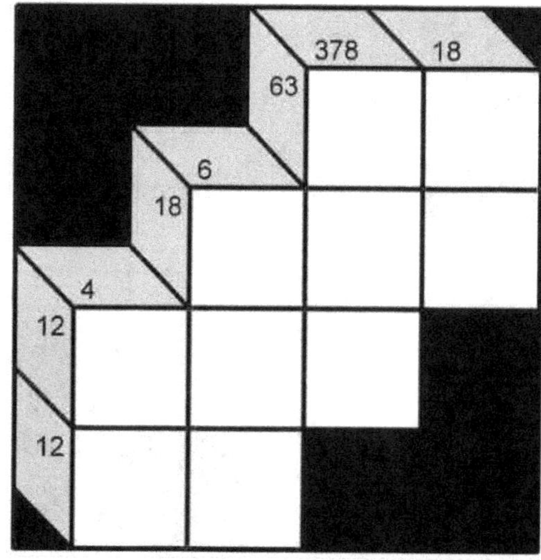

PUZZLE :98

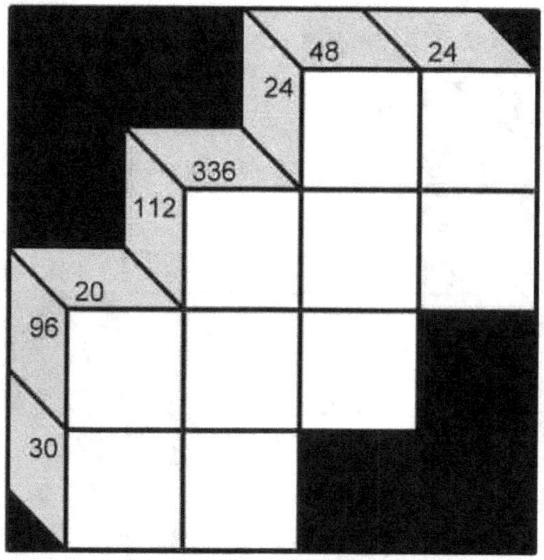

PUZZLE :99

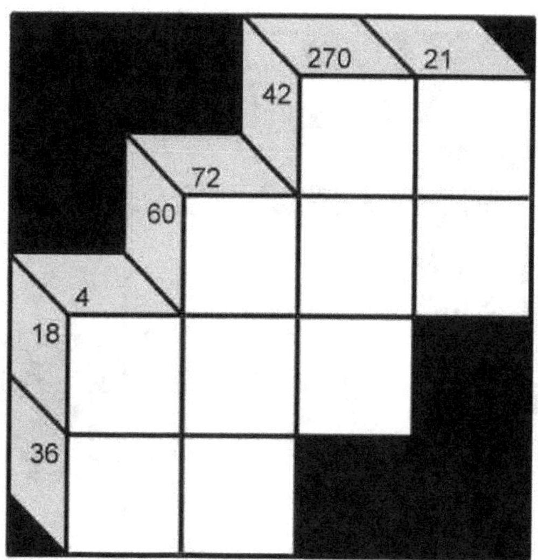

PUZZLE :100

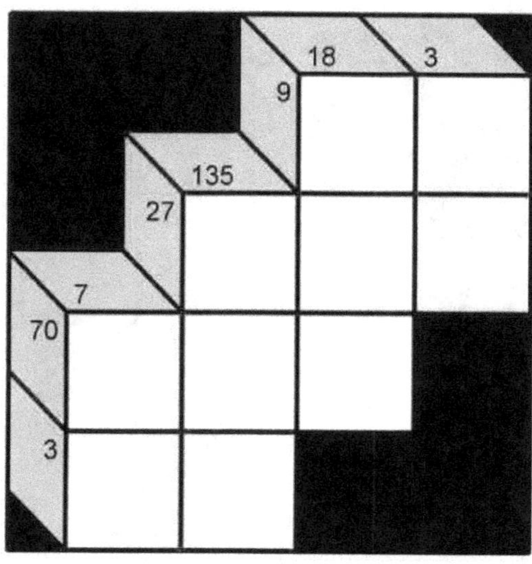

PUZZLE :101

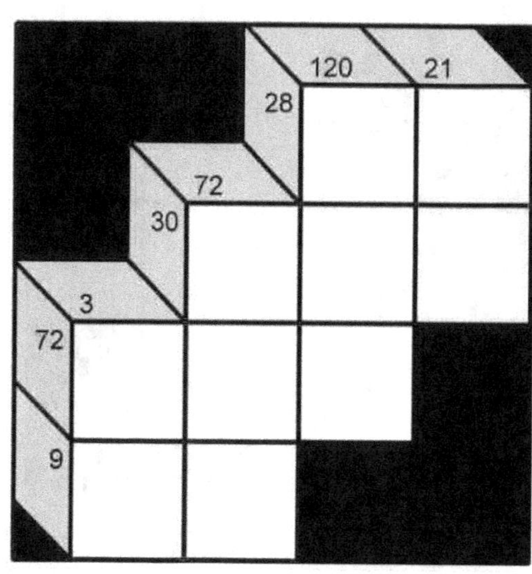

PUZZLE :102

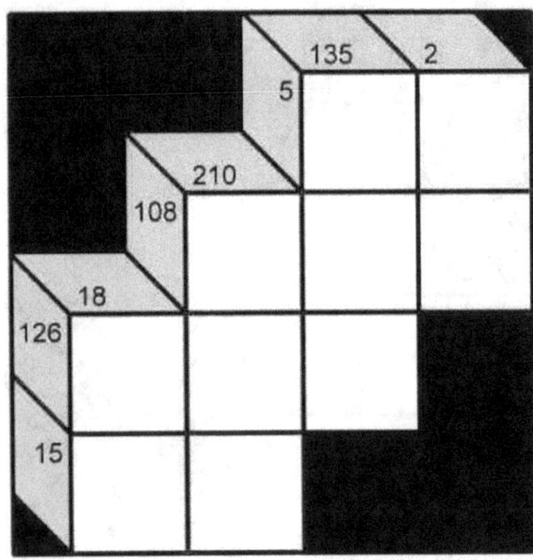

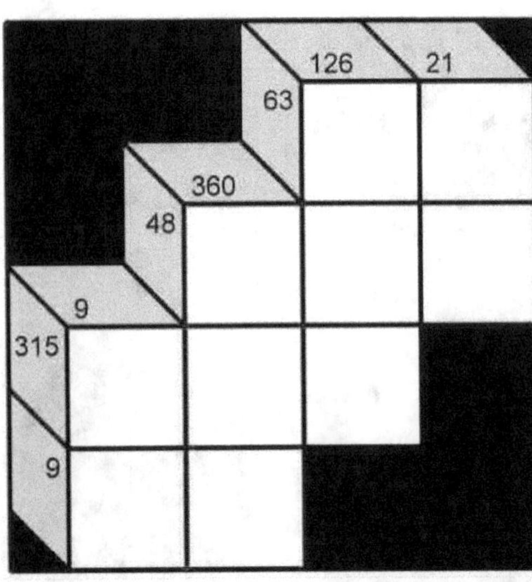

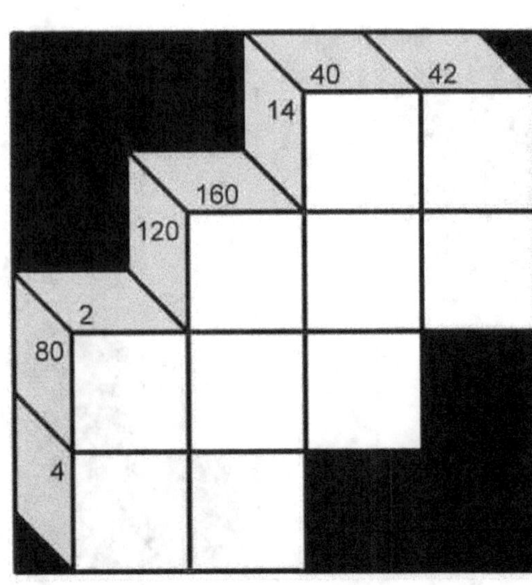

PUZZLE :109

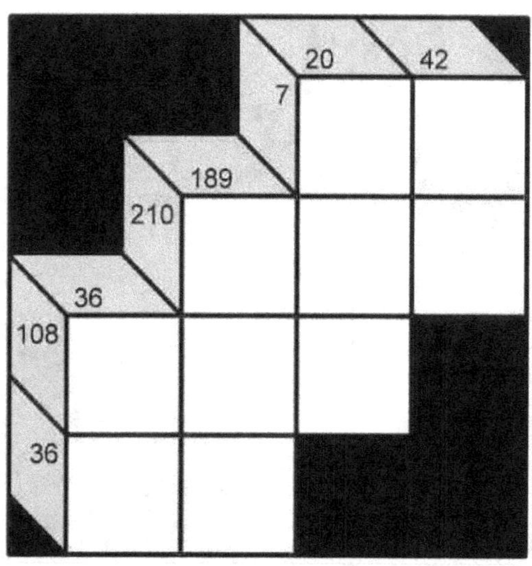

PUZZLE :110

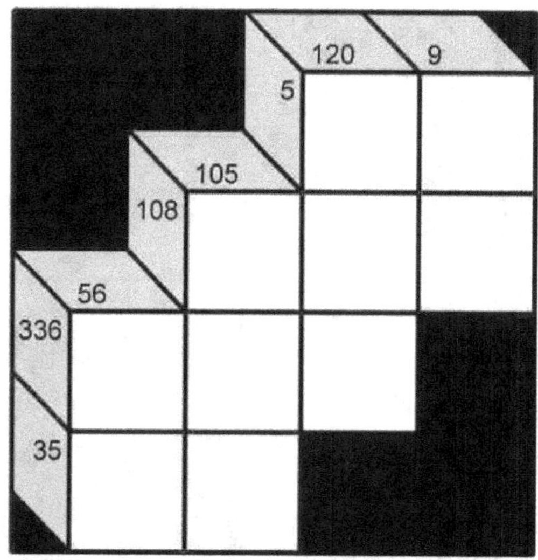

PUZZLE :111

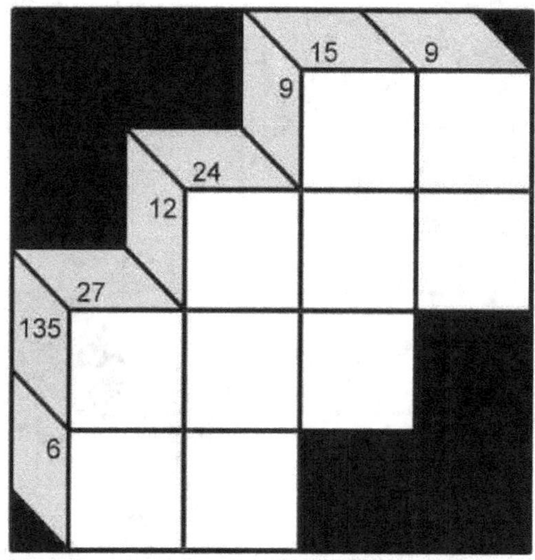

PUZZLE :112

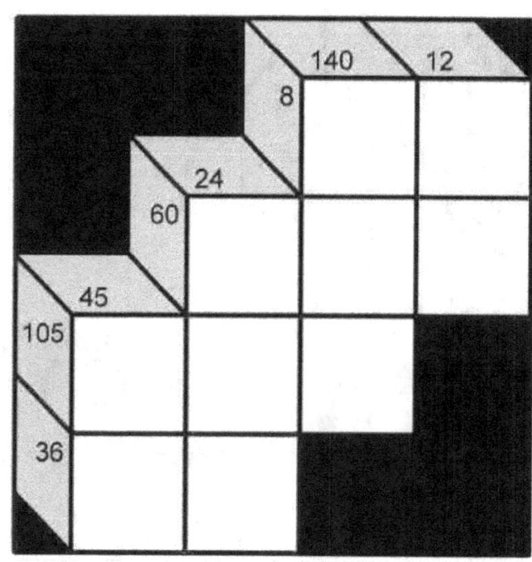

PUZZLE :113

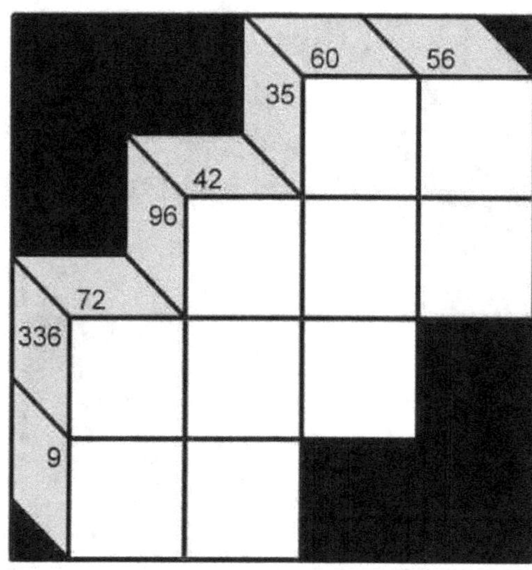

PUZZLE :114

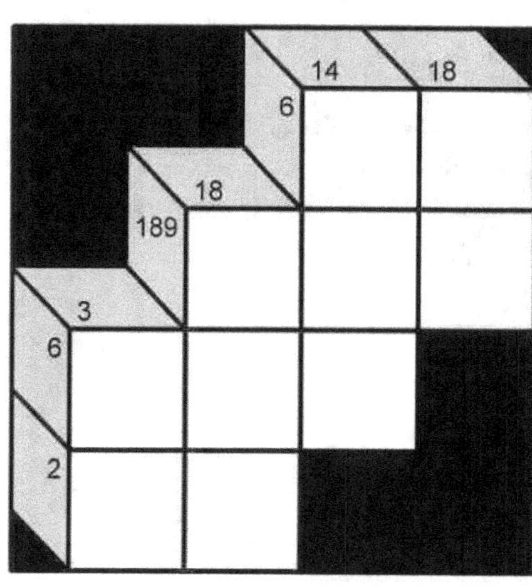

PUZZLE :115

PUZZLE :116

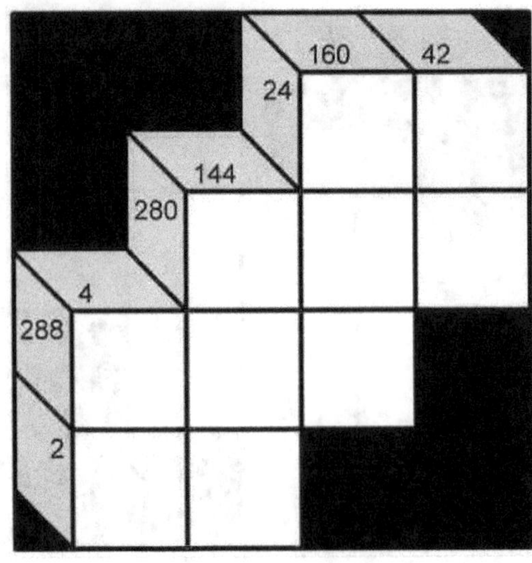

PUZZLE :117

PUZZLE :118

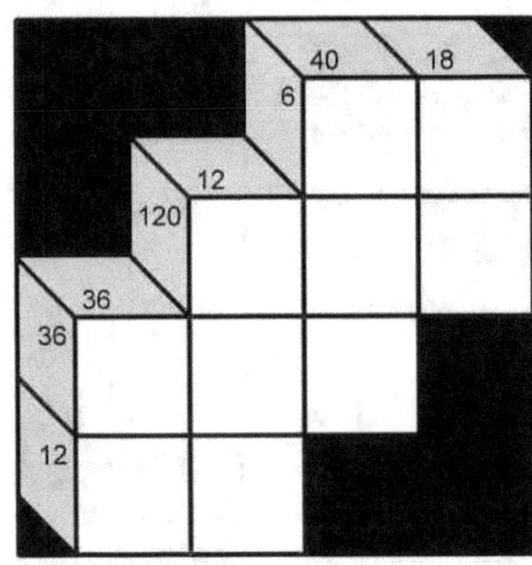

PUZZLE :119

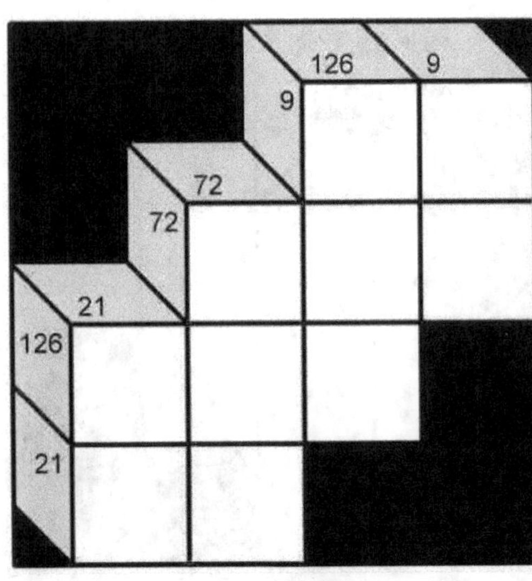

PUZZLE :120

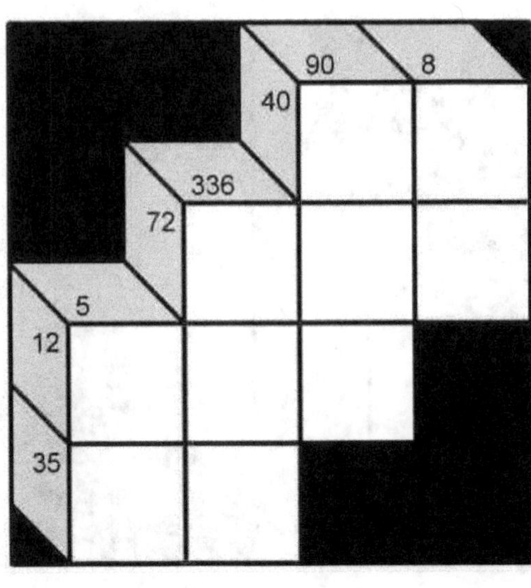

PUZZLE :121

PUZZLE :122

PUZZLE :123

PUZZLE :124

PUZZLE :125

PUZZLE :126

PUZZLE :127

PUZZLE :128

PUZZLE :129

PUZZLE :130

PUZZLE :131

PUZZLE :132

PUZZLE :133

PUZZLE :134

PUZZLE :135

PUZZLE :136

PUZZLE :137

PUZZLE :138

PUZZLE :139

PUZZLE :140

PUZZLE :141

PUZZLE :142

PUZZLE :143

PUZZLE :144

PUZZLE :145

PUZZLE :146

PUZZLE :147

PUZZLE :148

PUZZLE :149

PUZZLE :150

PUZZLE :151

PUZZLE :152

PUZZLE :153

PUZZLE :154

PUZZLE :155

PUZZLE :156

PUZZLE :157

PUZZLE :158

PUZZLE :159

PUZZLE :160

PUZZLE :161

PUZZLE :162

PUZZLE :163

PUZZLE :164

PUZZLE :165

PUZZLE :166

PUZZLE :167

PUZZLE :168

PUZZLE :169

PUZZLE :170

PUZZLE :171

PUZZLE :172

PUZZLE :173

PUZZLE :174

PUZZLE :175

PUZZLE :176

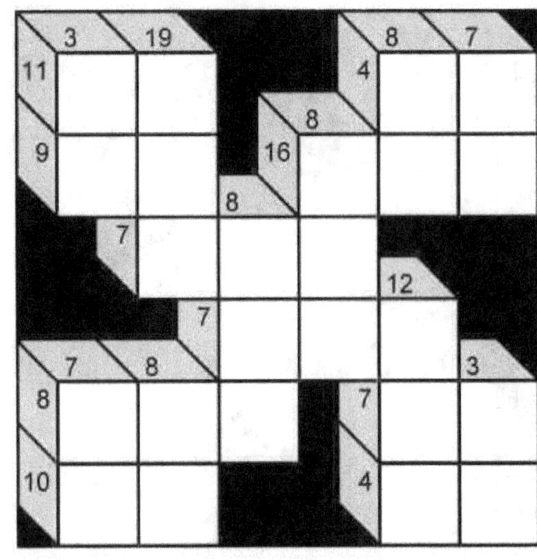

PUZZLE :177

PUZZLE :178

PUZZLE :179

PUZZLE :180

PUZZLE :181

PUZZLE :182

PUZZLE :183

PUZZLE :184

PUZZLE :185

PUZZLE :186

PUZZLE :187

PUZZLE :188

PUZZLE :189

PUZZLE :190

PUZZLE :191

PUZZLE :192

PUZZLE :193

PUZZLE :194

PUZZLE :195

PUZZLE :196

PUZZLE :197

PUZZLE :198

PUZZLE :199

PUZZLE :200

PUZZLE :201

PUZZLE :202

PUZZLE :203

PUZZLE :204

PUZZLE :205

PUZZLE :206

PUZZLE :207

PUZZLE :208

PUZZLE :209

PUZZLE :210

PUZZLE :211

PUZZLE :212

PUZZLE :213

PUZZLE :214

PUZZLE :215

PUZZLE :216

PUZZLE :217

PUZZLE :218

PUZZLE :219

PUZZLE :220

PUZZLE :221

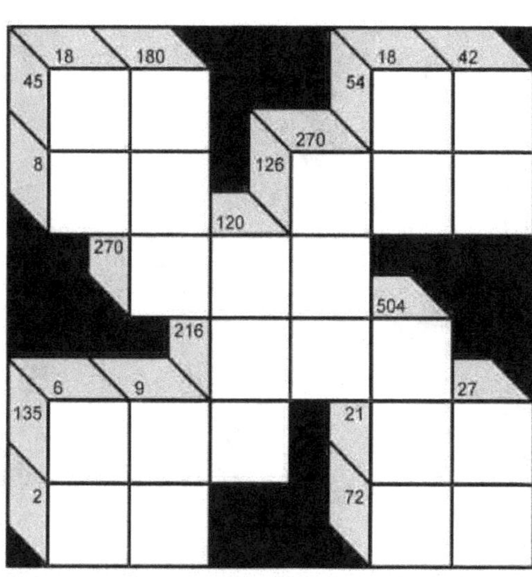

PUZZLE :222

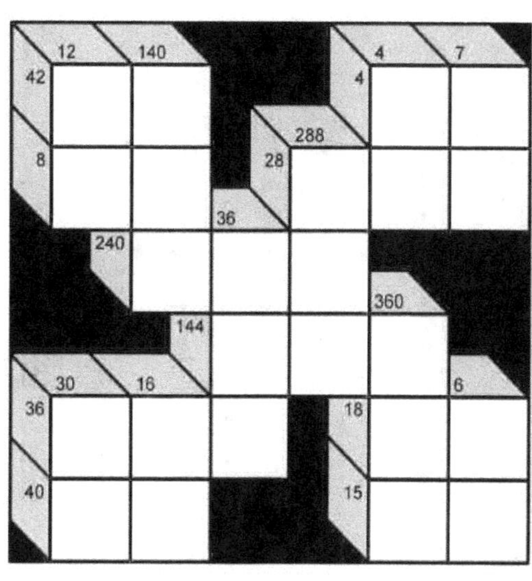

PUZZLE :223

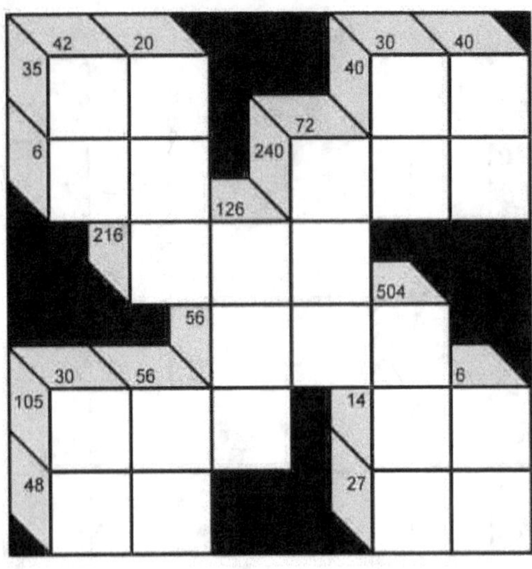

PUZZLE :224

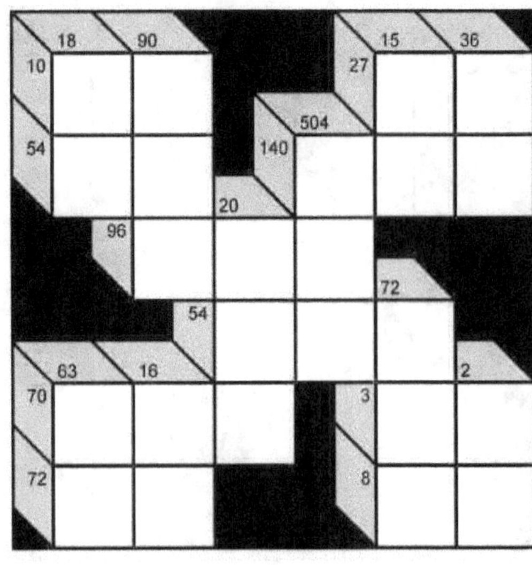

PUZZLE :225

PUZZLE :226

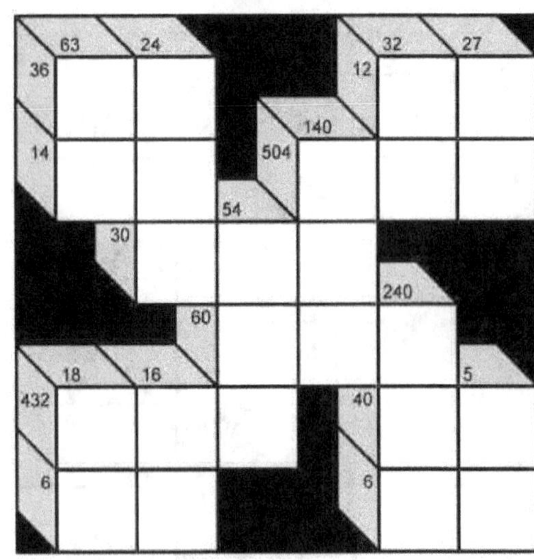

PUZZLE :227

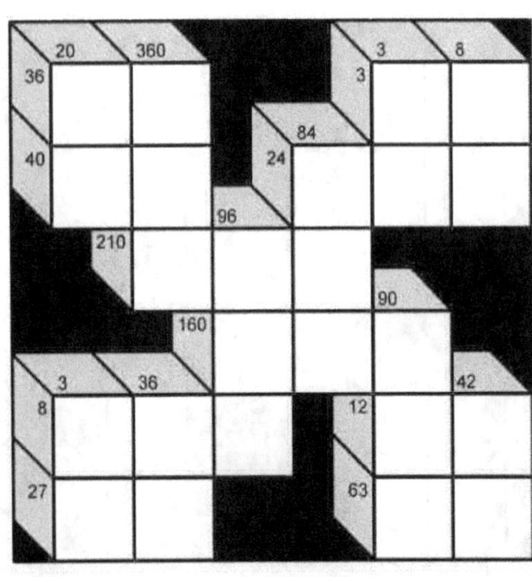

PUZZLE :228

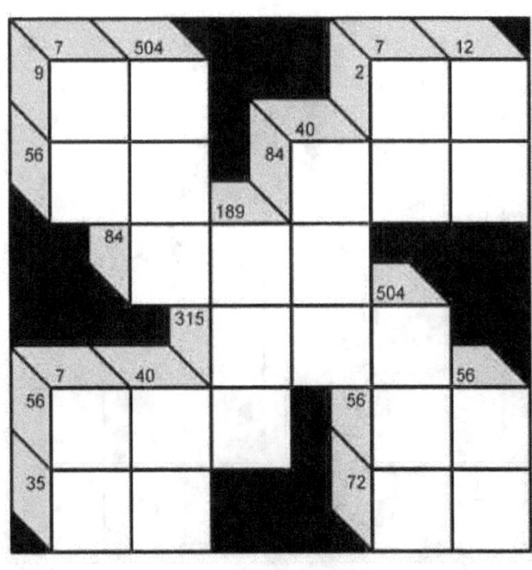

PUZZLE :229

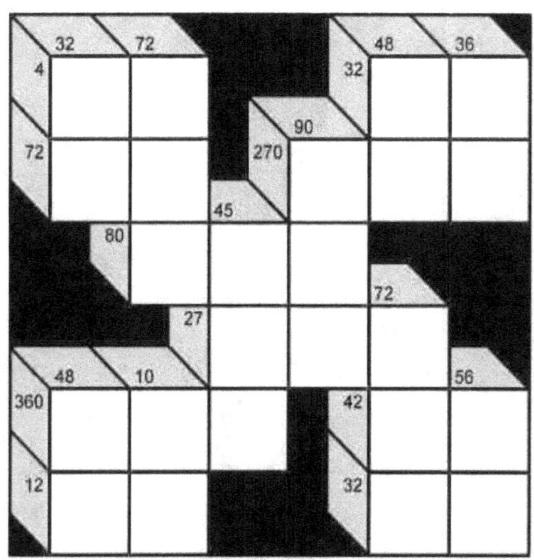

PUZZLE :230

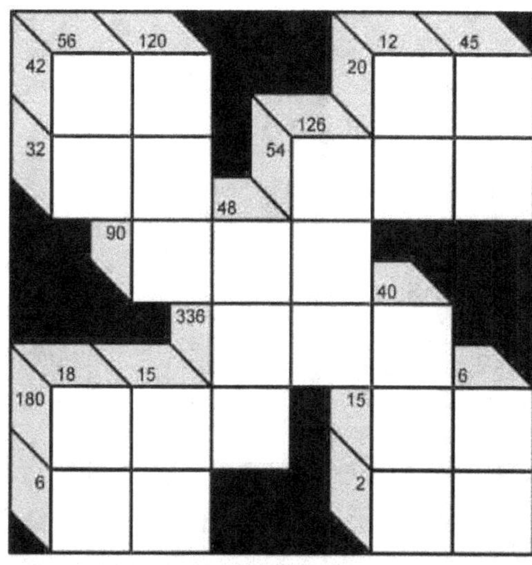

PUZZLE :231

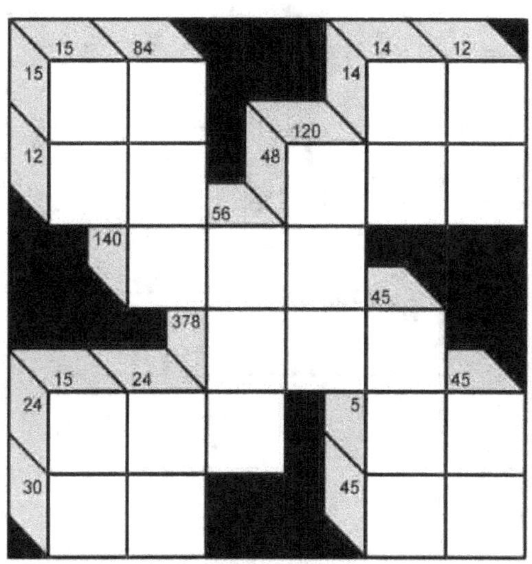

PUZZLE :232

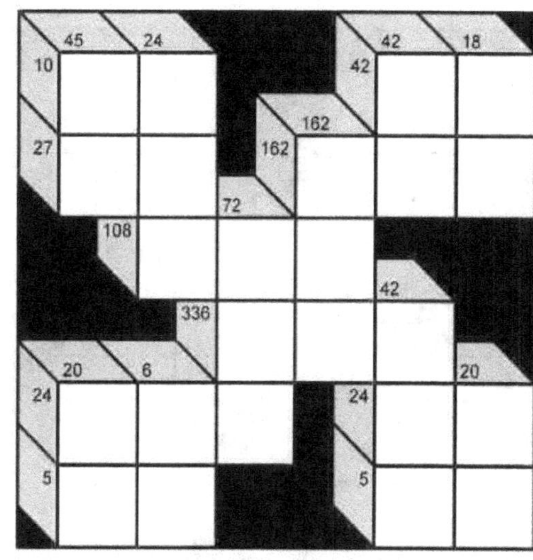

PUZZLE :233

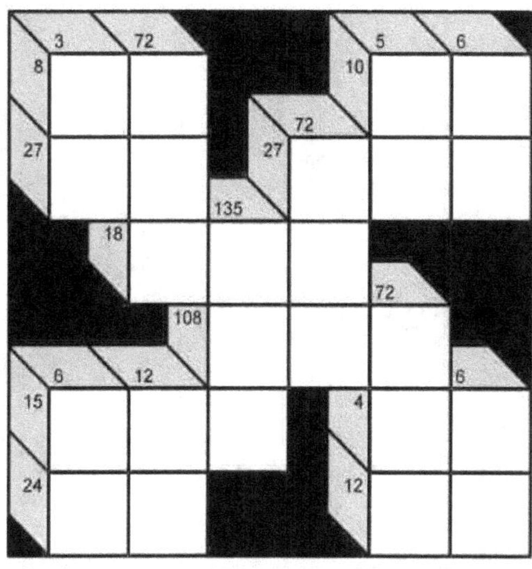

PUZZLE :234

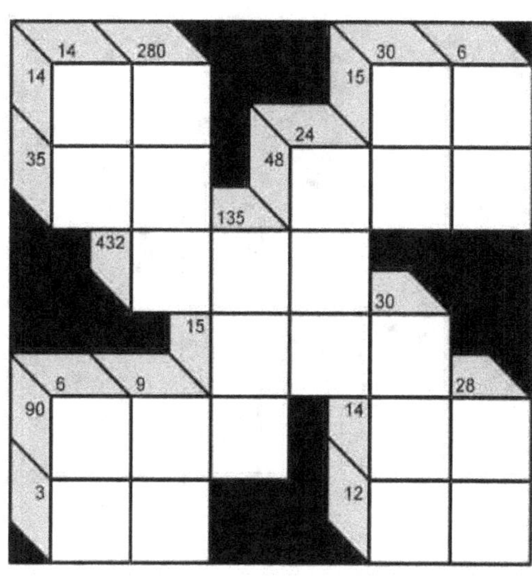

PUZZLE :235

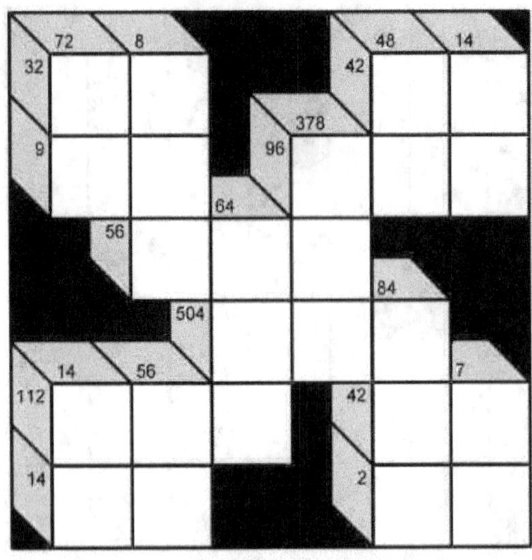

PUZZLE :236

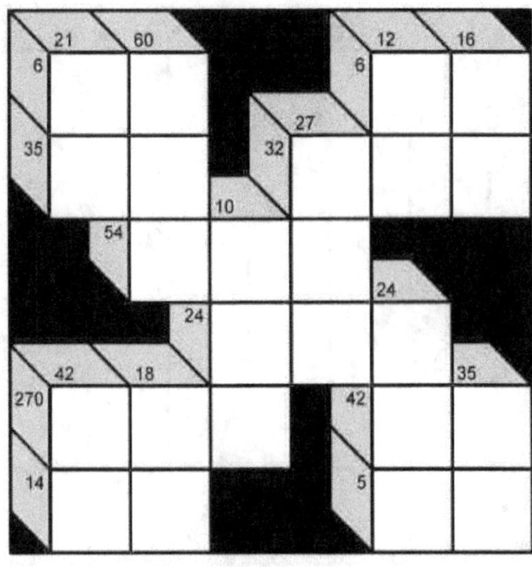

PUZZLE :237

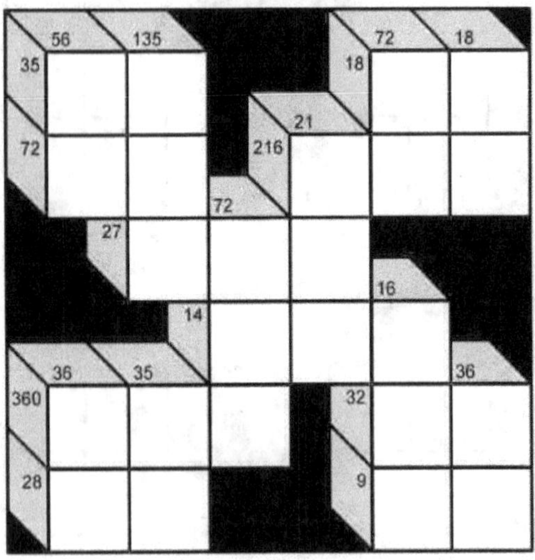

PUZZLE :238

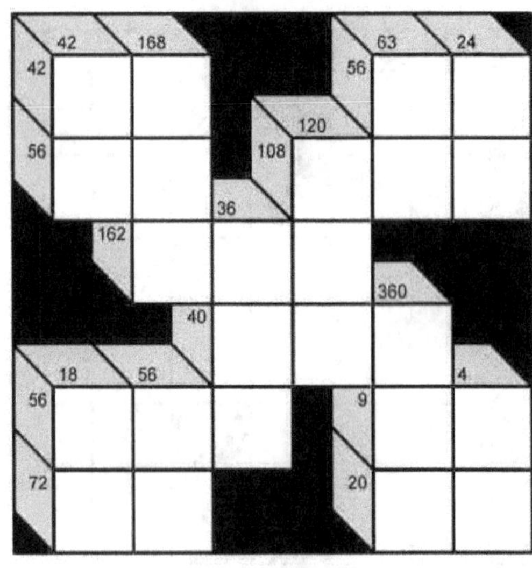

PUZZLE :239

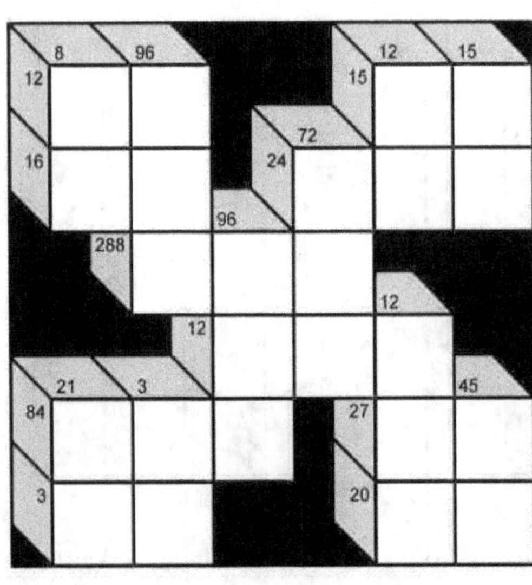

PUZZLE :240

PUZZLE :241

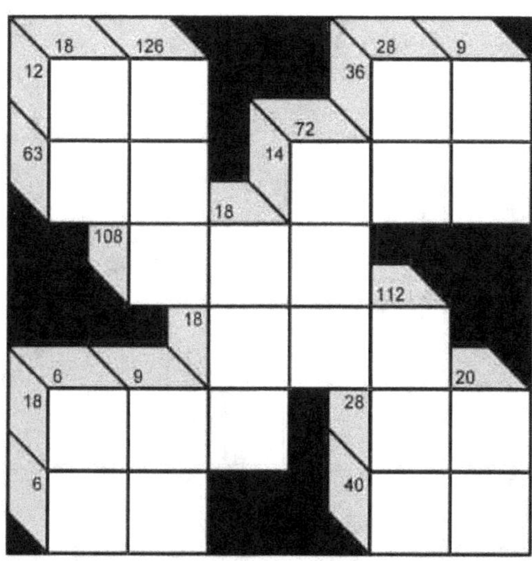

PUZZLE :242

PUZZLE :243

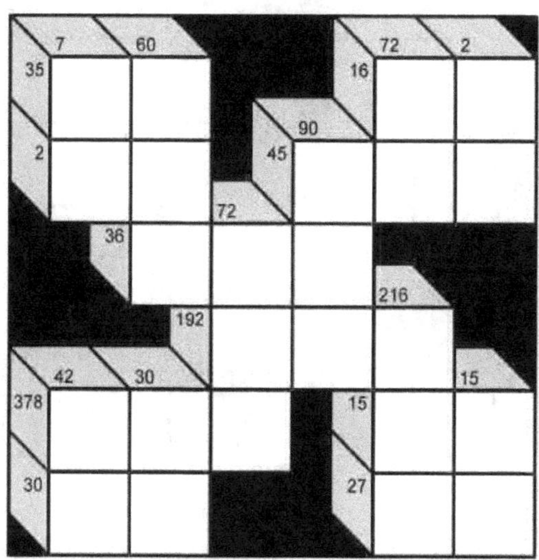

PUZZLE :244

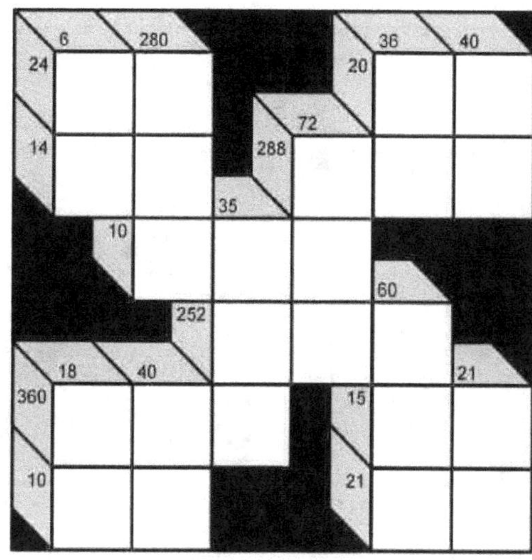

PUZZLE :245

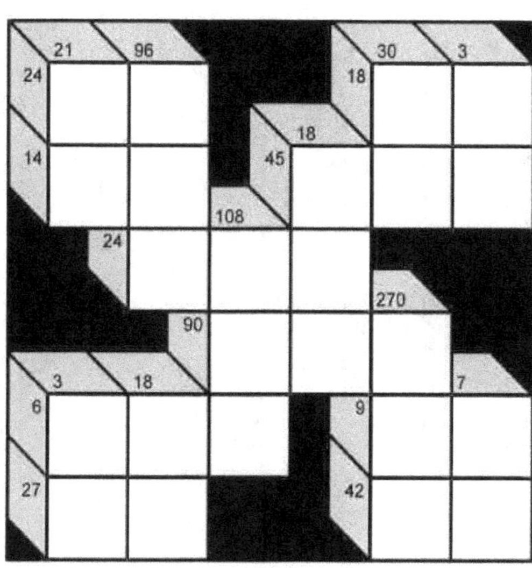

PUZZLE :246

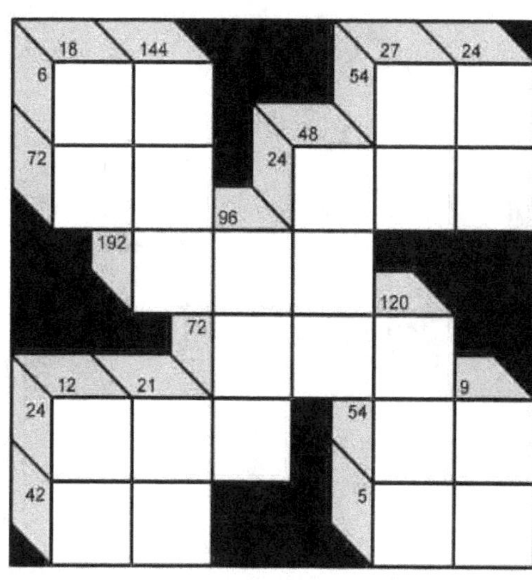

PUZZLE :247

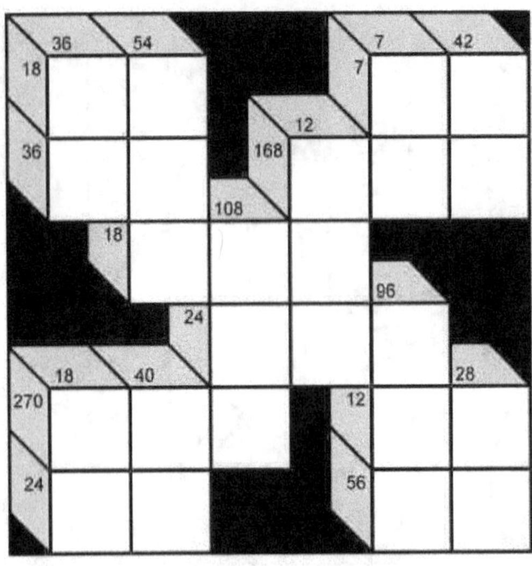

PUZZLE :248

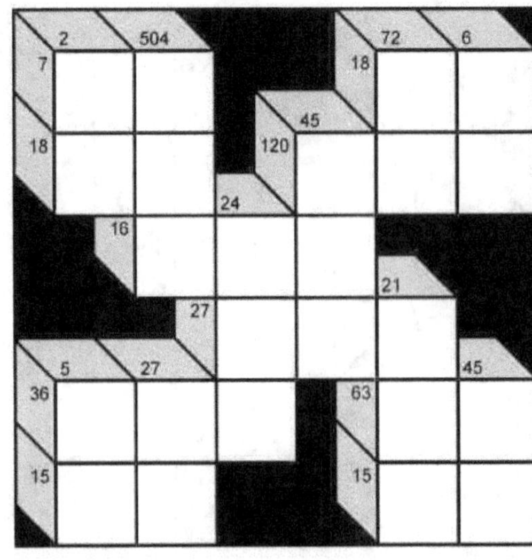

PUZZLE :249

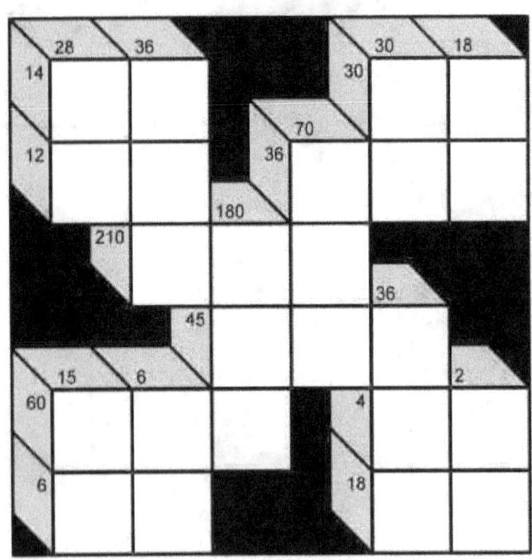

PUZZLE :250

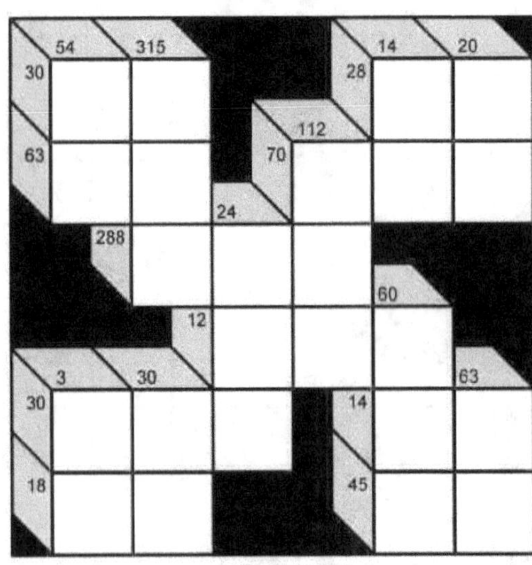

PUZZLE :251

PUZZLE :252

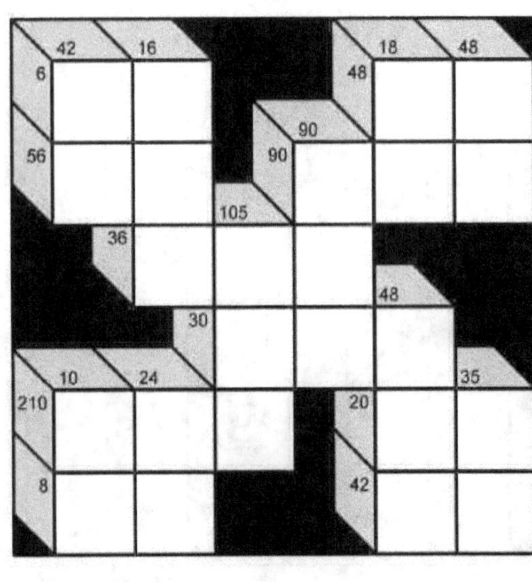

PUZZLE :253

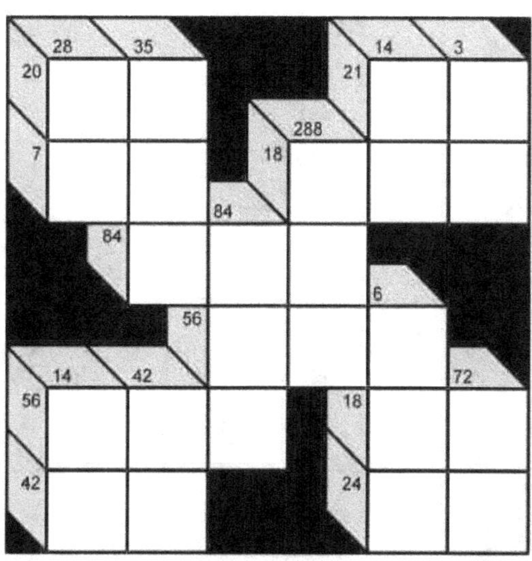

PUZZLE :254

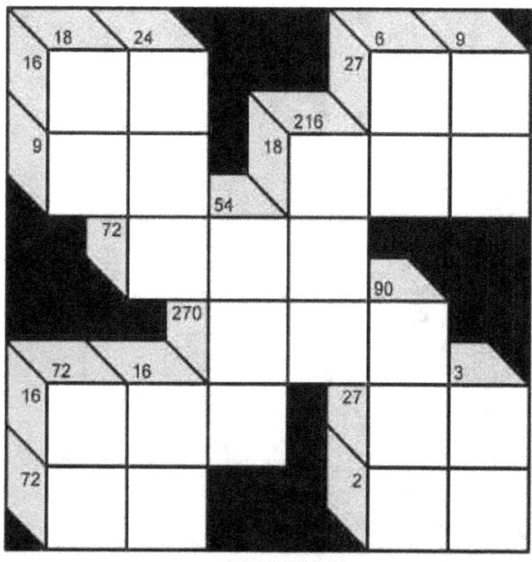

PUZZLE :255

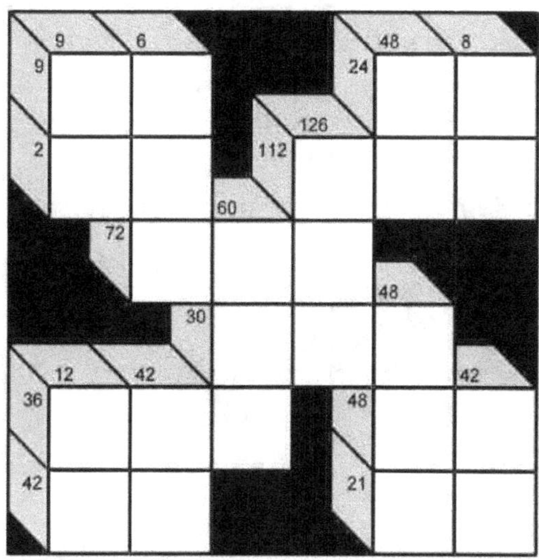

PUZZLE :256

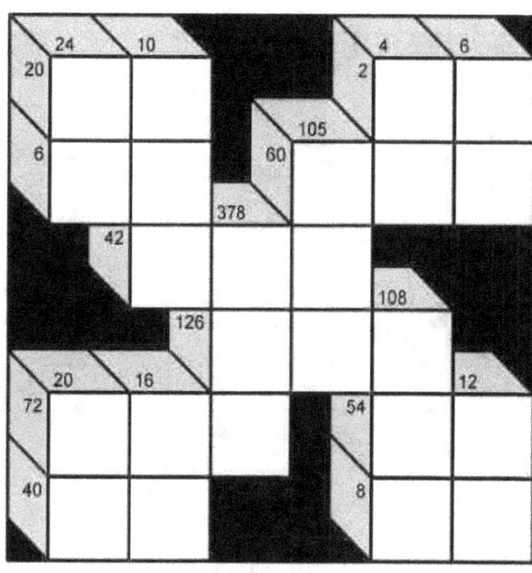

PUZZLE :257

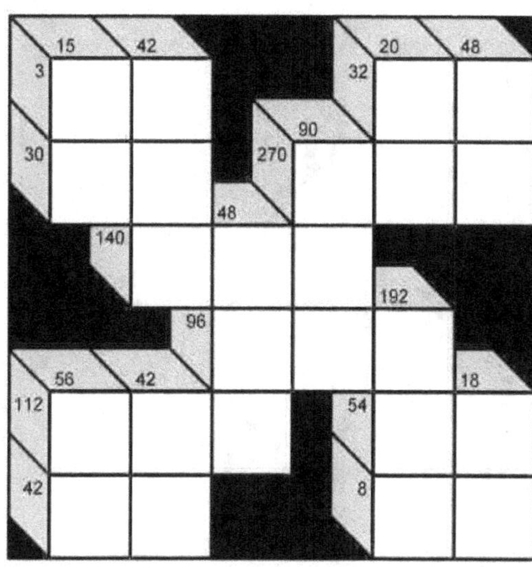

PUZZLE :258

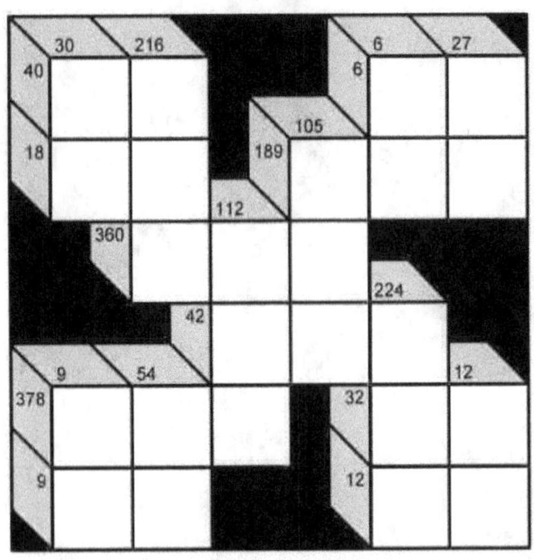

PUZZLE :259

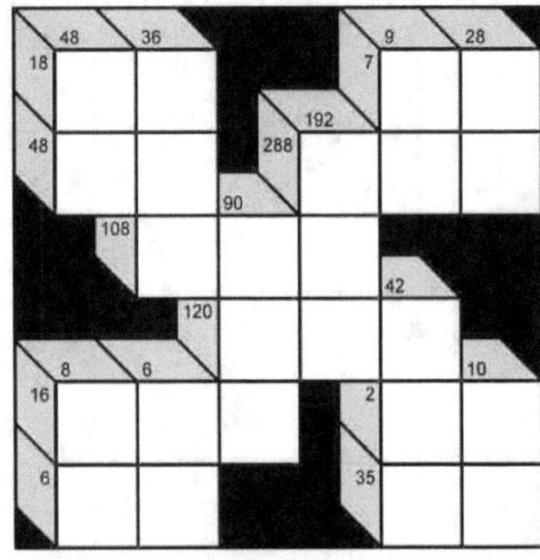

PUZZLE :260

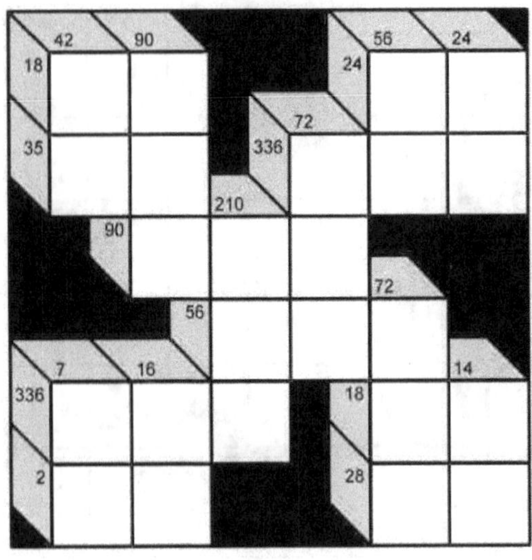

PUZZLE :261

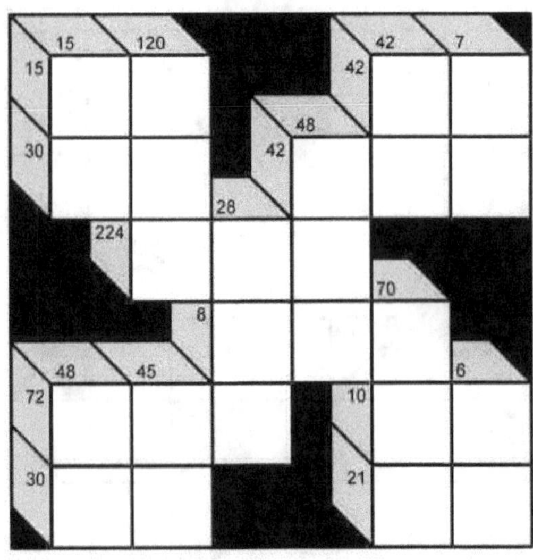

PUZZLE :262

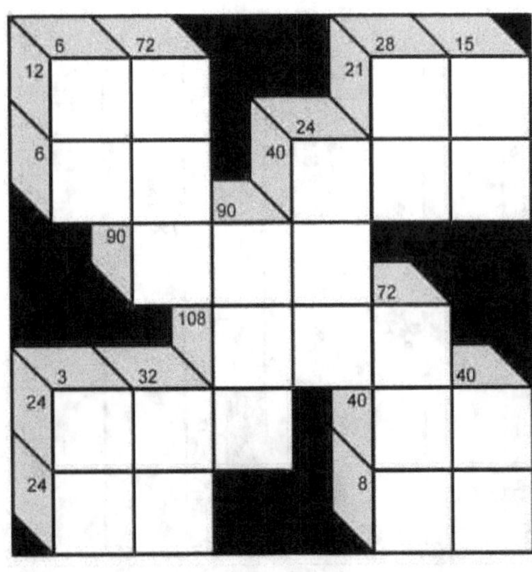

PUZZLE :263

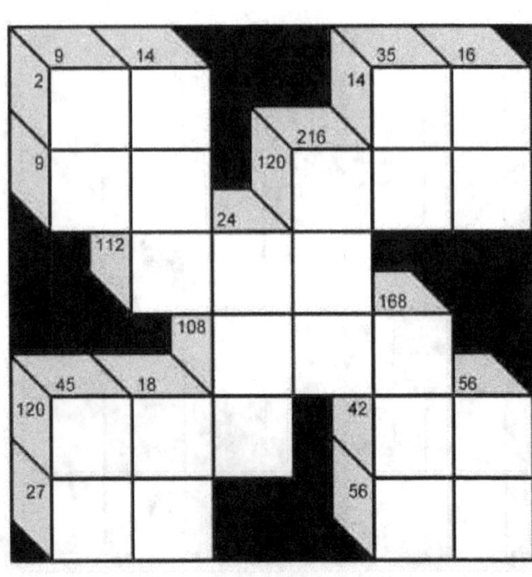

PUZZLE :264

PUZZLE :265

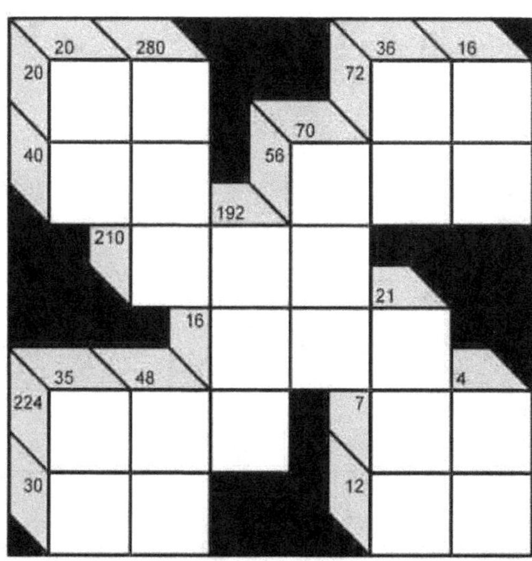

PUZZLE :267

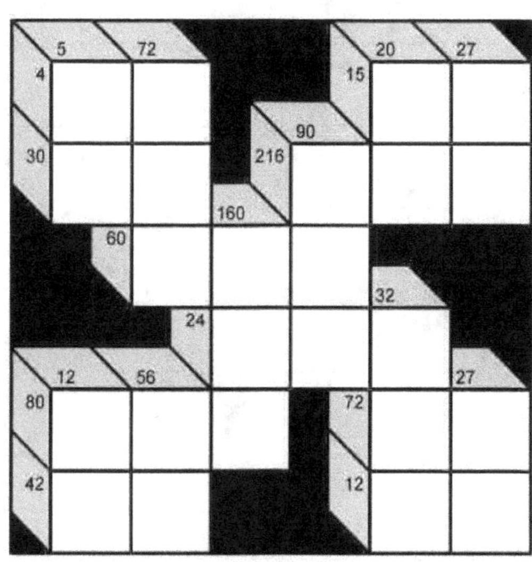

PUZZLE :269

PUZZLE :266

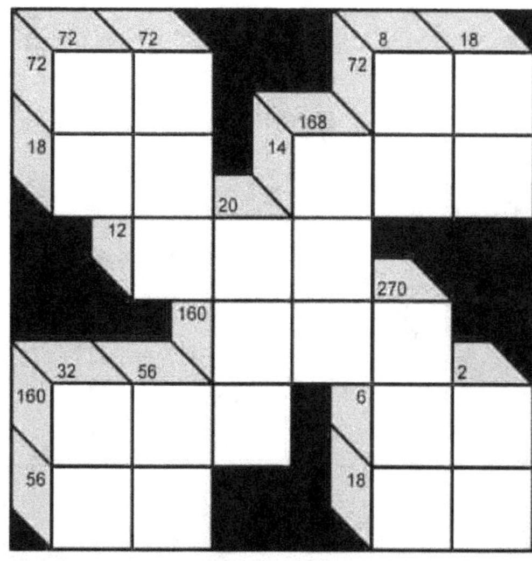

PUZZLE :268

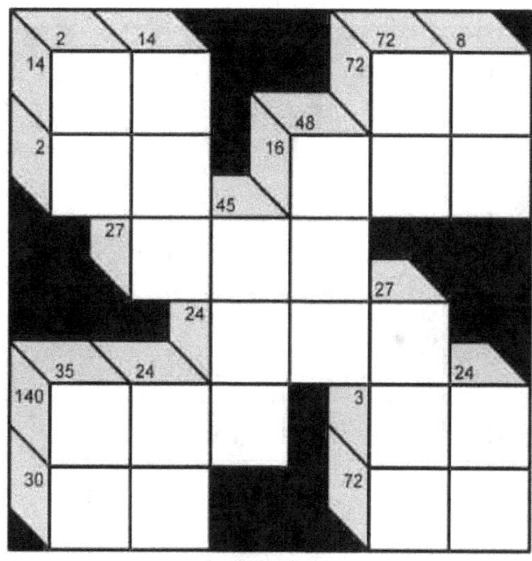

PUZZLE :270

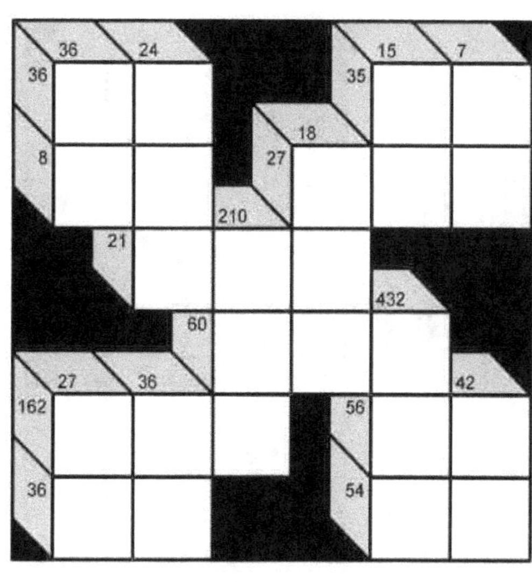

PUZZLE :271

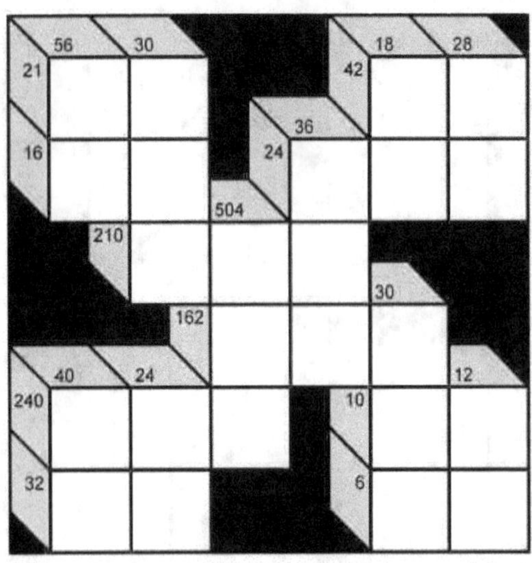

PUZZLE :272

PUZZLE :273

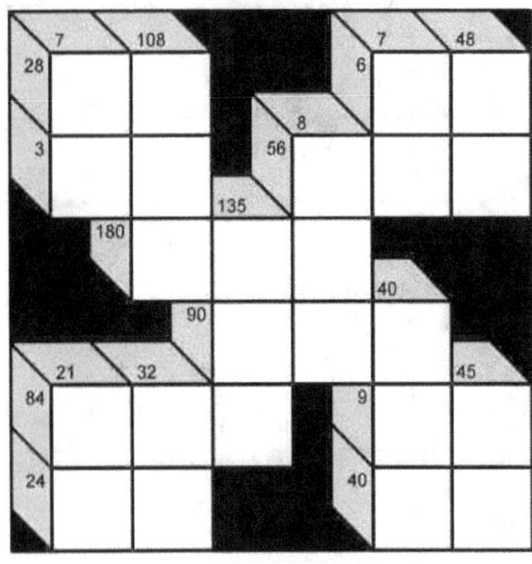

PUZZLE :274

PUZZLE :275

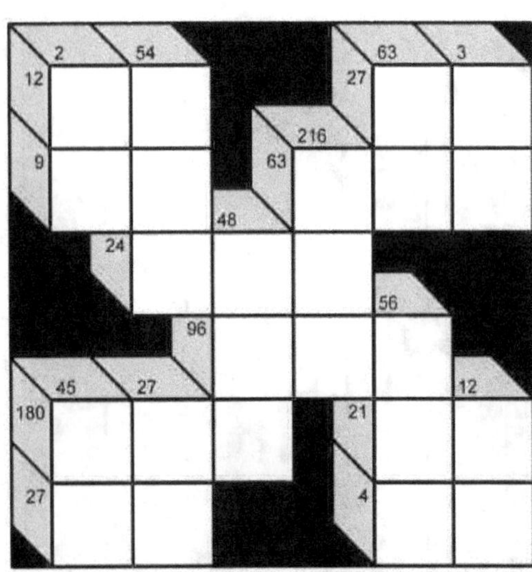

PUZZLE :276

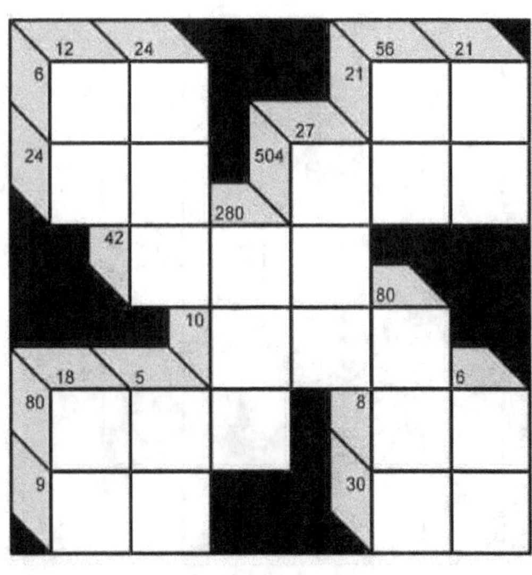

PUZZLE :277

PUZZLE :278

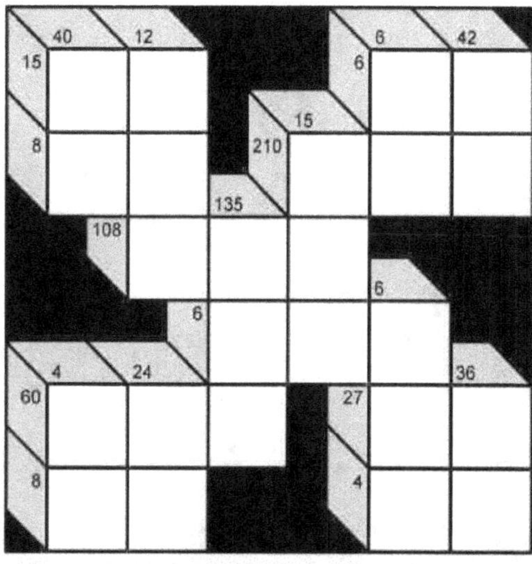

PUZZLE :279

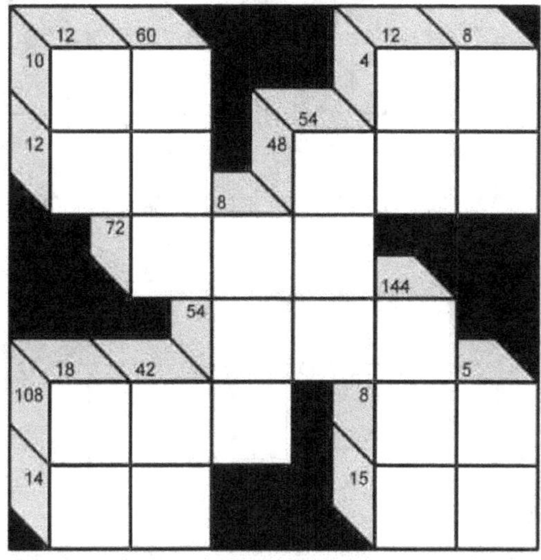

PUZZLE :280

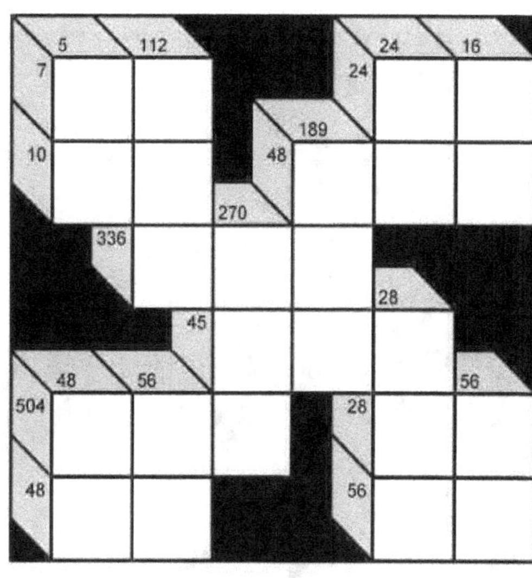

PUZZLE :281

PUZZLE :282

PUZZLE :283

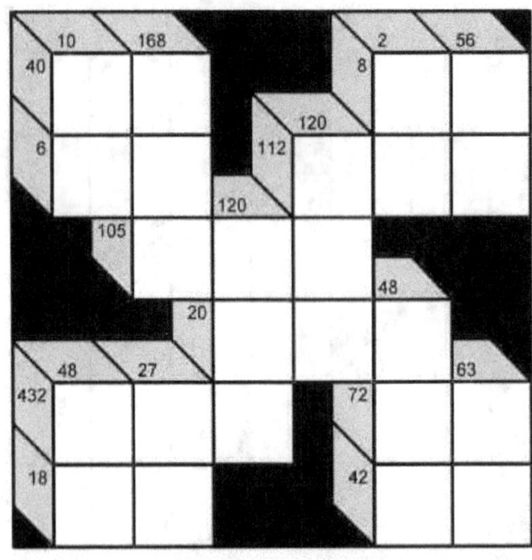

PUZZLE :284

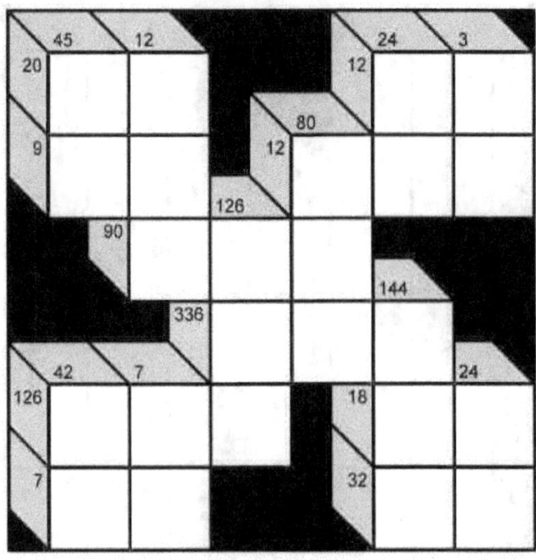

PUZZLE :285

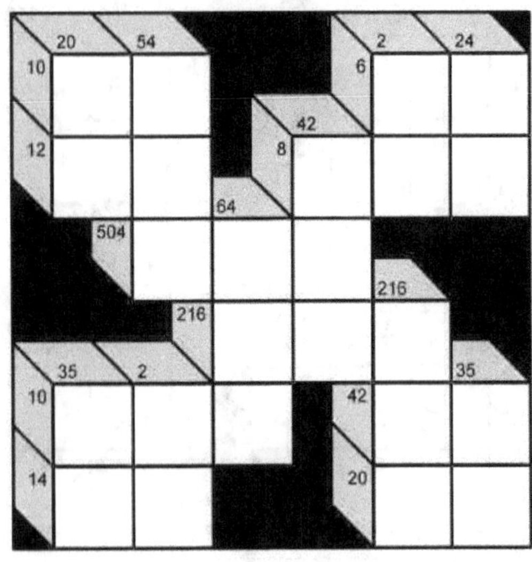

PUZZLE :286

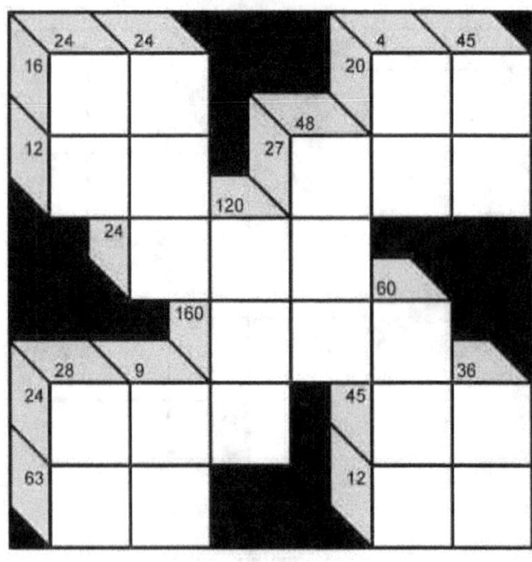

PUZZLE :287

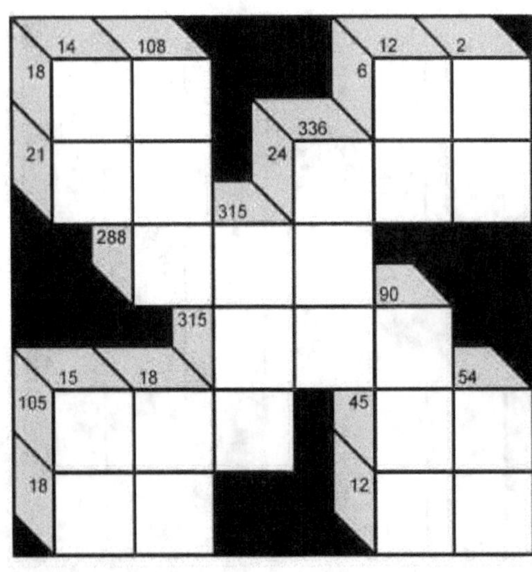

PUZZLE :288

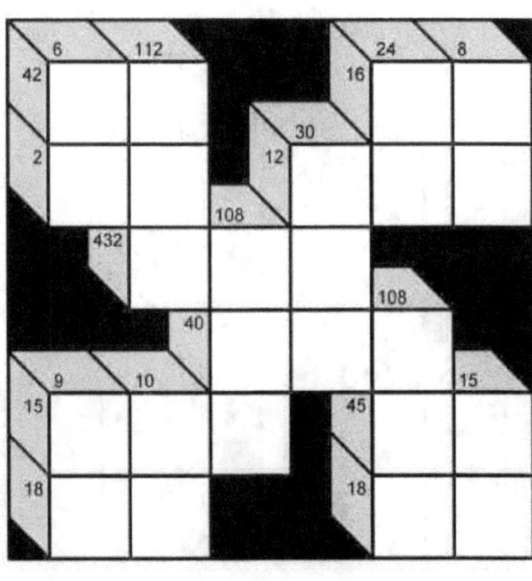

PUZZLE :289

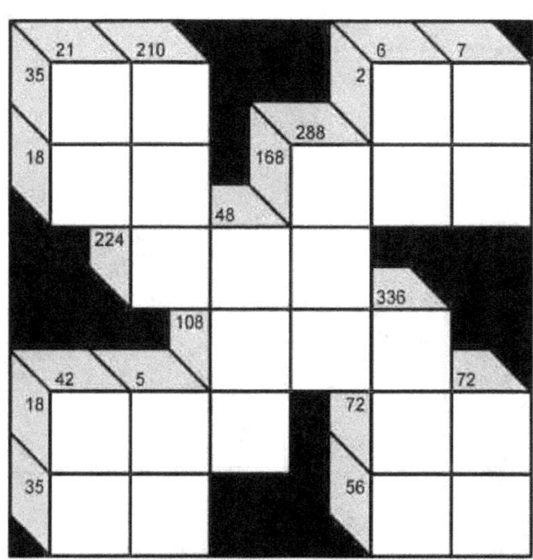

PUZZLE :290

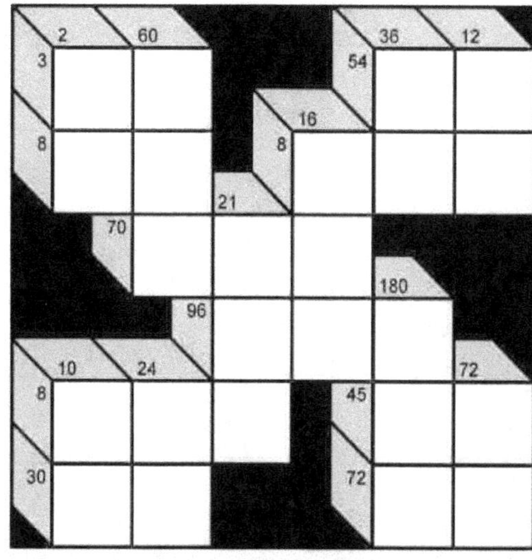

PUZZLE :291

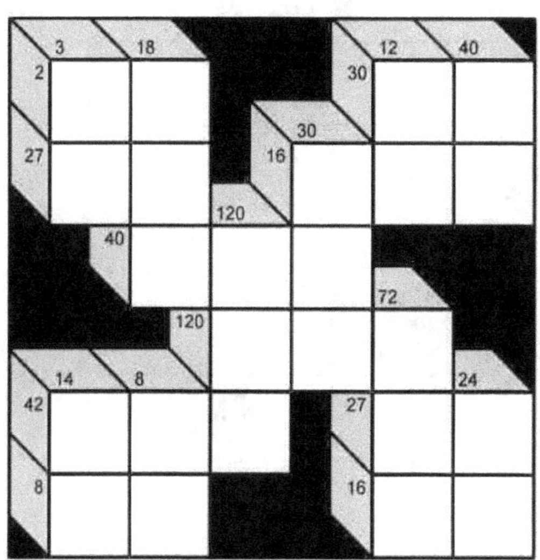

PUZZLE :292

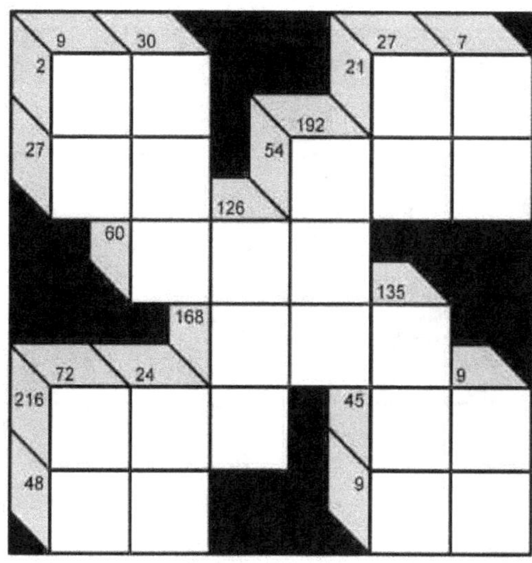

PUZZLE :293

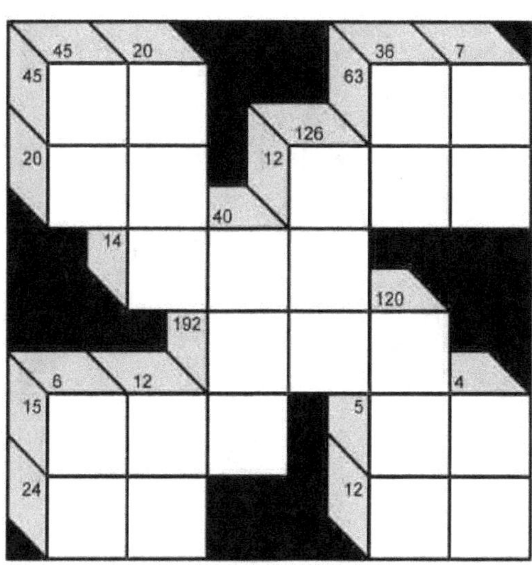

PUZZLE :294

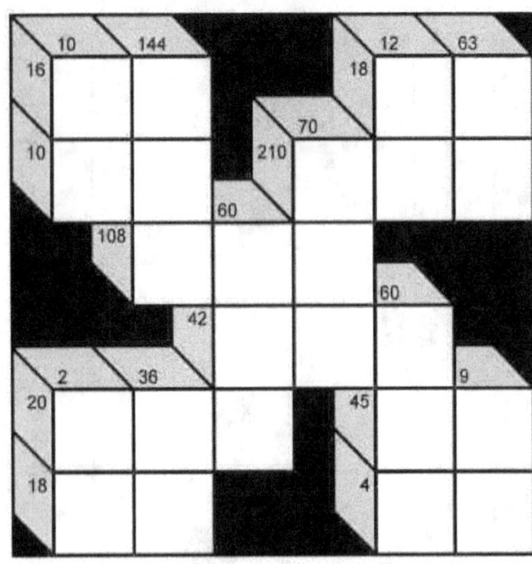

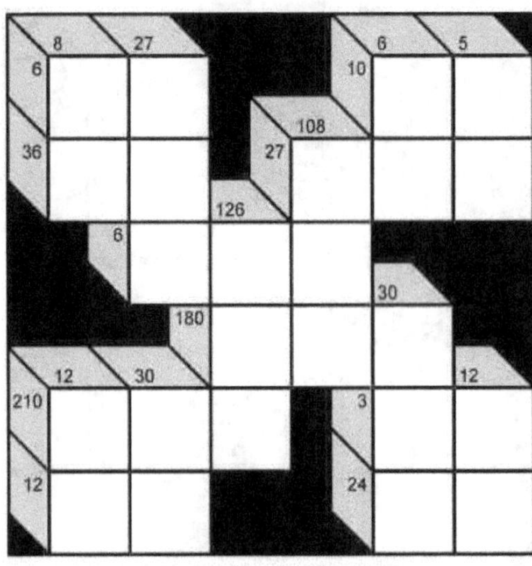

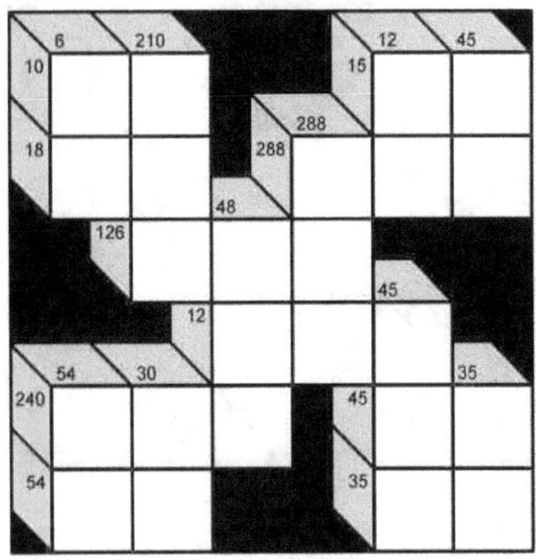

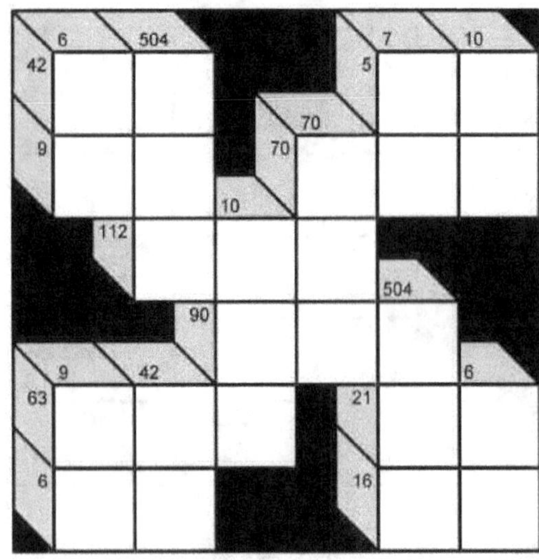

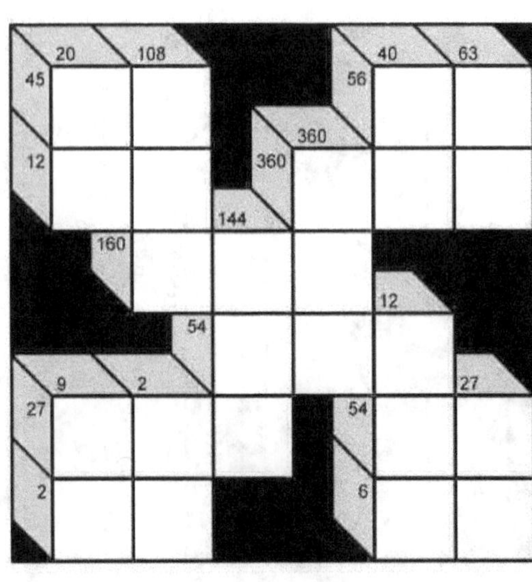

PUZZLE :301

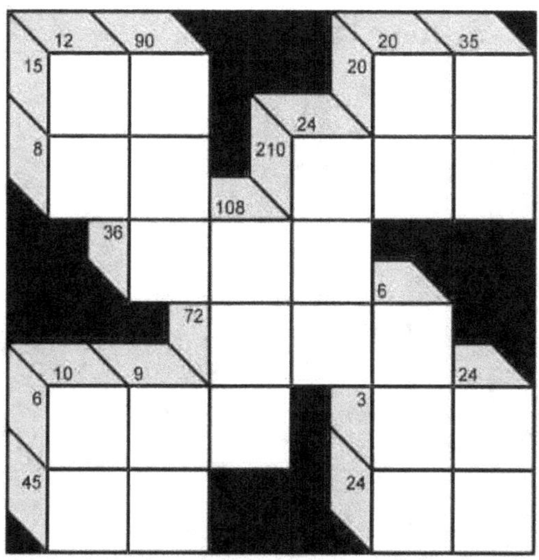

PUZZLE :302

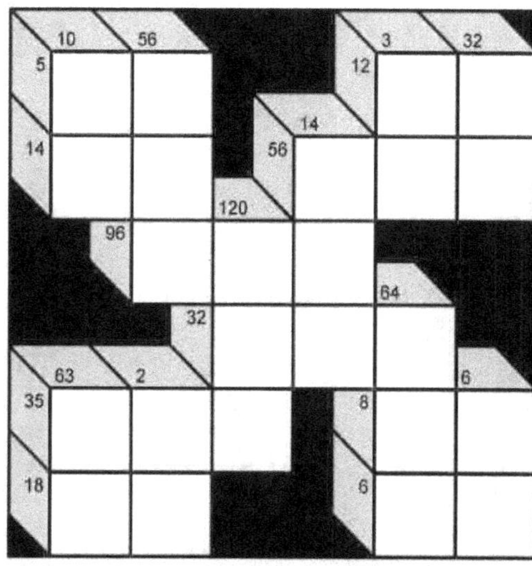

PUZZLE :303

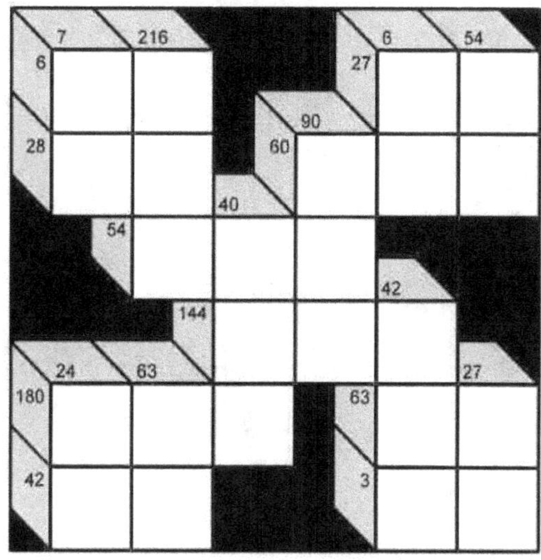

PUZZLE :304

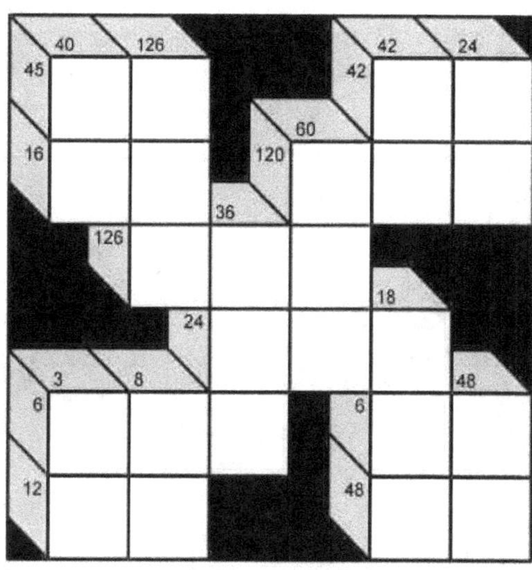

PUZZLE :305

PUZZLE :306

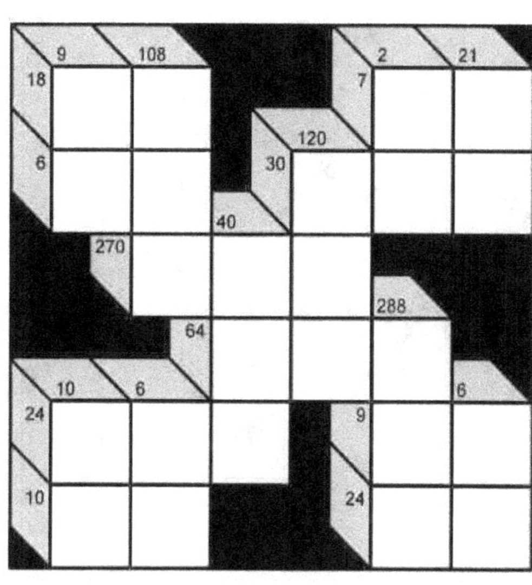

PUZZLE :307

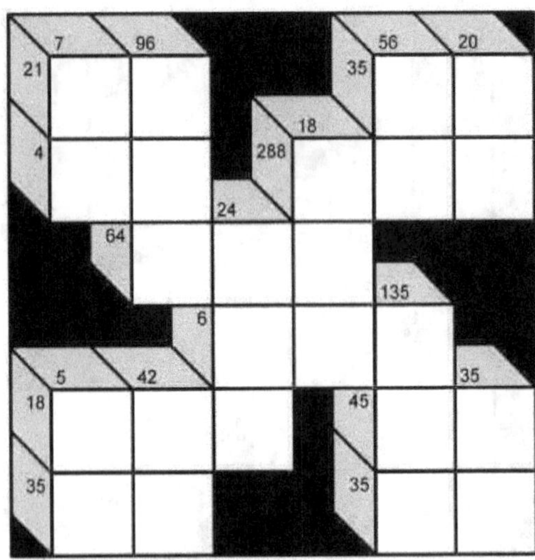

PUZZLE :308

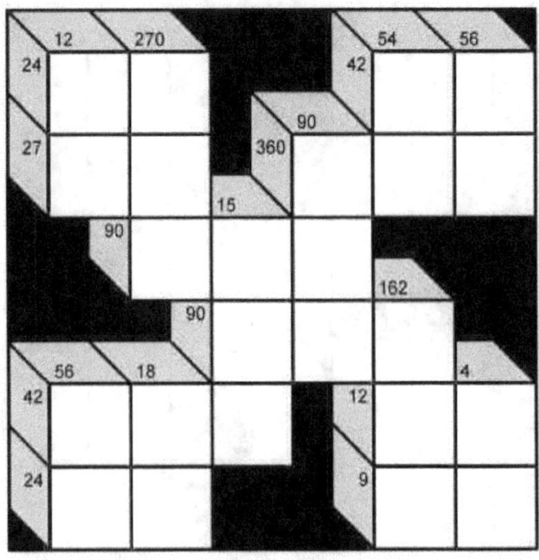

PUZZLE :309

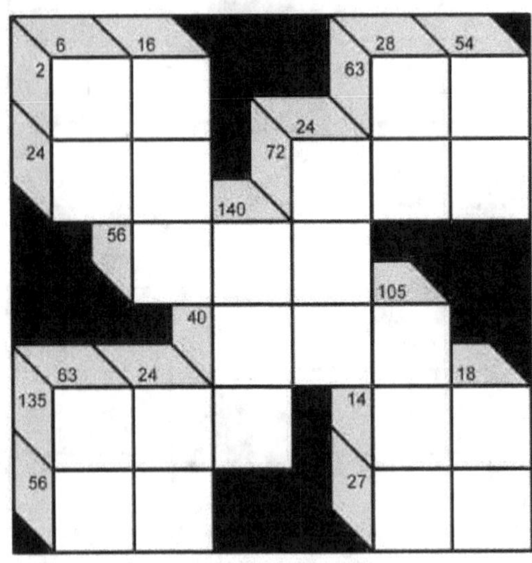

PUZZLE :310

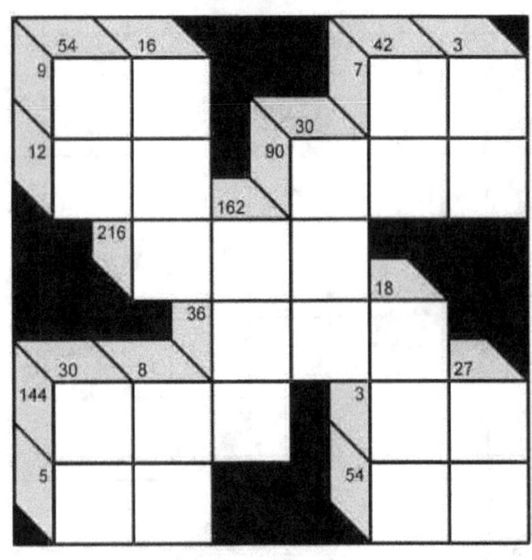

PUZZLE :311

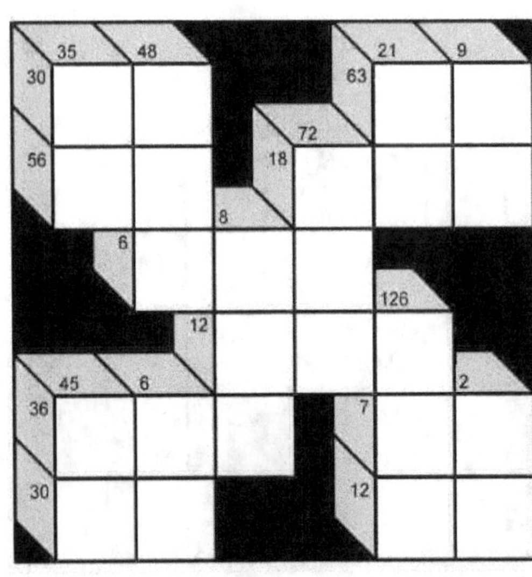

PUZZLE :312

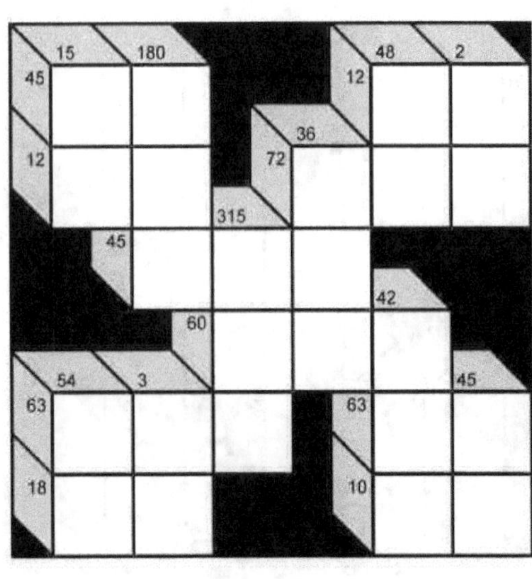

PUZZLE :313

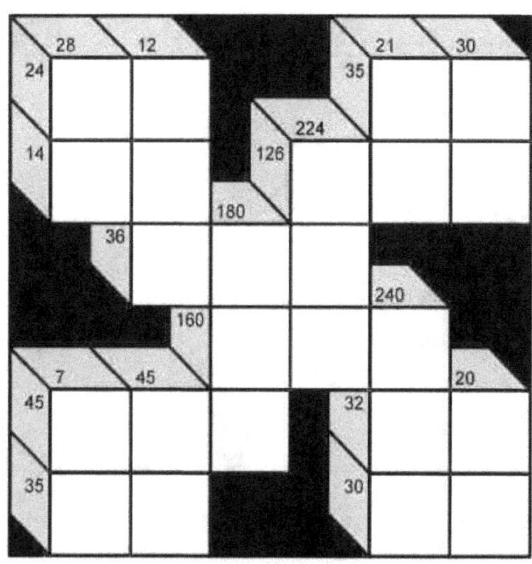

PUZZLE :314

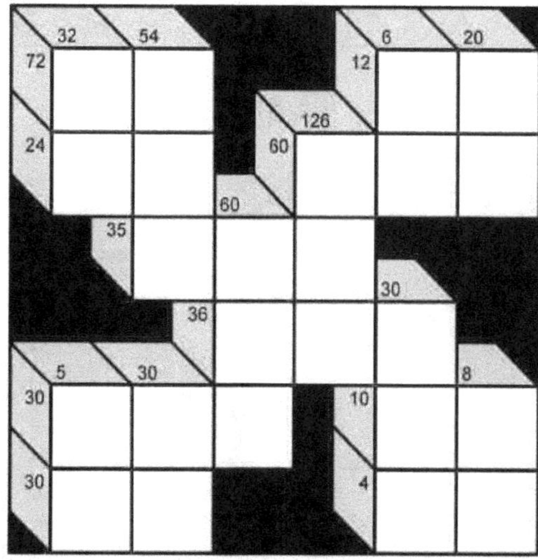

PUZZLE :315

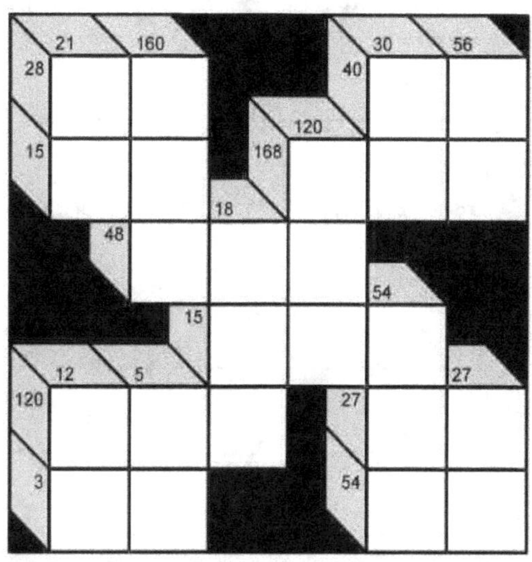

PUZZLE :316

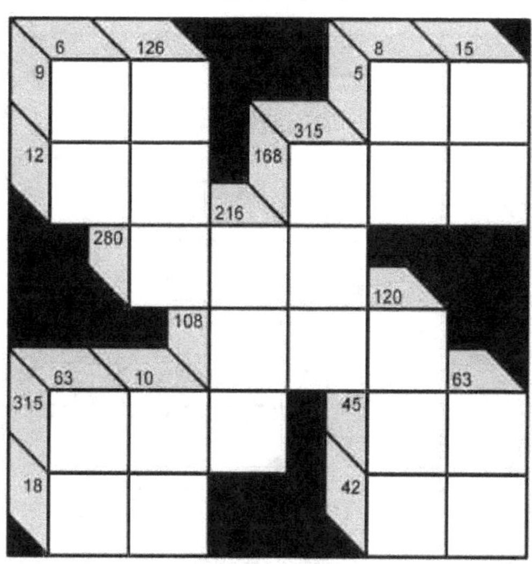

PUZZLE :317

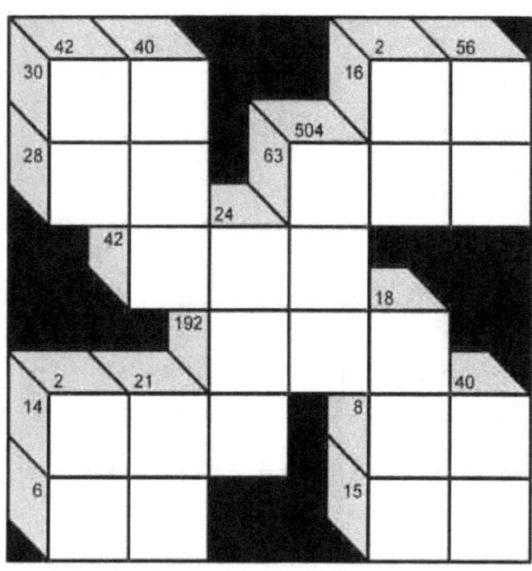

PUZZLE :318

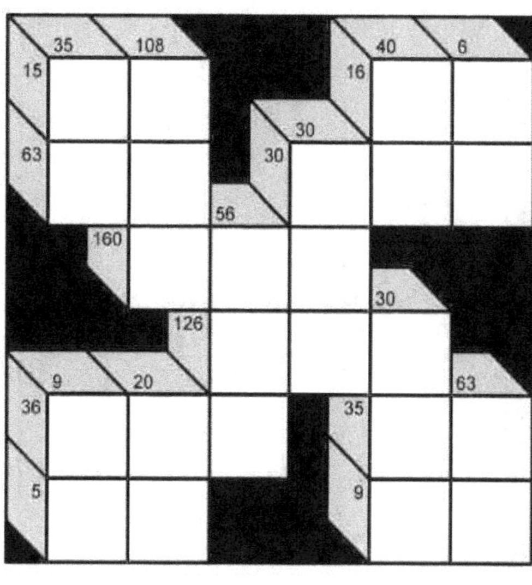

PUZZLE :319

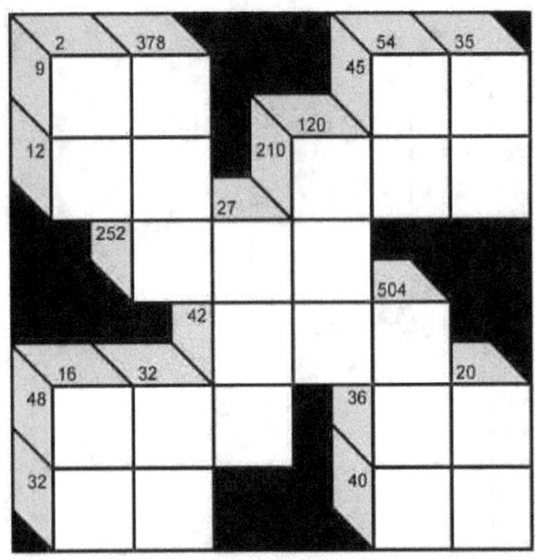

PUZZLE :320

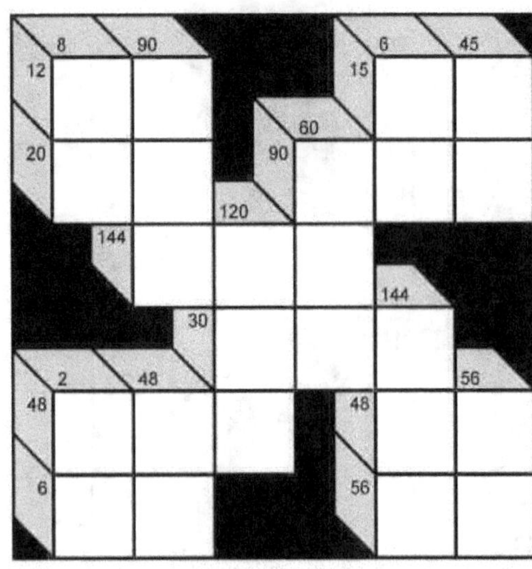

PUZZLE :321

PUZZLE :322

PUZZLE :323

PUZZLE :324

PUZZLE :325

PUZZLE :326

PUZZLE :327

PUZZLE :328

PUZZLE :329

PUZZLE :330

PUZZLE :331

PUZZLE :332

PUZZLE :333

PUZZLE :334

PUZZLE :335

PUZZLE :336

MEDIUM PUZZLES

PUZZLE :337

PUZZLE :338

PUZZLE :339

PUZZLE :340

PUZZLE :341

PUZZLE :342

PUZZLE :343

PUZZLE :344

PUZZLE :345

PUZZLE :346

PUZZLE :347

PUZZLE :348

PUZZLE :349

PUZZLE :350

PUZZLE :351

PUZZLE :352

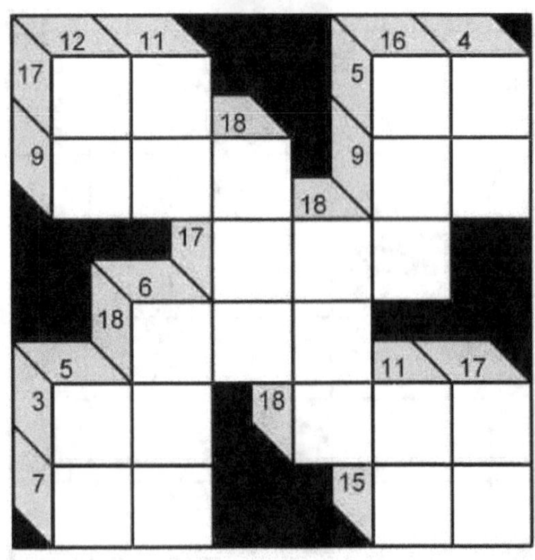

PUZZLE :353

PUZZLE :354

PUZZLE :355

PUZZLE :356

PUZZLE :357

PUZZLE :358

PUZZLE :359

PUZZLE :360

PUZZLE :361

PUZZLE :362

PUZZLE :363

PUZZLE :364

PUZZLE :365

PUZZLE :366

PUZZLE :367

PUZZLE :368

PUZZLE :369

PUZZLE :370

PUZZLE :371

PUZZLE :372

PUZZLE :373

PUZZLE :374

PUZZLE :375

PUZZLE :376

PUZZLE :377

PUZZLE :378

PUZZLE :379

PUZZLE :380

PUZZLE :381

PUZZLE :382

PUZZLE :383

PUZZLE :384

PUZZLE :385

PUZZLE :386

PUZZLE :387

PUZZLE :388

PUZZLE :389

PUZZLE :390

PUZZLE :391

PUZZLE :392

PUZZLE :393

PUZZLE :394

PUZZLE :395

PUZZLE :396

PUZZLE :403

PUZZLE :404

PUZZLE :405

PUZZLE :406

PUZZLE :407

PUZZLE :408

PUZZLE :409

PUZZLE :410

PUZZLE :411

PUZZLE :412

PUZZLE :413

PUZZLE :414

PUZZLE :415

PUZZLE :416

PUZZLE :417

PUZZLE :418

PUZZLE :419

PUZZLE :420

PUZZLE :421

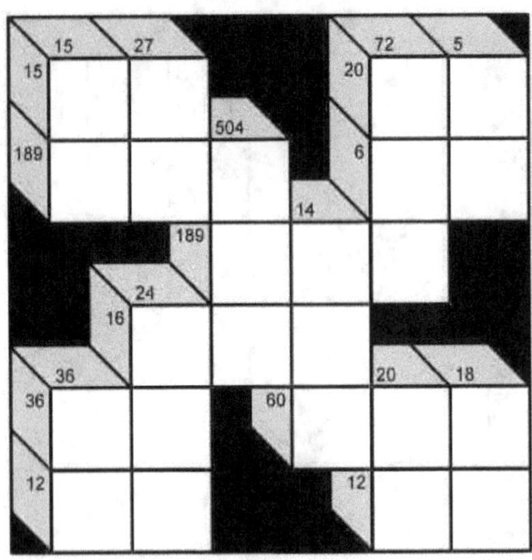

PUZZLE :422

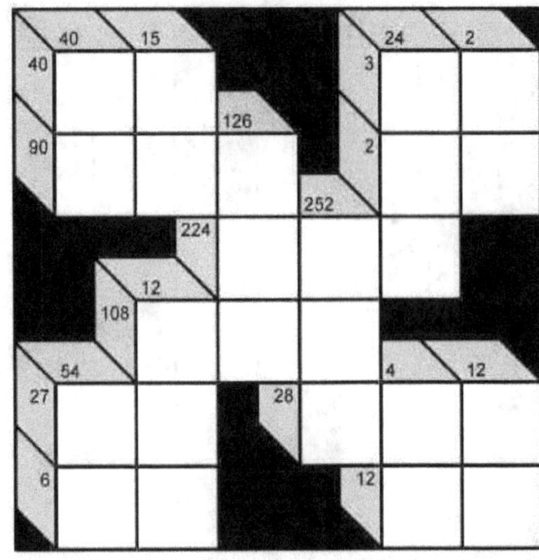

PUZZLE :423

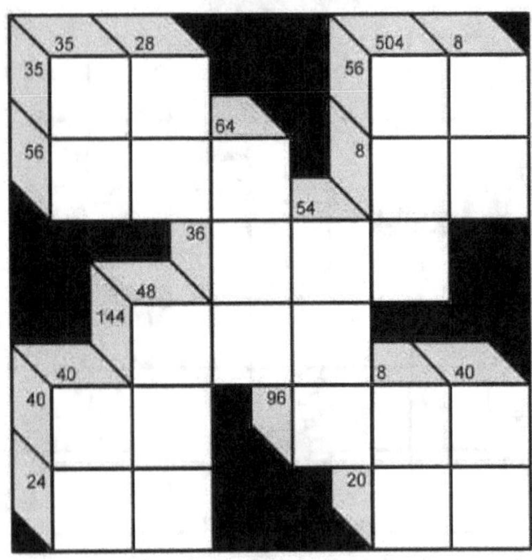

PUZZLE :424

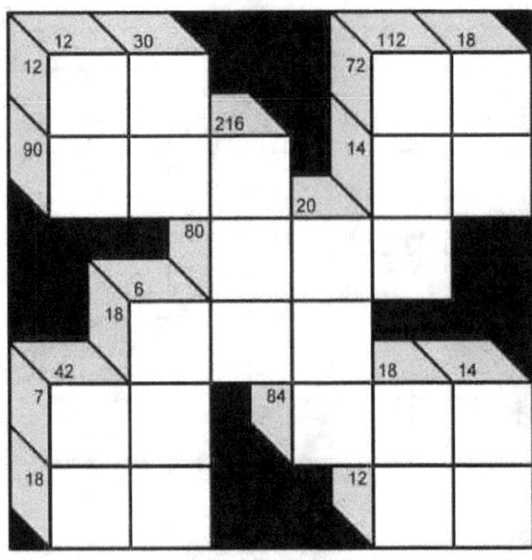

PUZZLE :425

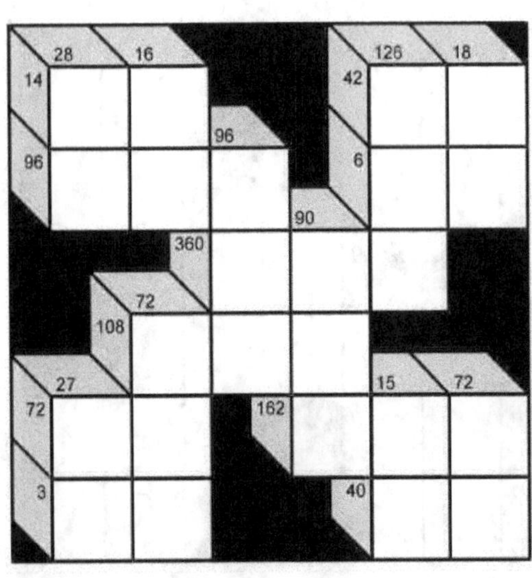

PUZZLE :426

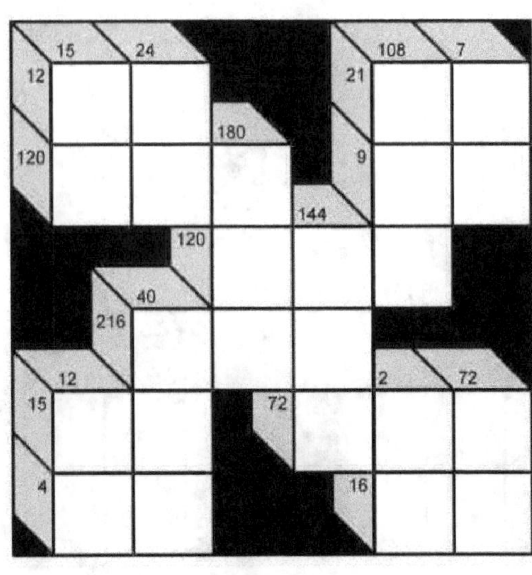

PUZZLE :427

PUZZLE :428

PUZZLE :429

PUZZLE :430

PUZZLE :431

PUZZLE :432

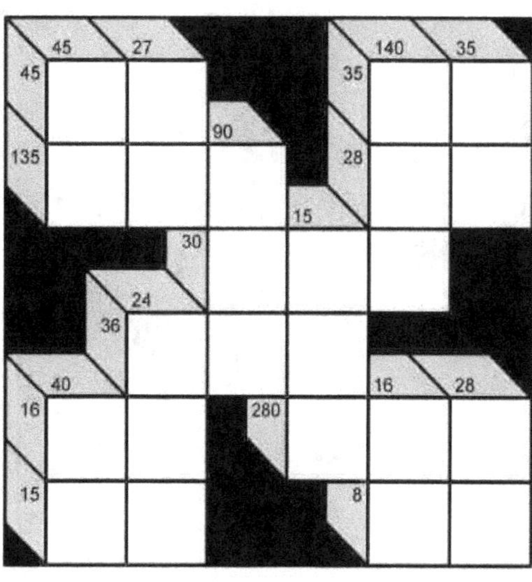

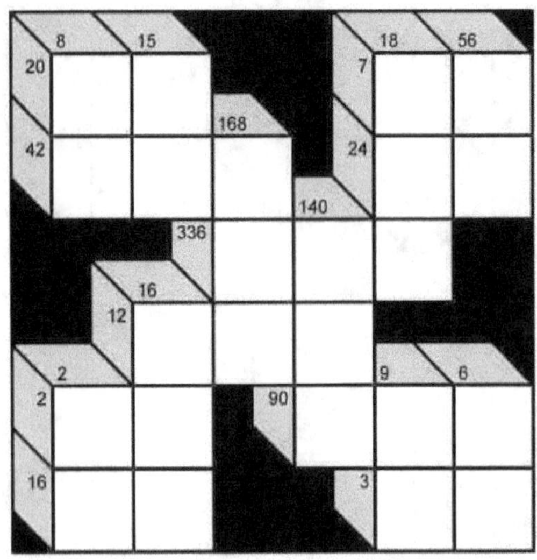

PUZZLE :433

PUZZLE :434

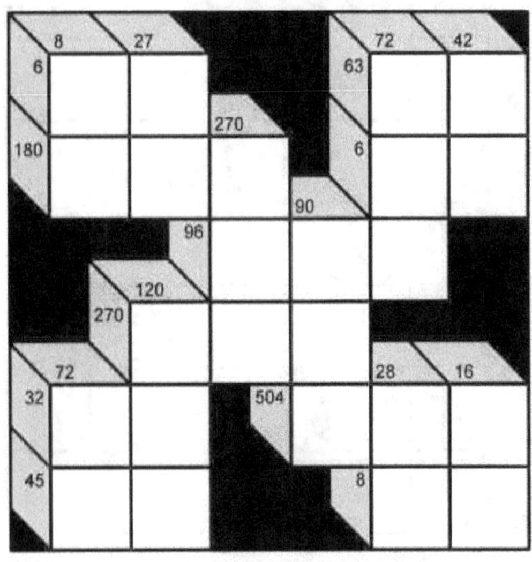

PUZZLE :435

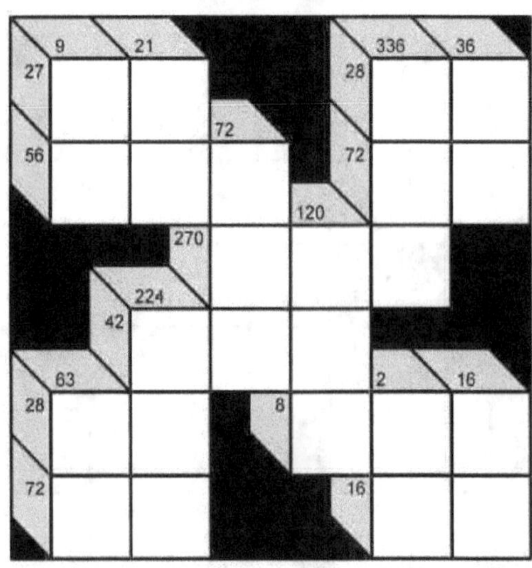

PUZZLE :436

PUZZLE :437

PUZZLE :438

PUZZLE :439

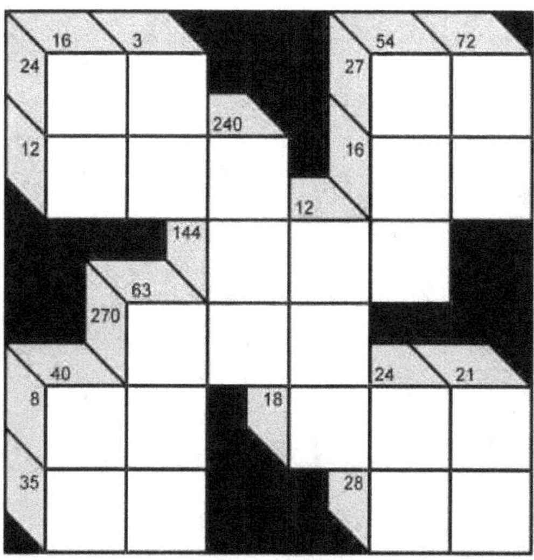

PUZZLE :440

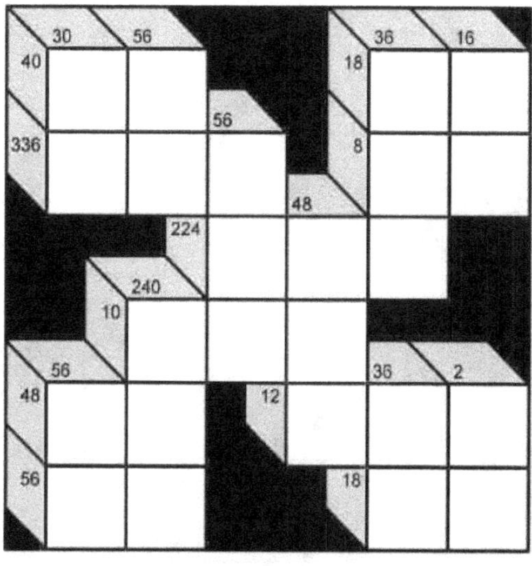

PUZZLE :441

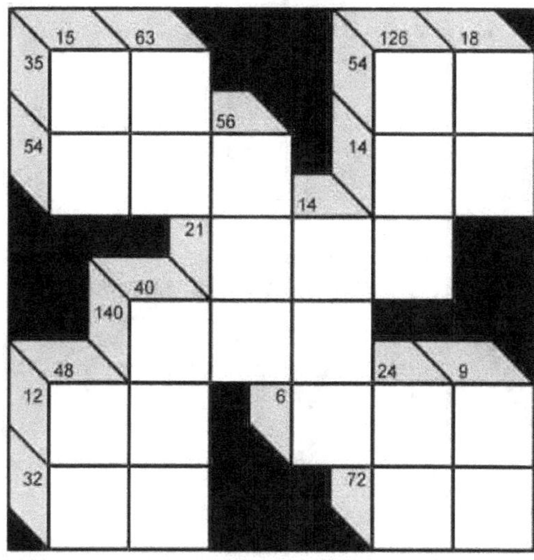

PUZZLE :442

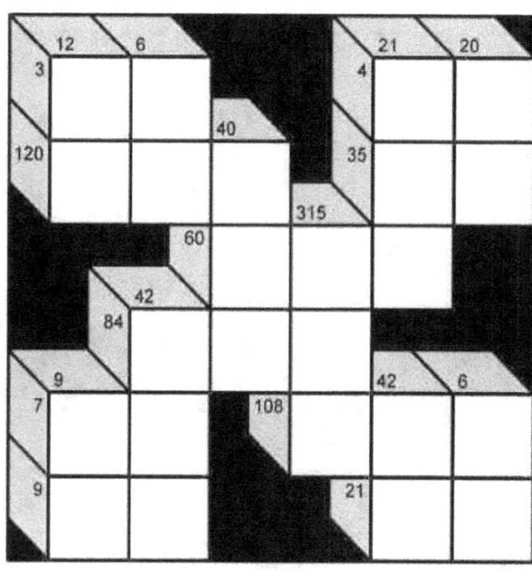

PUZZLE :443

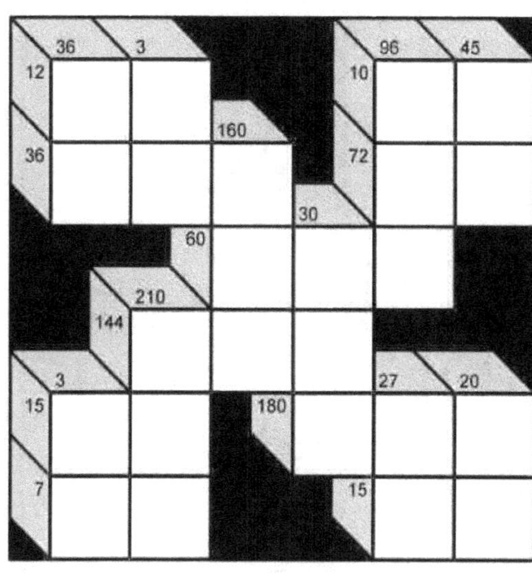

PUZZLE :444

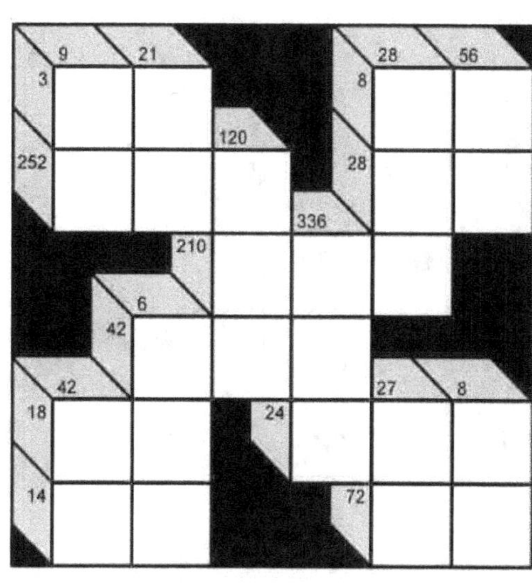

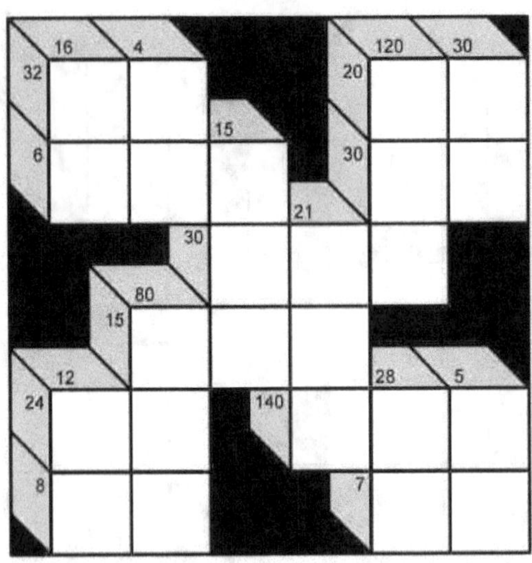

PUZZLE :445

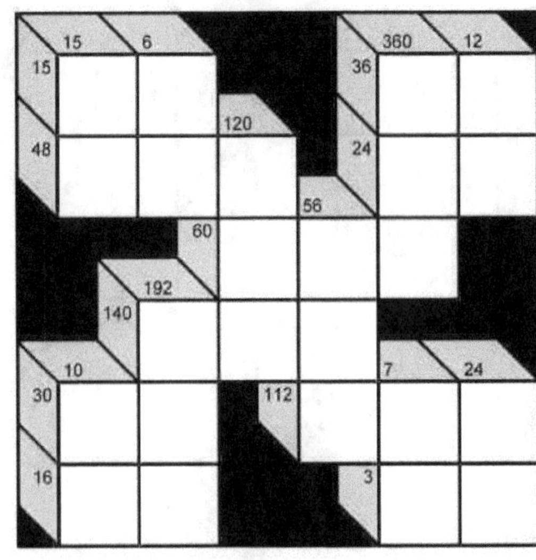

PUZZLE :446

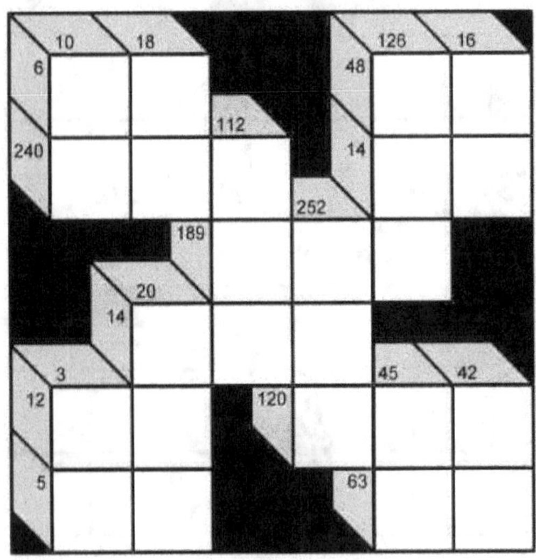

PUZZLE :447

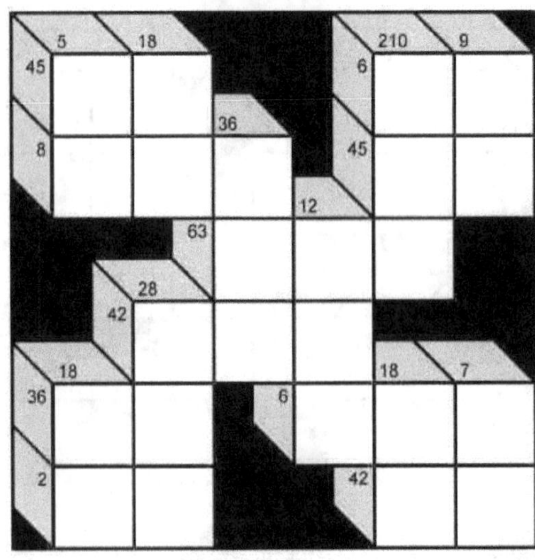

PUZZLE :448

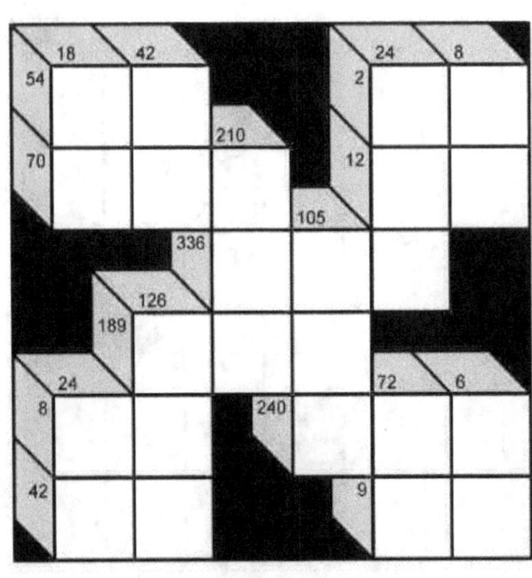

PUZZLE :449

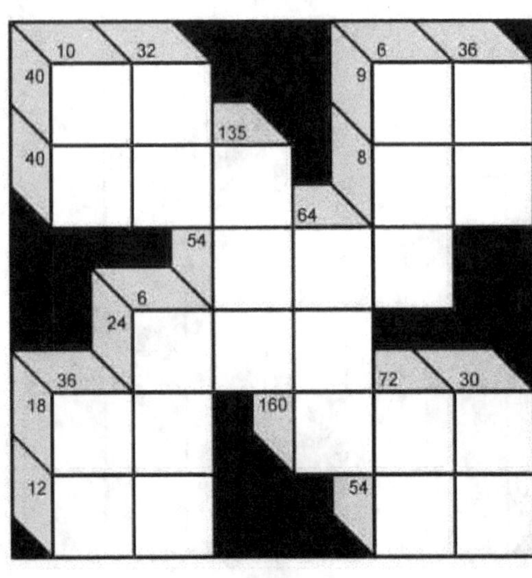

PUZZLE :450

PUZZLE :451

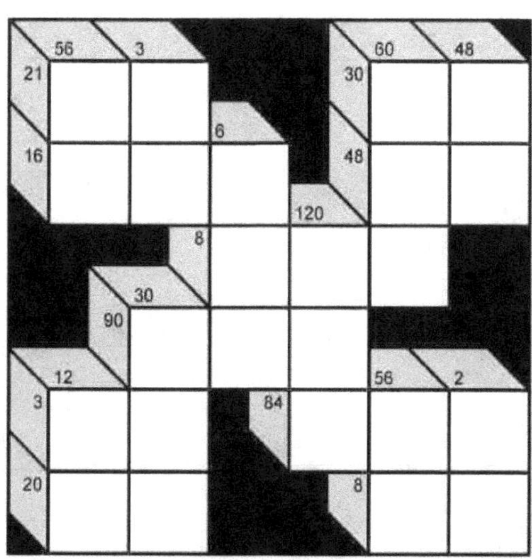

PUZZLE :452

PUZZLE :453

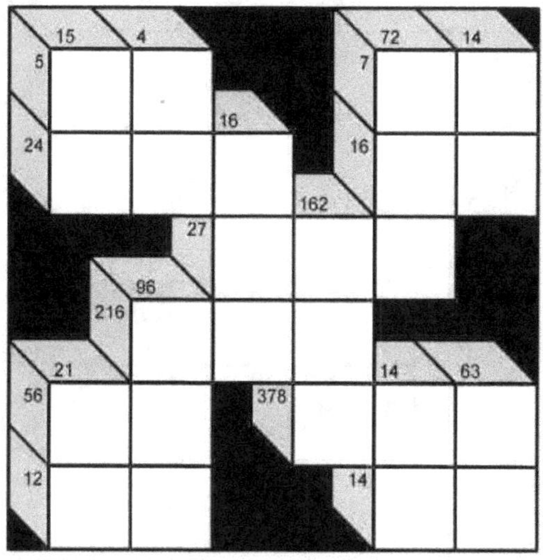

PUZZLE :454

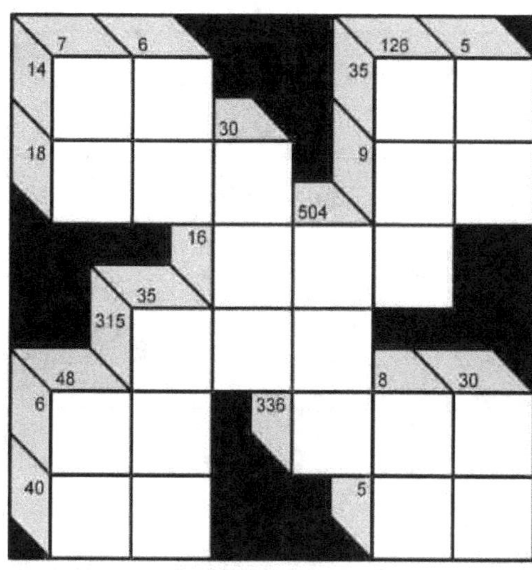

PUZZLE :455

PUZZLE :456

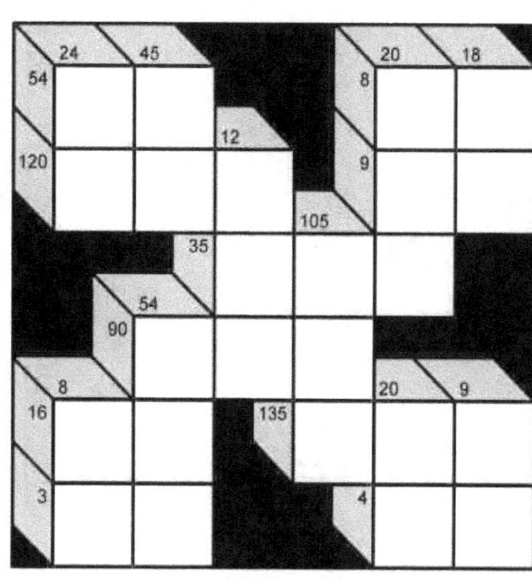

PUZZLE :457

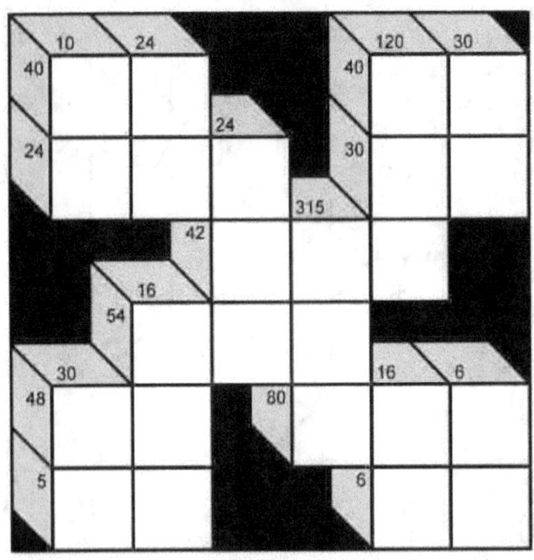

PUZZLE :458

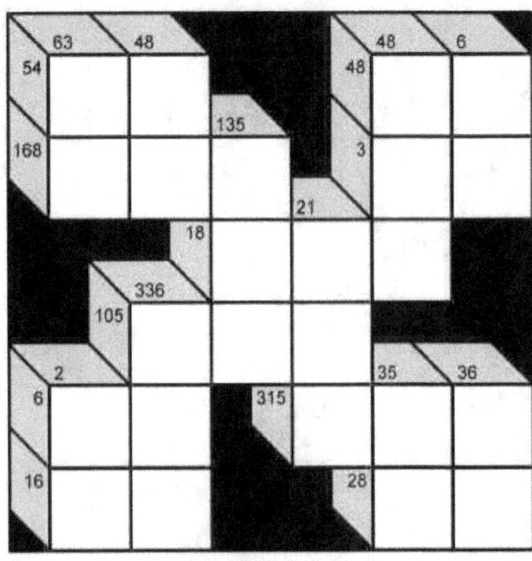

PUZZLE :459

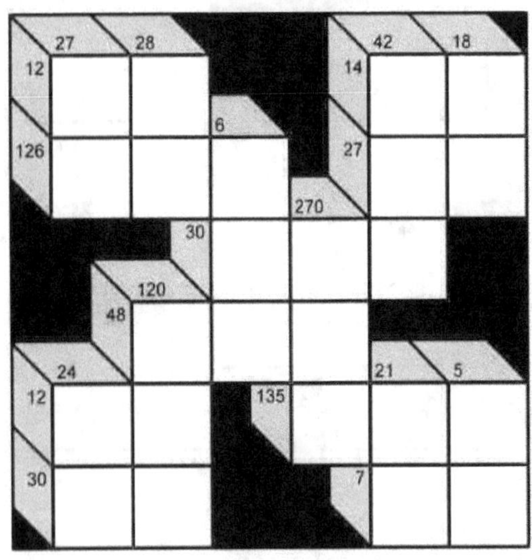

PUZZLE :460

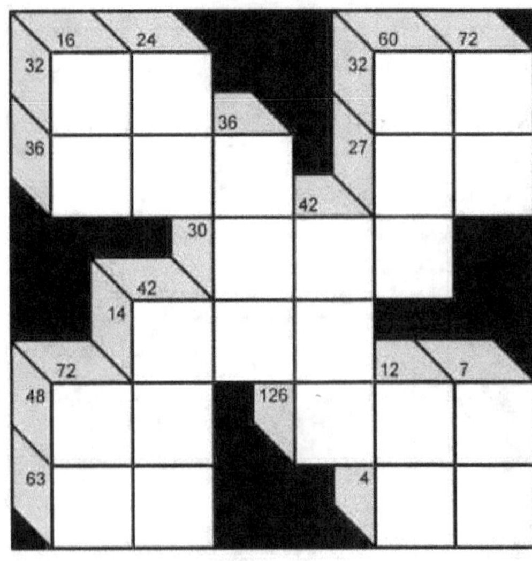

PUZZLE :461

PUZZLE :462

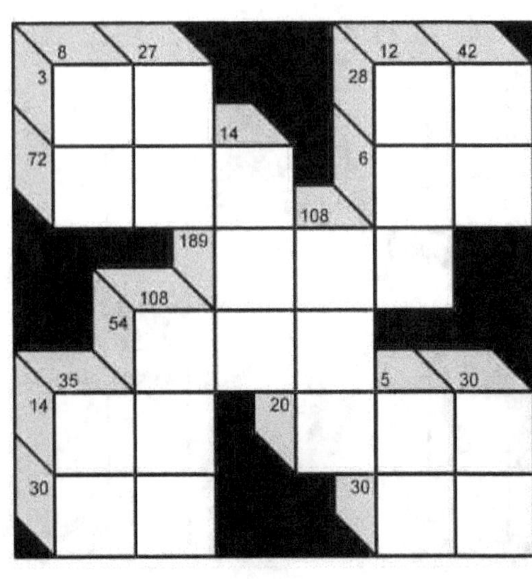

PUZZLE :463

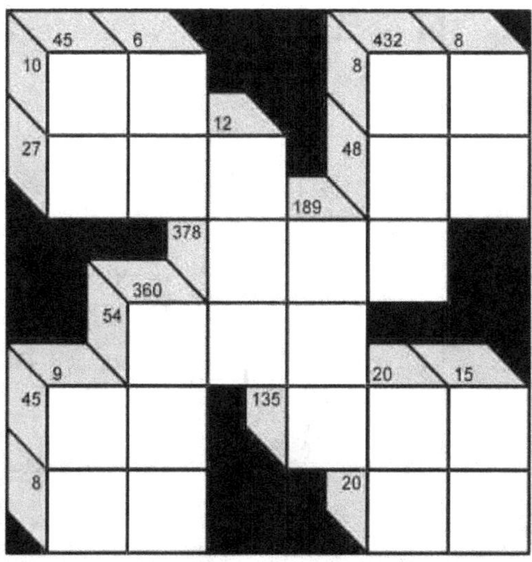

PUZZLE :464

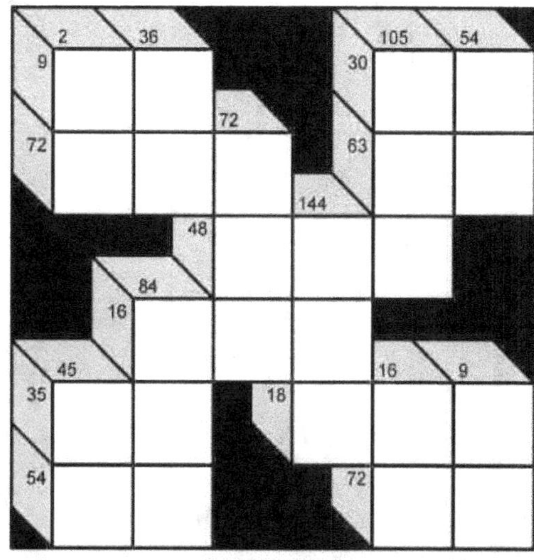

PUZZLE :465

PUZZLE :466

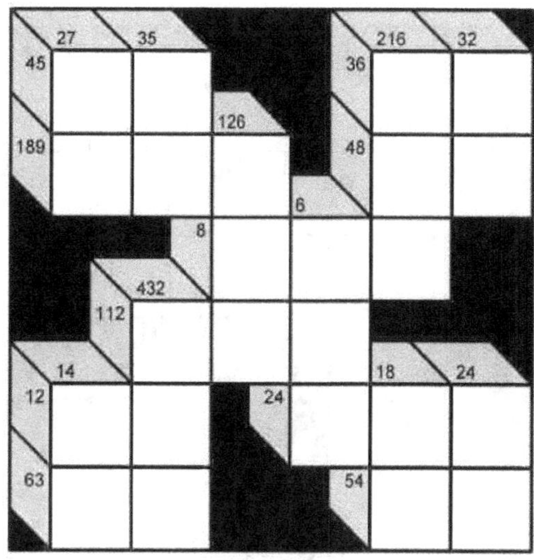

PUZZLE :467

PUZZLE :468

PUZZLE :469

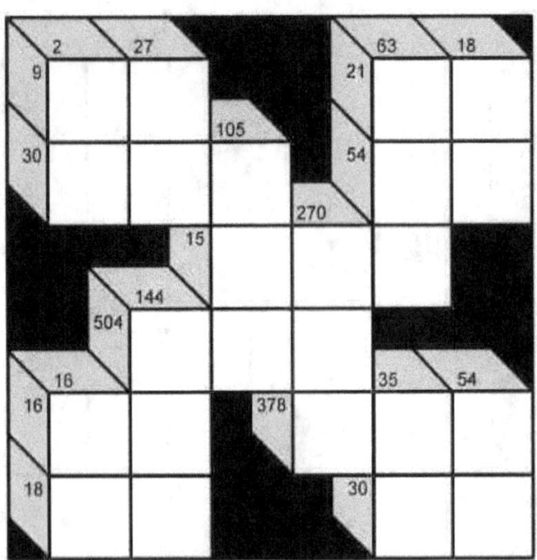

PUZZLE :470

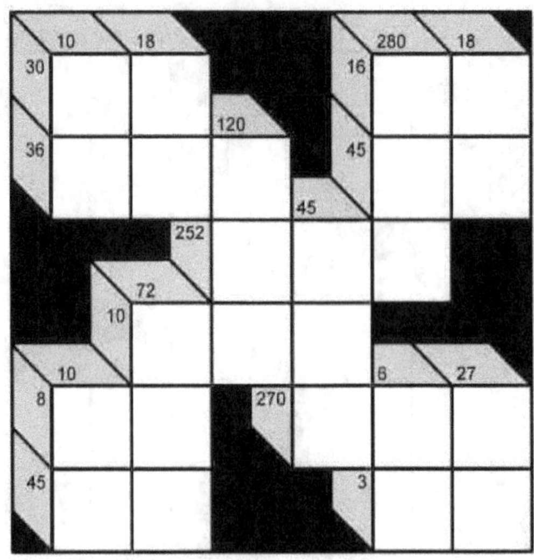

PUZZLE :471

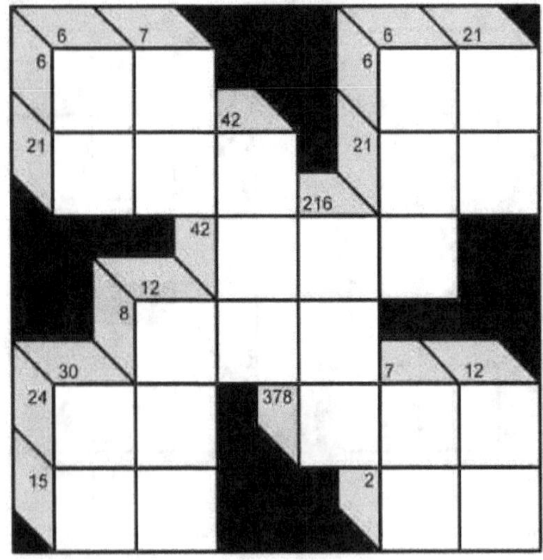

PUZZLE :472

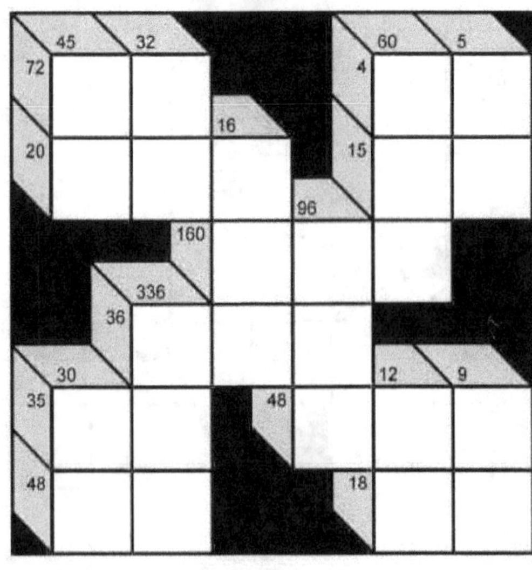

PUZZLE :473

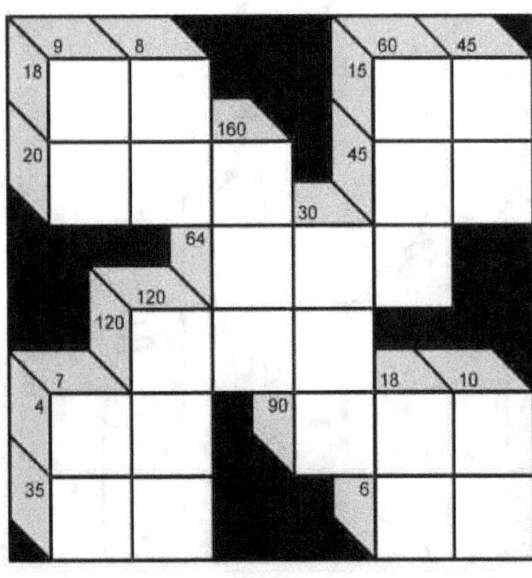

PUZZLE :474

PUZZLE :475

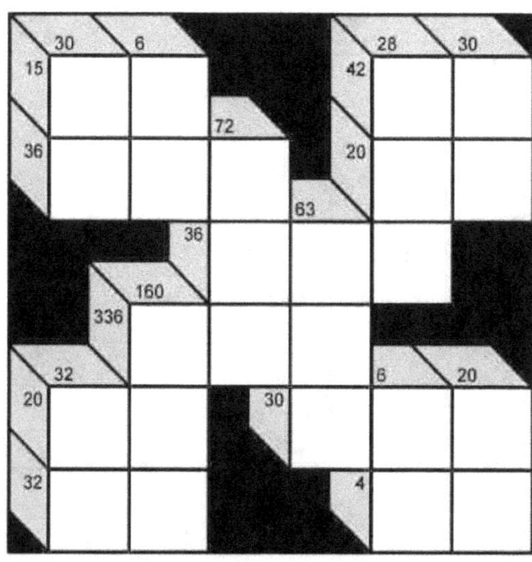

PUZZLE :476

PUZZLE :477

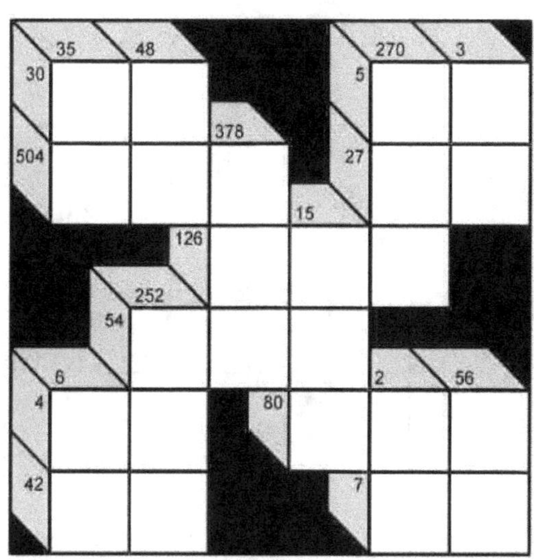

PUZZLE :478

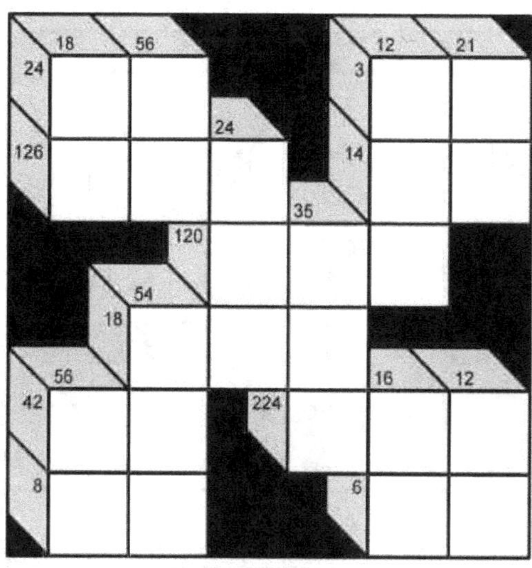

PUZZLE :479

PUZZLE :480

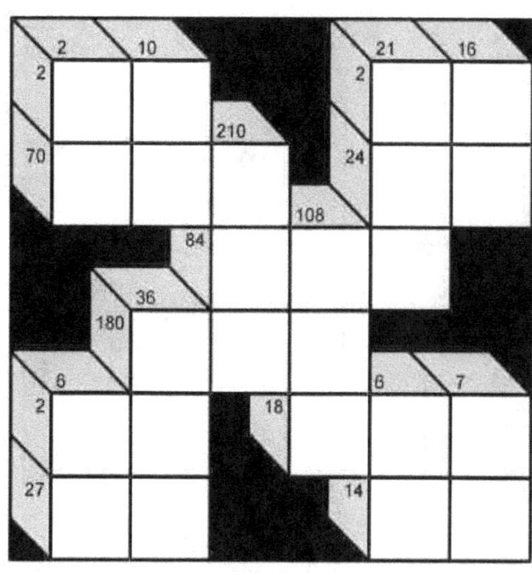

PUZZLE :481

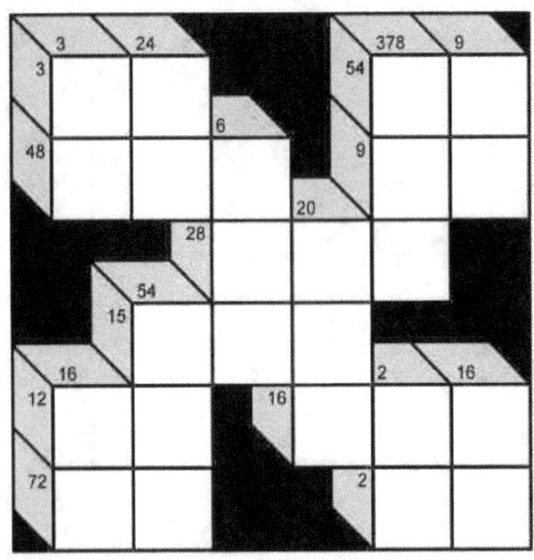

PUZZLE :482

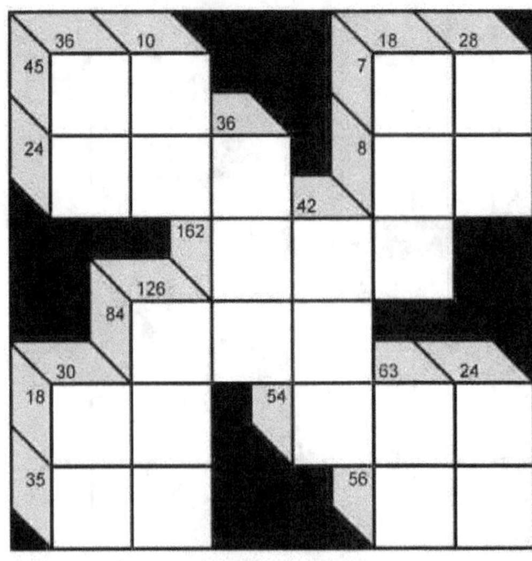

PUZZLE :483

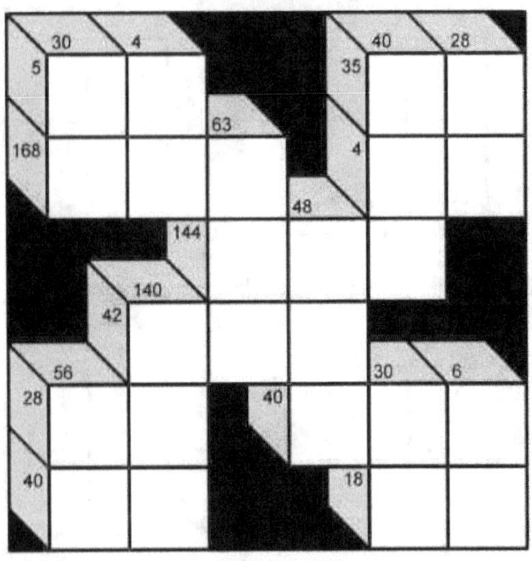

PUZZLE :484

PUZZLE :485

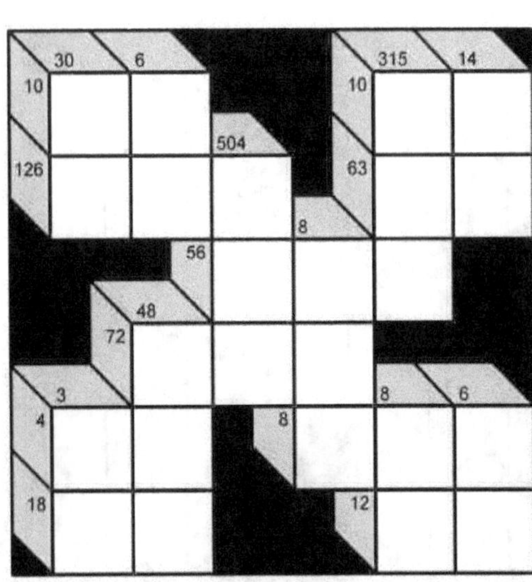

PUZZLE :486

PUZZLE :487

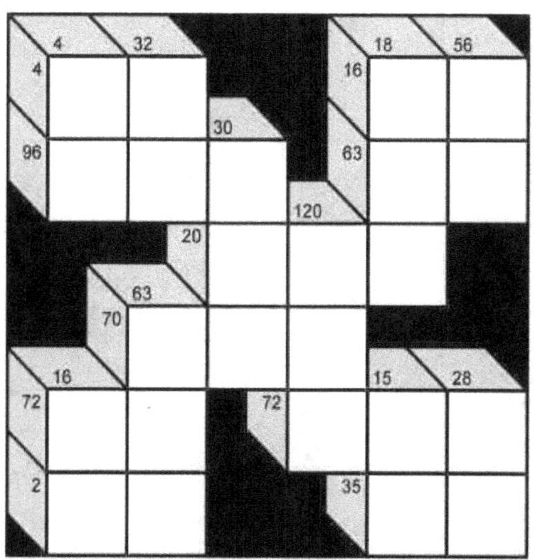

PUZZLE :488

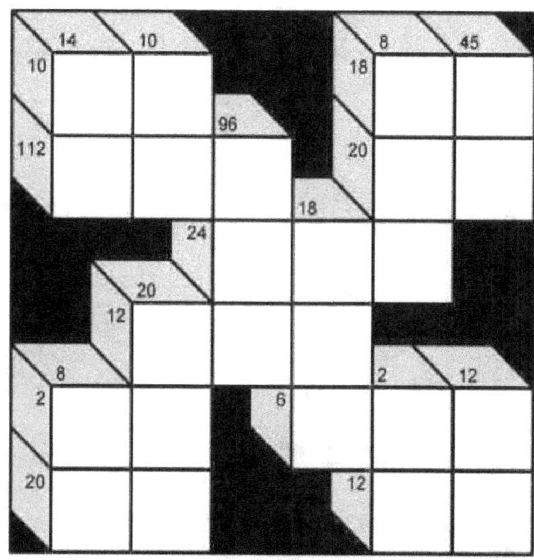

PUZZLE :489

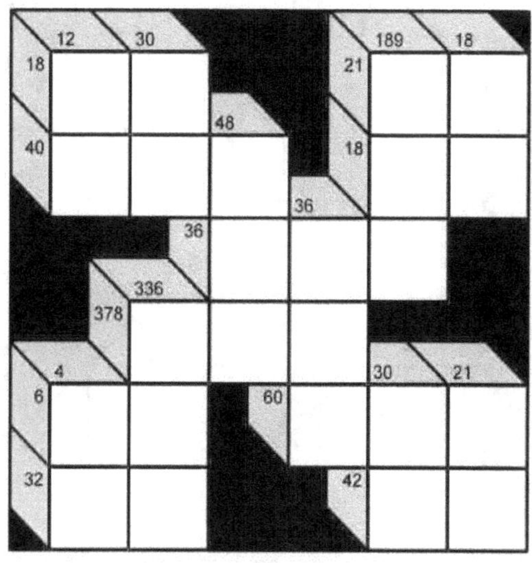

PUZZLE :490

PUZZLE :491

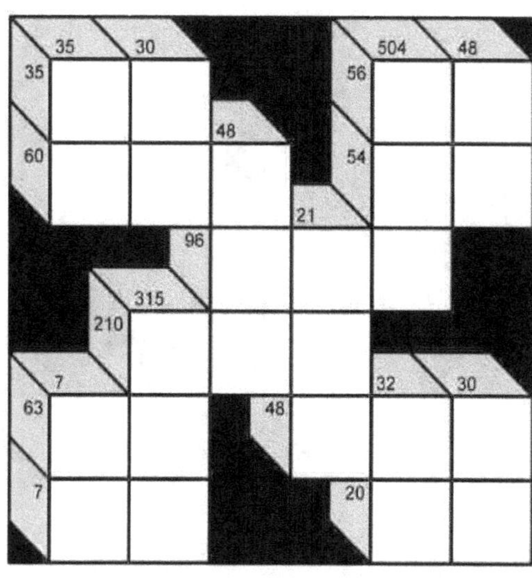

PUZZLE :492

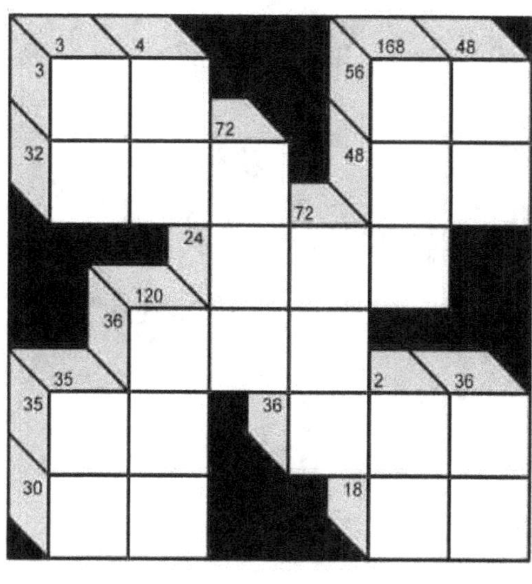

PUZZLE :493

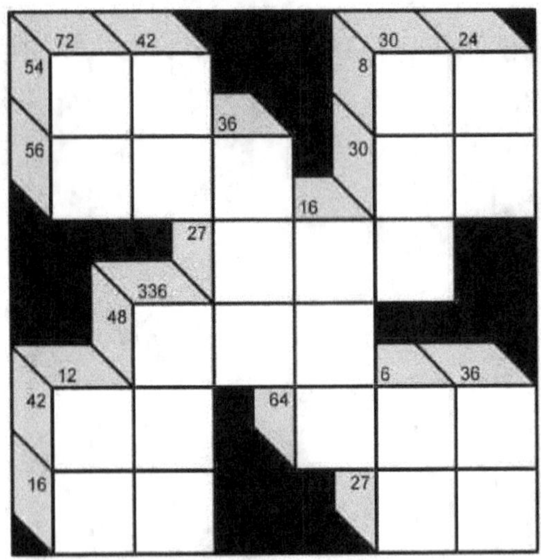

PUZZLE :494

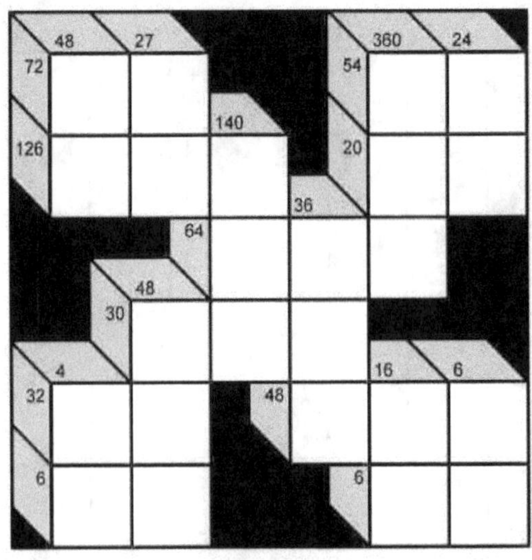

PUZZLE :495

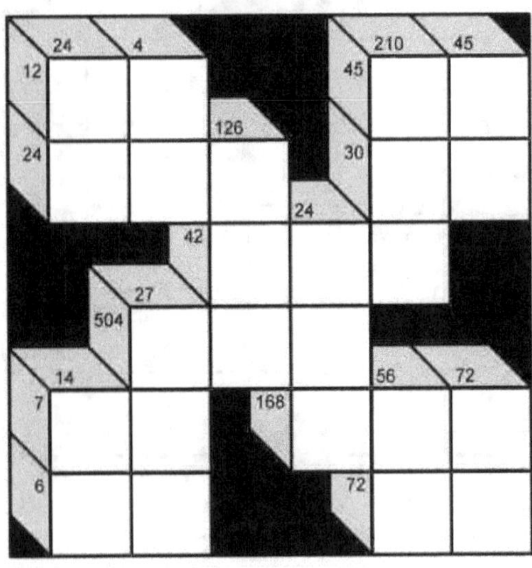

PUZZLE :496

PUZZLE :497

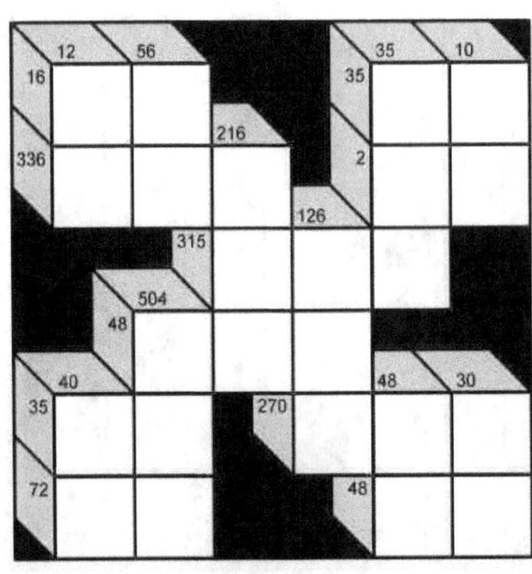

PUZZLE :498

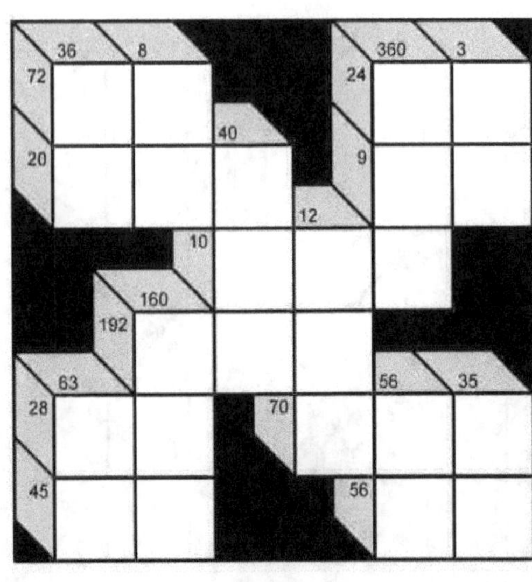

PUZZLE :499

PUZZLE :500

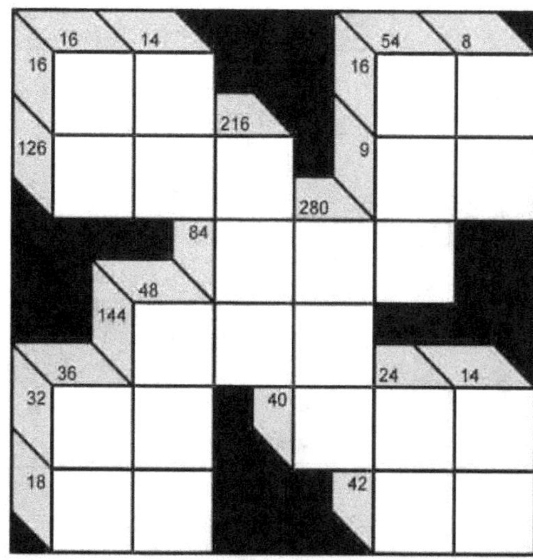

PUZZLE :501

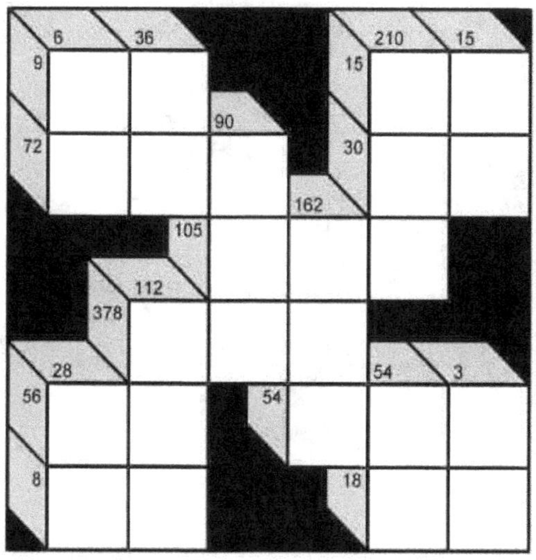

PUZZLE :502

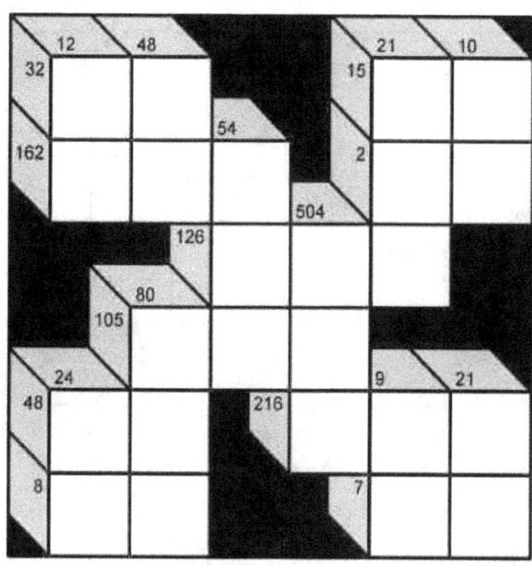

PUZZLE :503

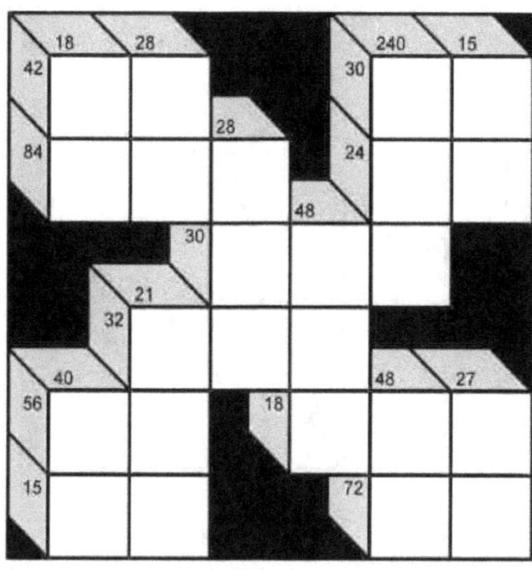

PUZZLE :504

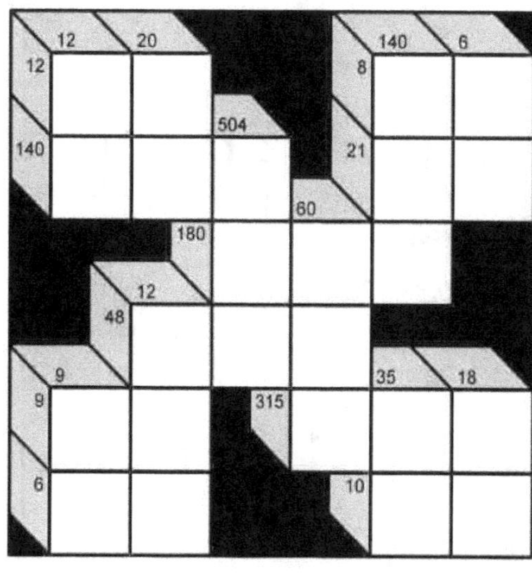

PUZZLE :505

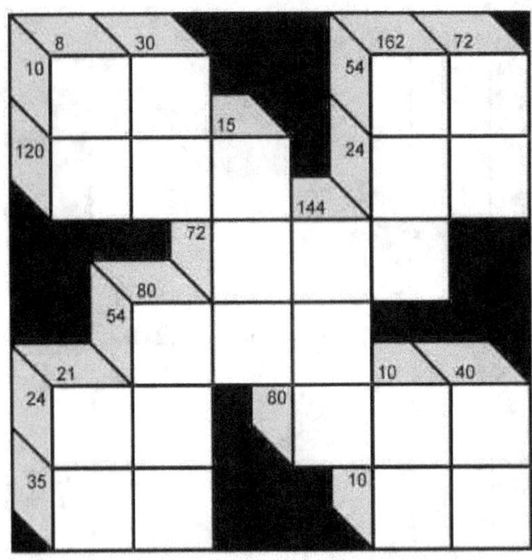

PUZZLE :506

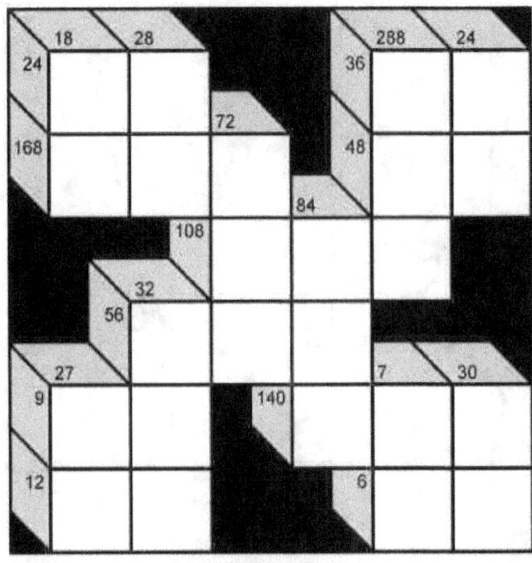

PUZZLE :507

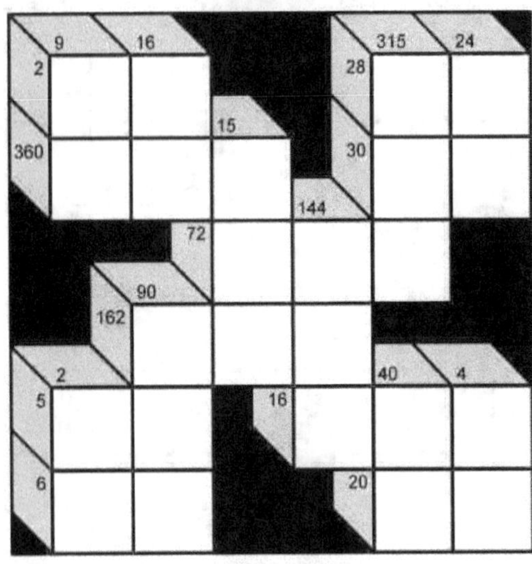

PUZZLE :508

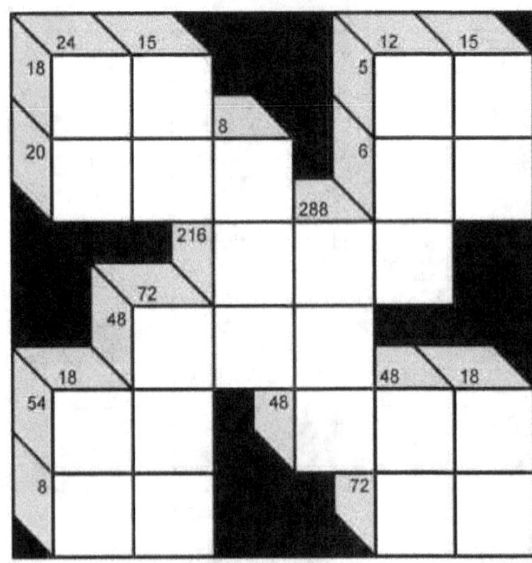

PUZZLE :509

PUZZLE :510

PUZZLE :511

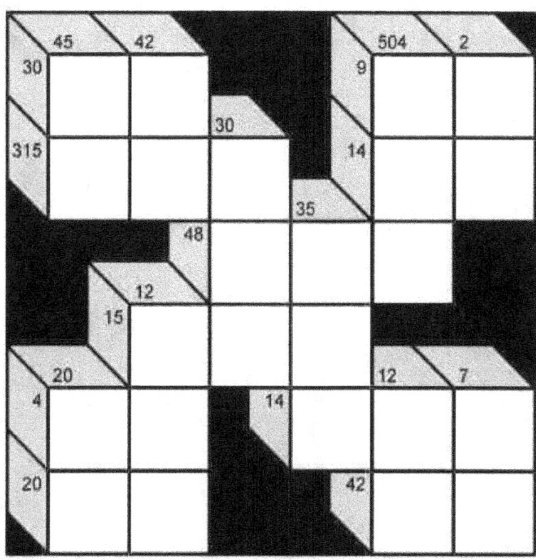

PUZZLE :512

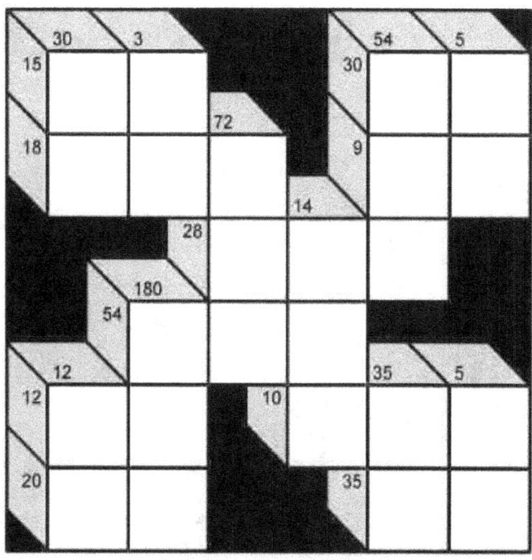

PUZZLE :513

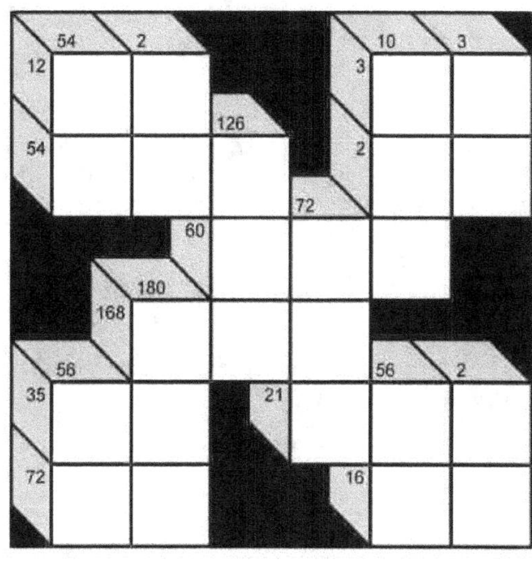

PUZZLE :514

PUZZLE :515

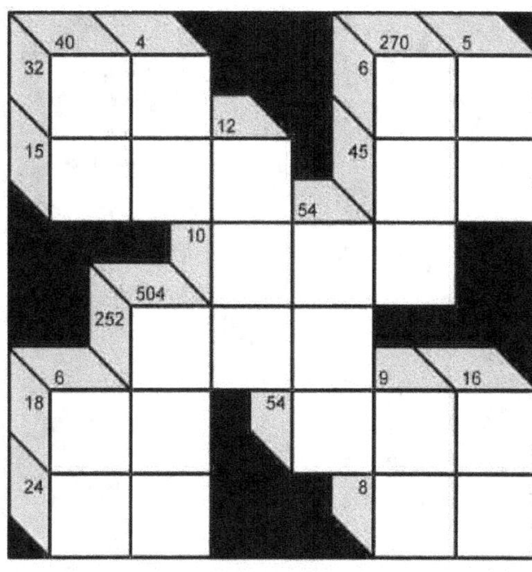

PUZZLE :516

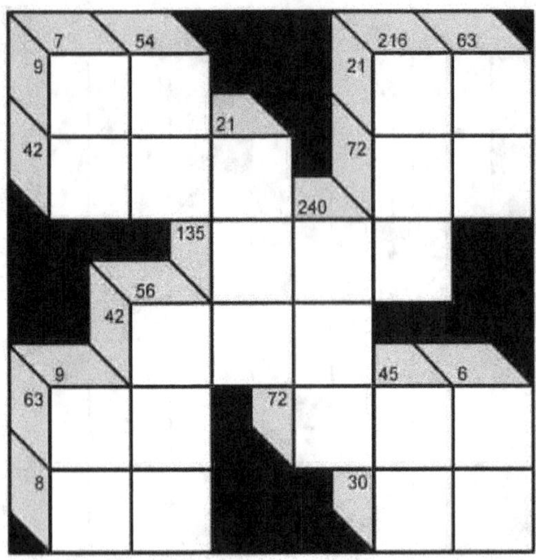

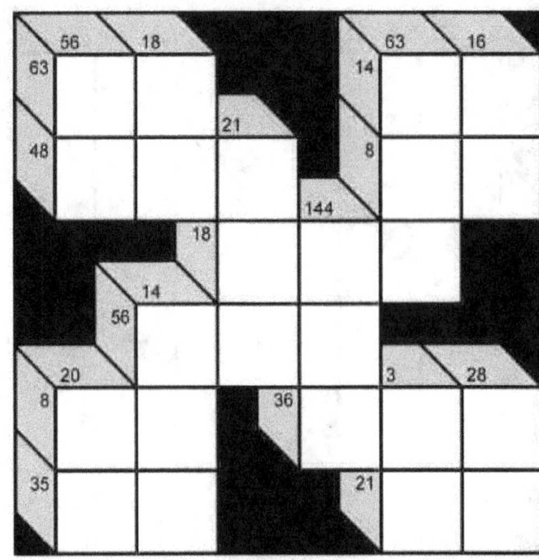

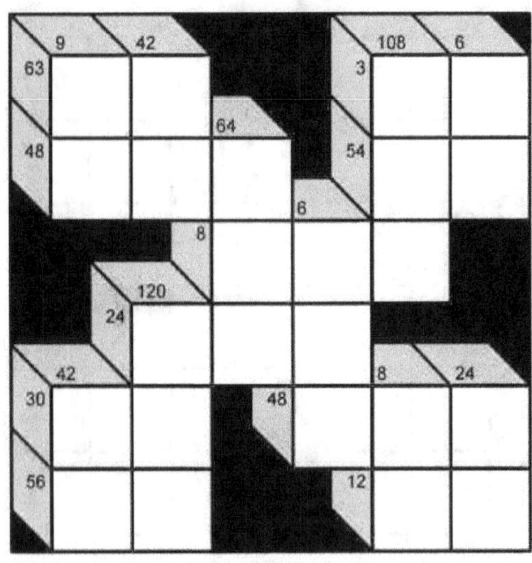

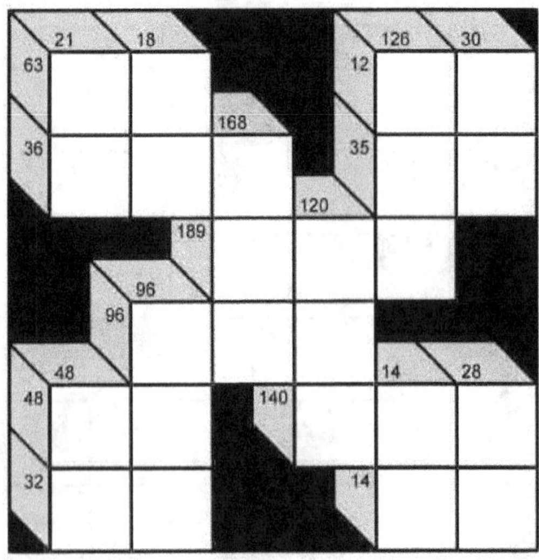

PUZZLE :523

PUZZLE :524

PUZZLE :525

PUZZLE :526

PUZZLE :527

PUZZLE :528

PUZZLE :529

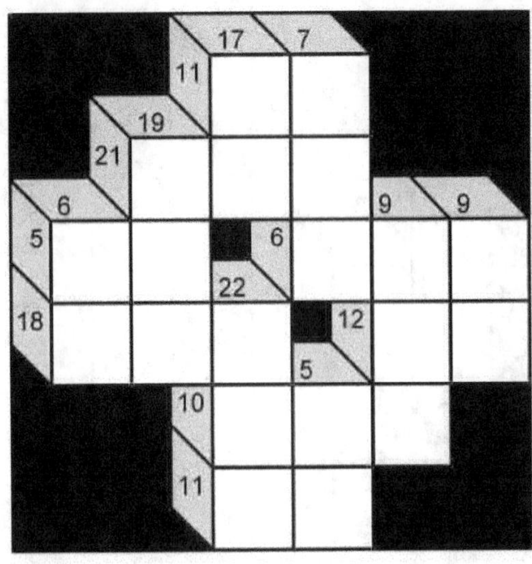

PUZZLE :530

PUZZLE :531

PUZZLE :532

PUZZLE :533

PUZZLE :534

PUZZLE :535

PUZZLE :536

PUZZLE :537

PUZZLE :538

PUZZLE :539

PUZZLE :540

PUZZLE :541

PUZZLE :542

PUZZLE :543

PUZZLE :544

PUZZLE :545

PUZZLE :546

PUZZLE :547

PUZZLE :548

PUZZLE :549

PUZZLE :550

PUZZLE :551

PUZZLE :552

PUZZLE :553

PUZZLE :554

PUZZLE :555

PUZZLE :556

PUZZLE :557

PUZZLE :558

PUZZLE :559

PUZZLE :560

PUZZLE :561

PUZZLE :562

PUZZLE :563

PUZZLE :564

PUZZLE :565

PUZZLE :566

PUZZLE :567

PUZZLE :568

PUZZLE :569

PUZZLE :570

PUZZLE :571

PUZZLE :572

PUZZLE :573

PUZZLE :574

PUZZLE :575

PUZZLE :576

PUZZLE :577

PUZZLE :578

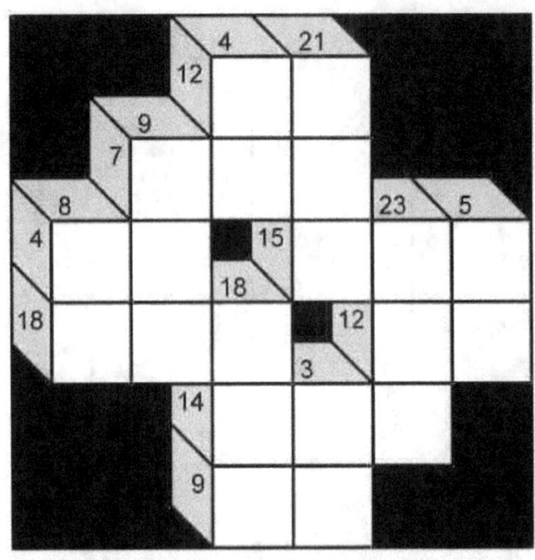

PUZZLE :579

PUZZLE :580

PUZZLE :581

PUZZLE :582

PUZZLE :583

PUZZLE :585

PUZZLE :587

PUZZLE :584

PUZZLE :586

PUZZLE :588

PUZZLE :589

PUZZLE :590

PUZZLE :591

PUZZLE :592

PUZZLE :593

PUZZLE :594

PUZZLE :595

PUZZLE :596

PUZZLE :597

PUZZLE :598

PUZZLE :599

PUZZLE :600

PUZZLE :601

PUZZLE :602

PUZZLE :603

PUZZLE :604

PUZZLE :605

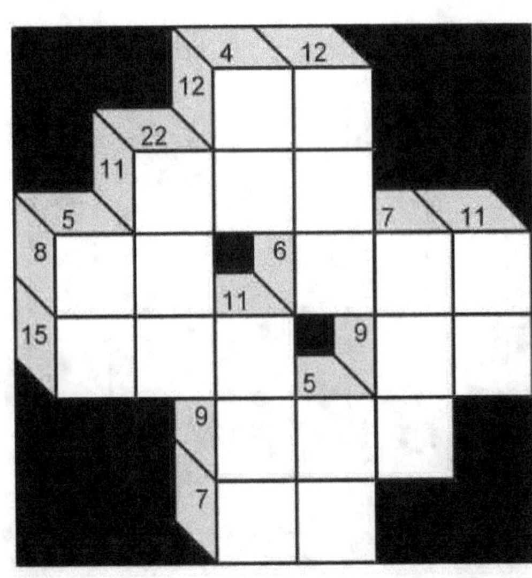

PUZZLE :606

PUZZLE :607

PUZZLE :608

PUZZLE :609

PUZZLE :610

PUZZLE :611

PUZZLE :612

PUZZLE :613

PUZZLE :614

PUZZLE :615

PUZZLE :616

PUZZLE :617

PUZZLE :618

PUZZLE :619

PUZZLE :620

PUZZLE :621

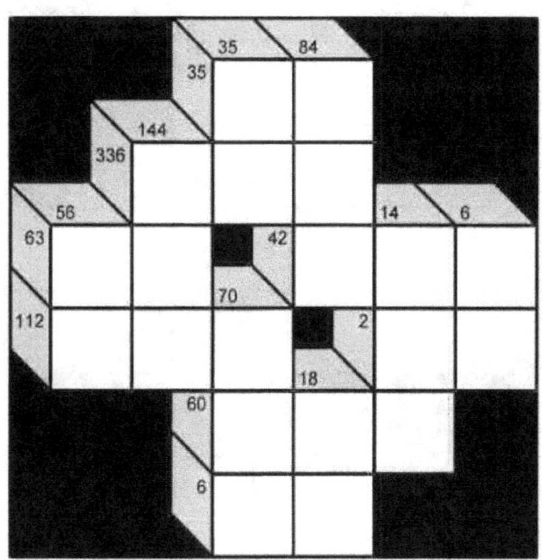

PUZZLE :622

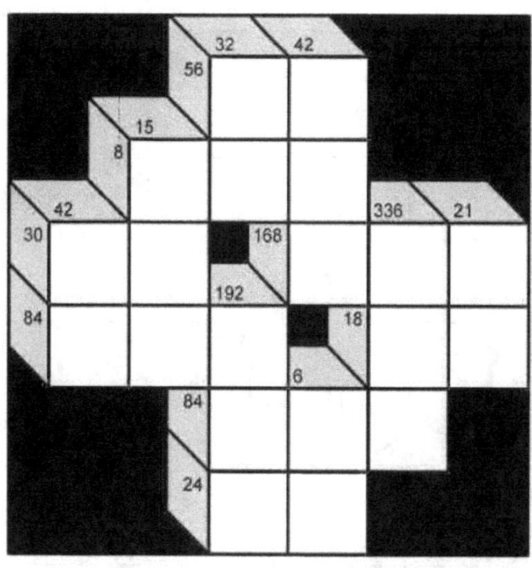

PUZZLE :623

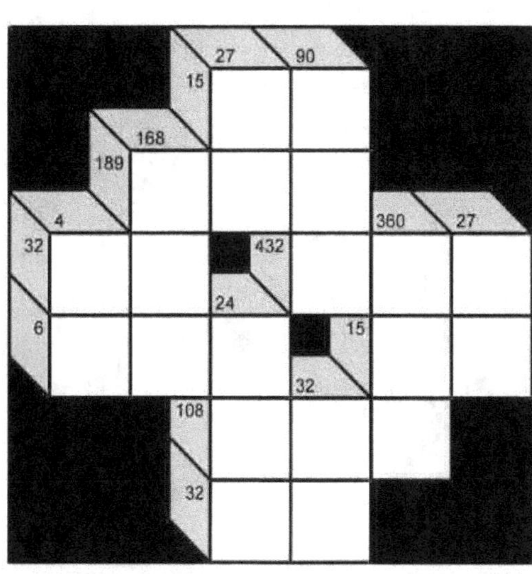

PUZZLE :624

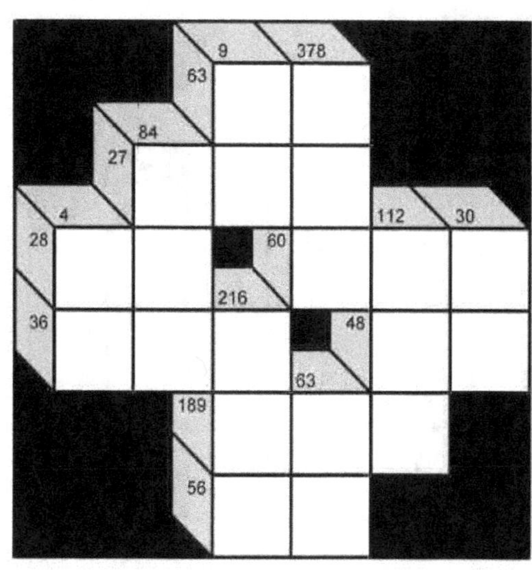

PUZZLE :625

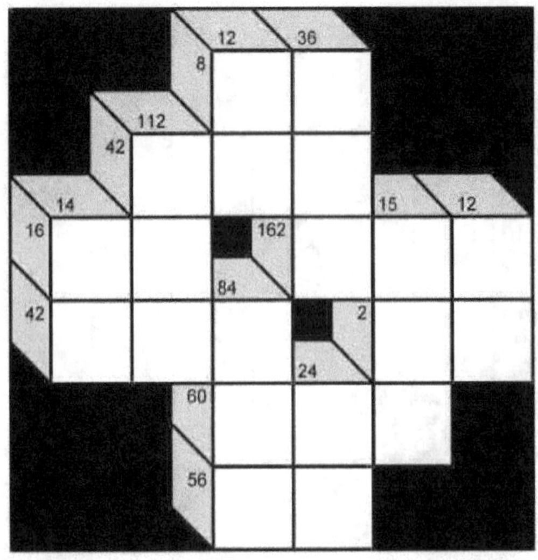

PUZZLE :626

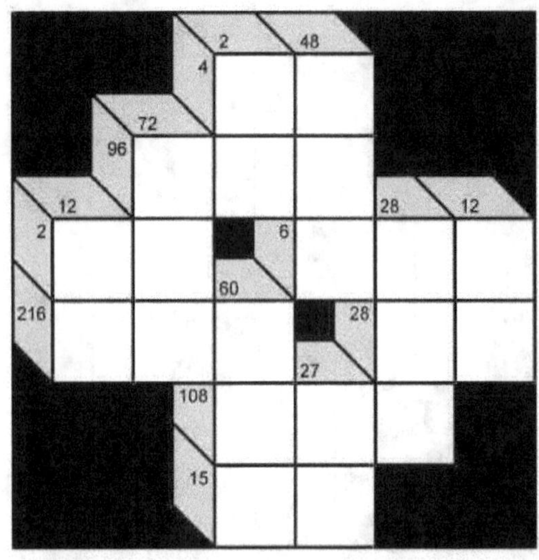

PUZZLE :627

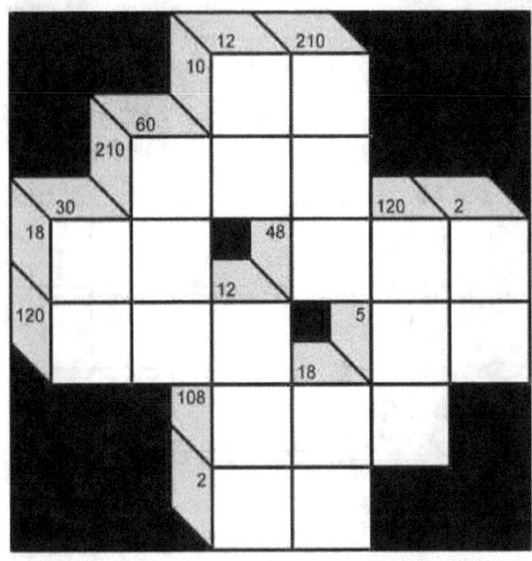

PUZZLE :628

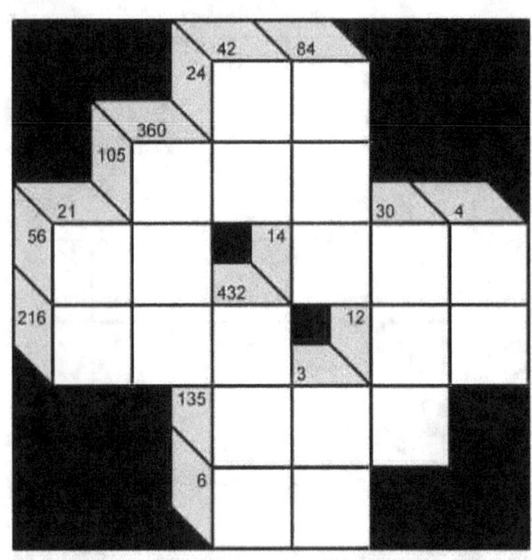

PUZZLE :629

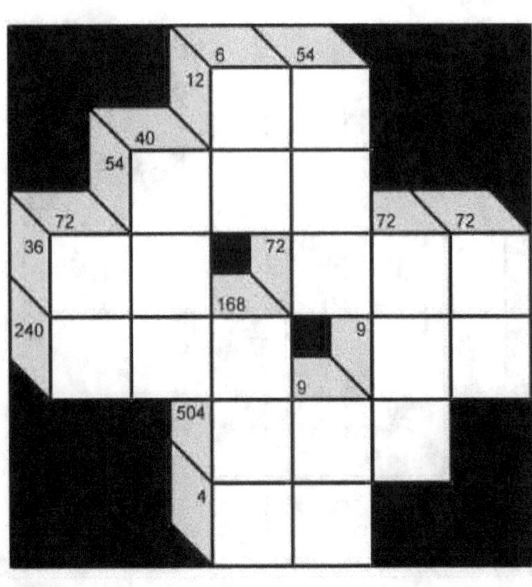

PUZZLE :630

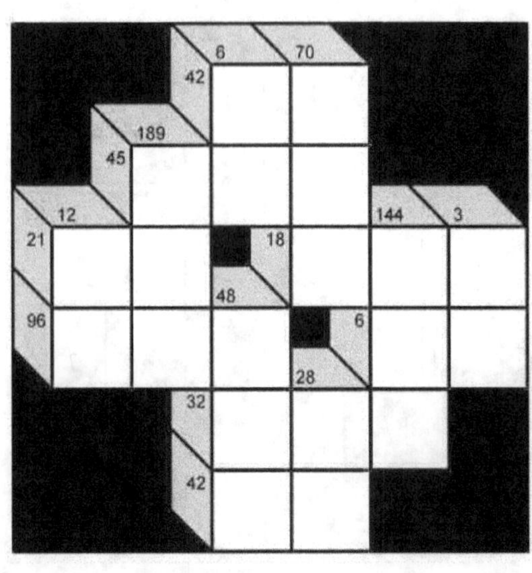

PUZZLE :631

PUZZLE :632

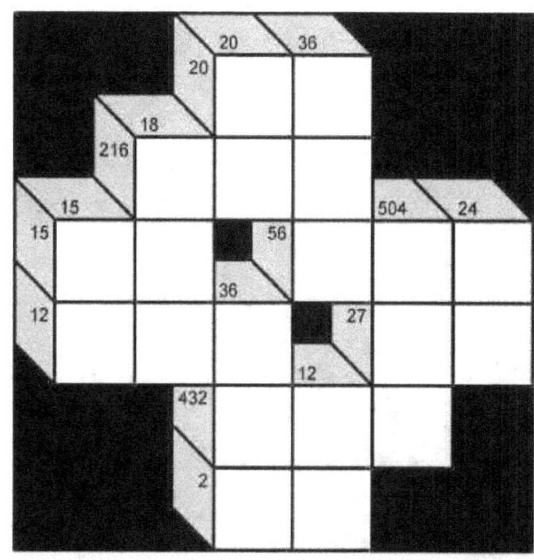

PUZZLE :633

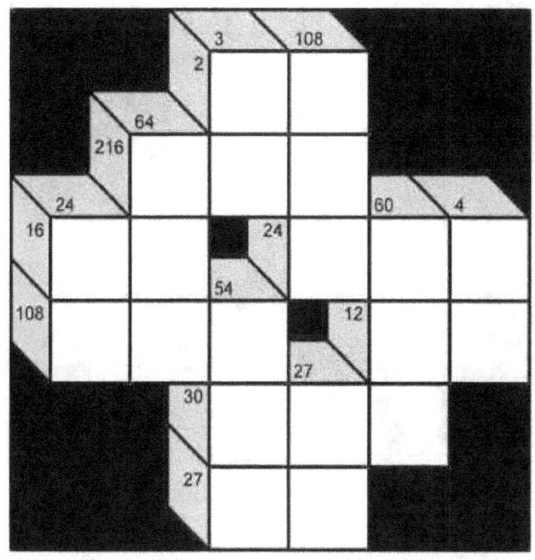

PUZZLE :634

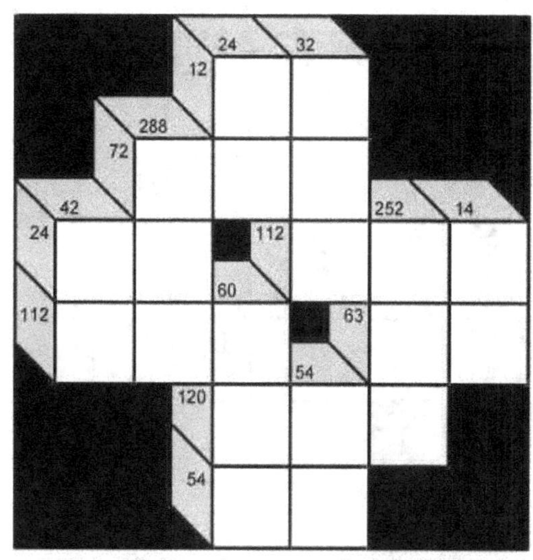

PUZZLE :635

PUZZLE :636

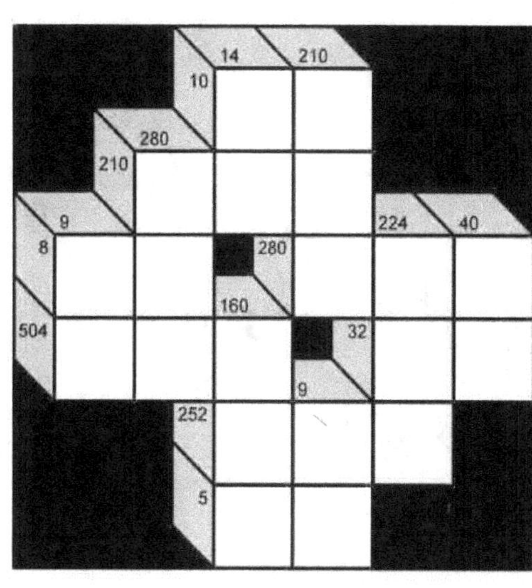

PUZZLE :637

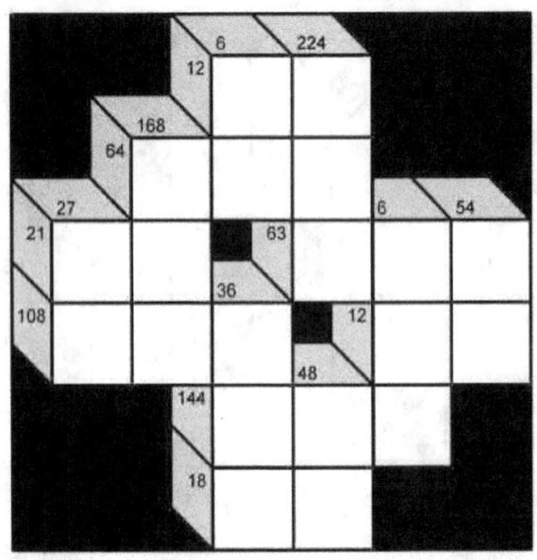

PUZZLE :638

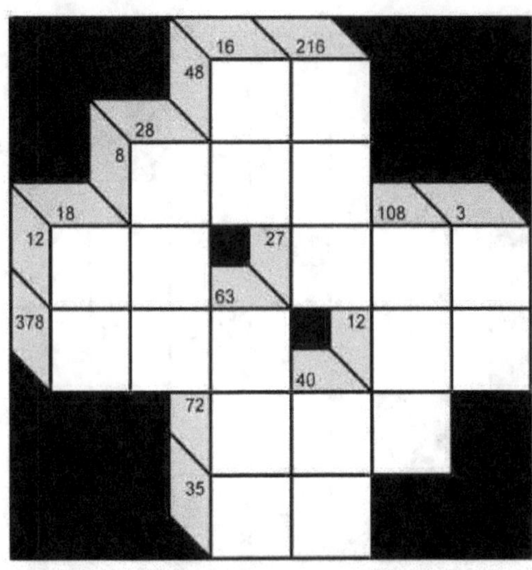

PUZZLE :639

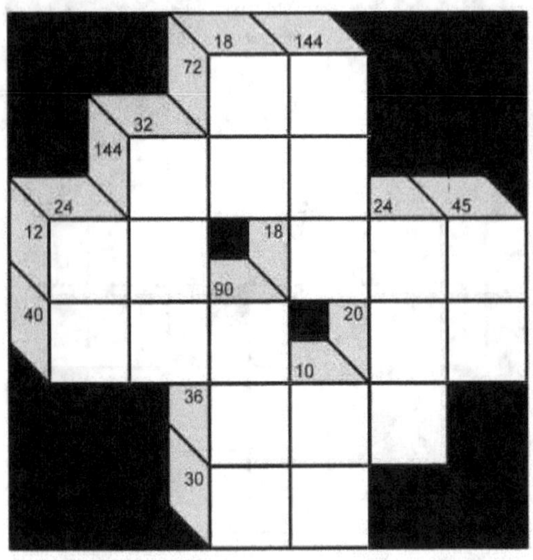

PUZZLE :640

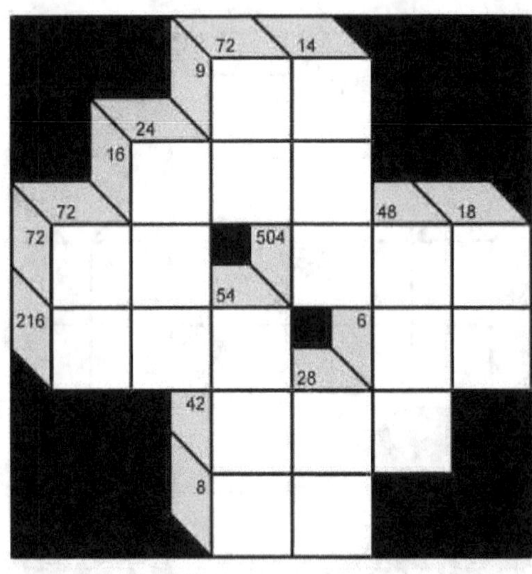

PUZZLE :641

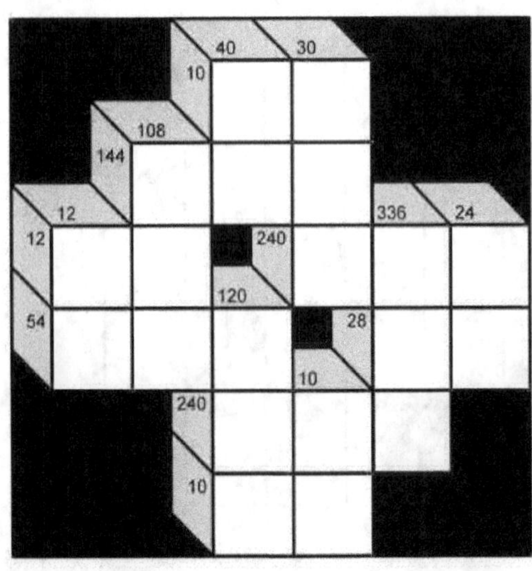

PUZZLE :642

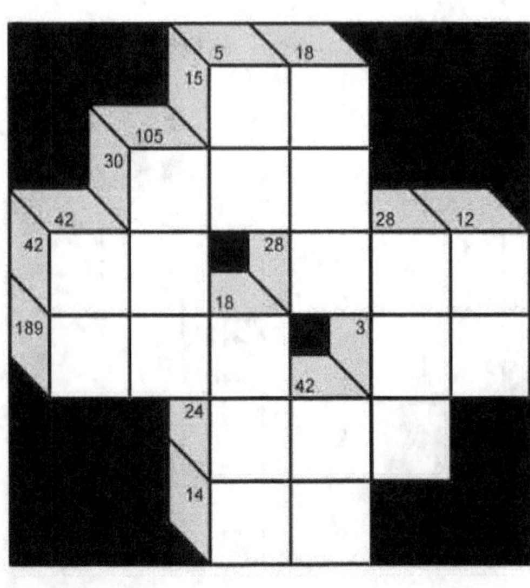

PUZZLE :643

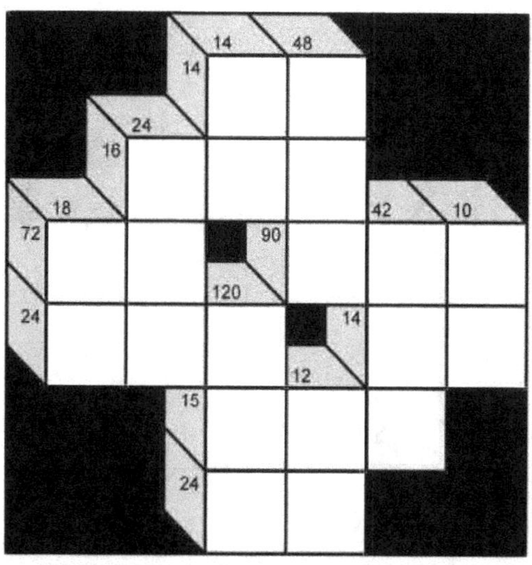

PUZZLE :644

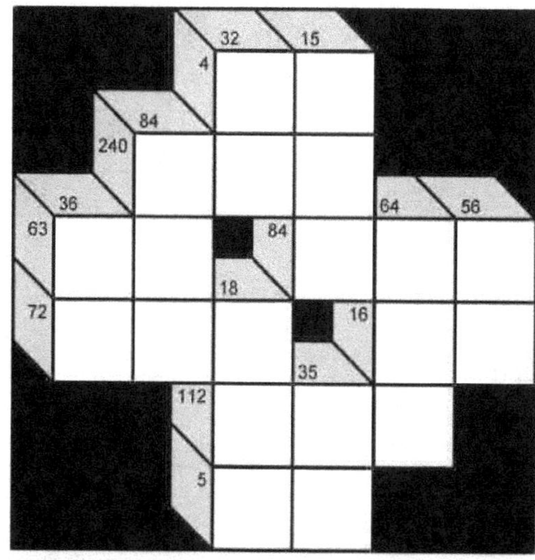

PUZZLE :645

PUZZLE :646

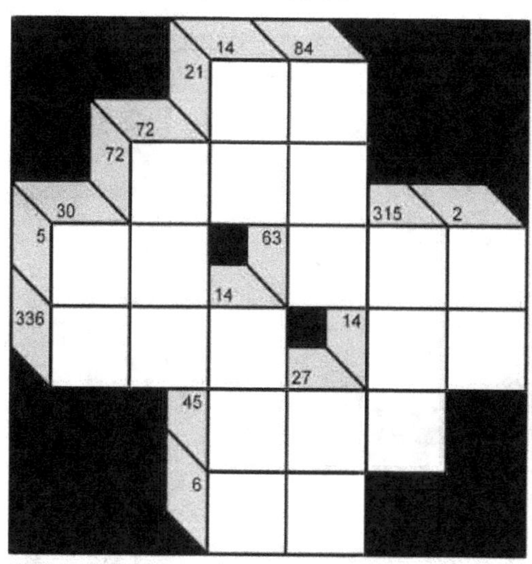

PUZZLE :647

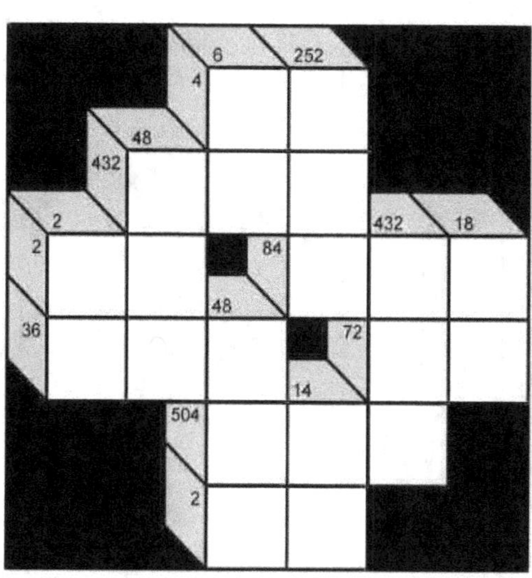

PUZZLE :648

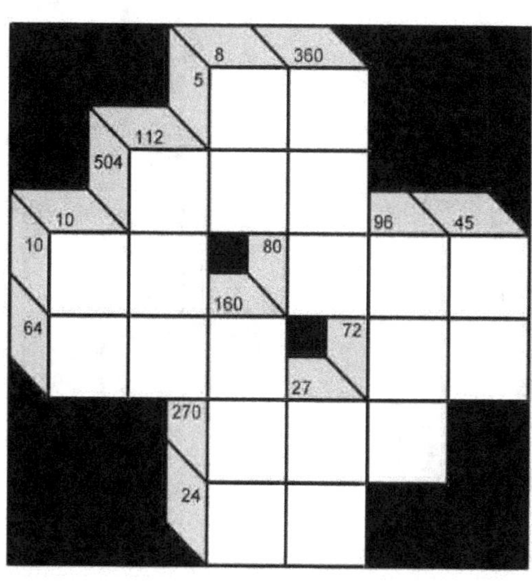

PUZZLE :649

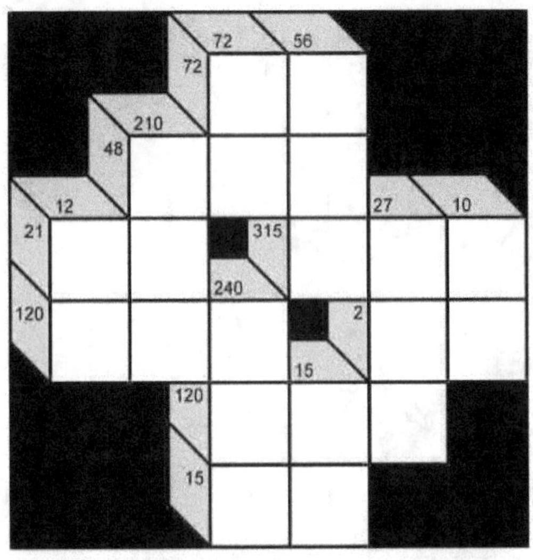

PUZZLE :650

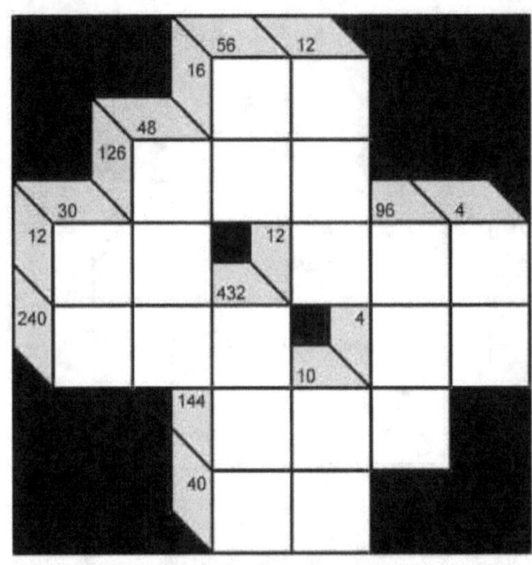

PUZZLE :651

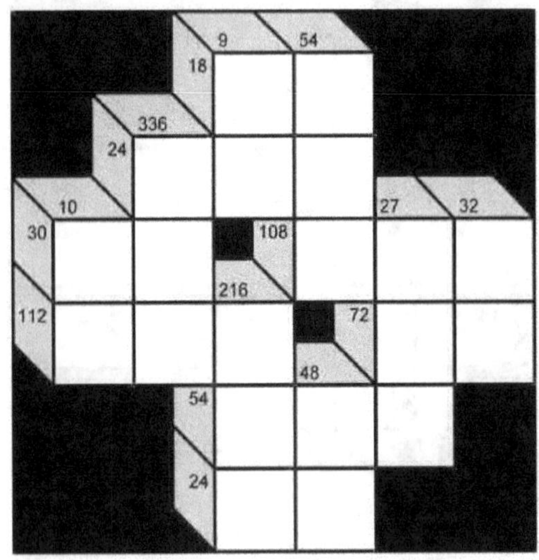

PUZZLE :652

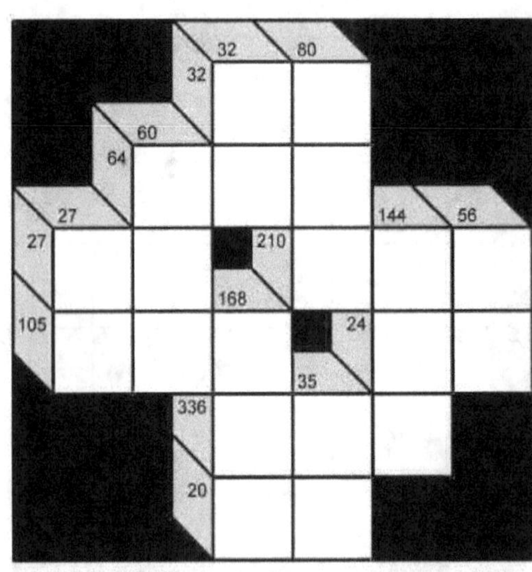

PUZZLE :653

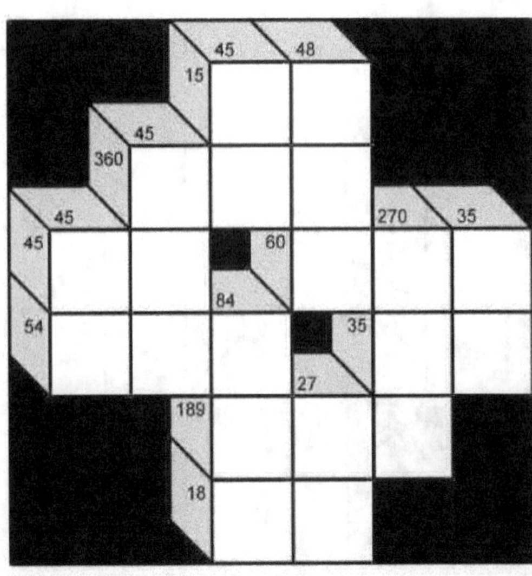

PUZZLE :654

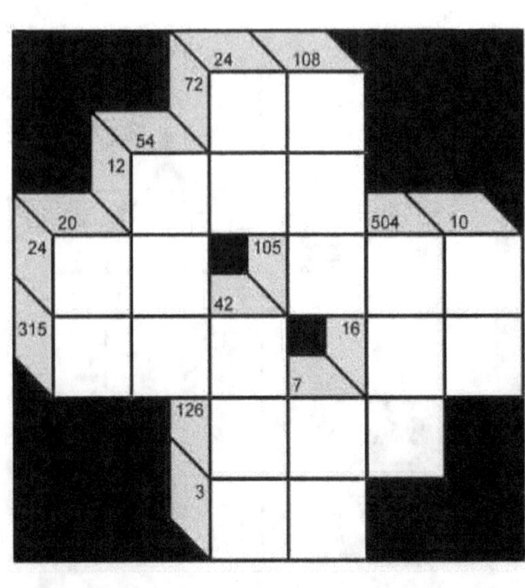

PUZZLE :655

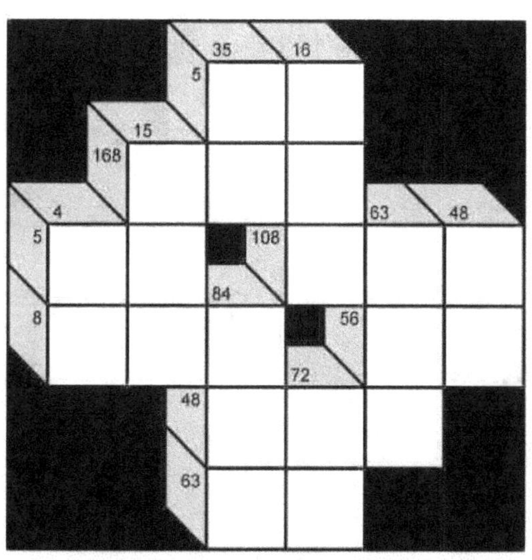

PUZZLE :656

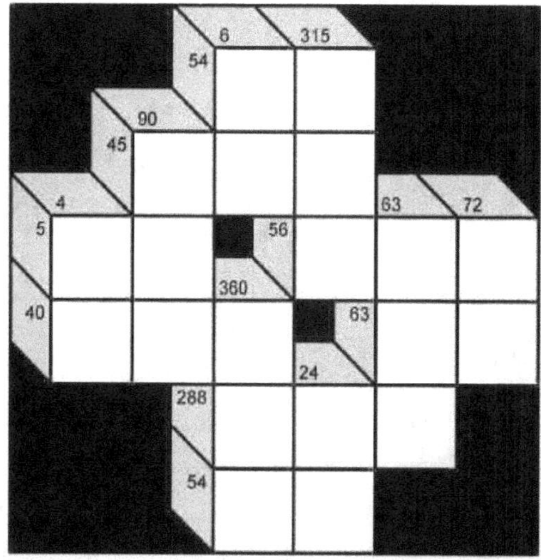

PUZZLE :657

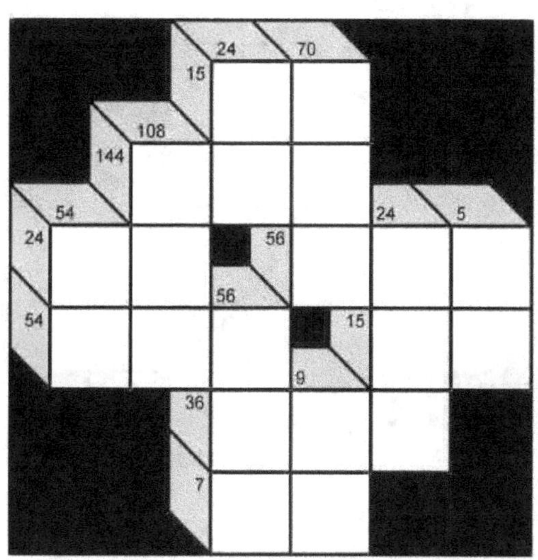

PUZZLE :658

PUZZLE :659

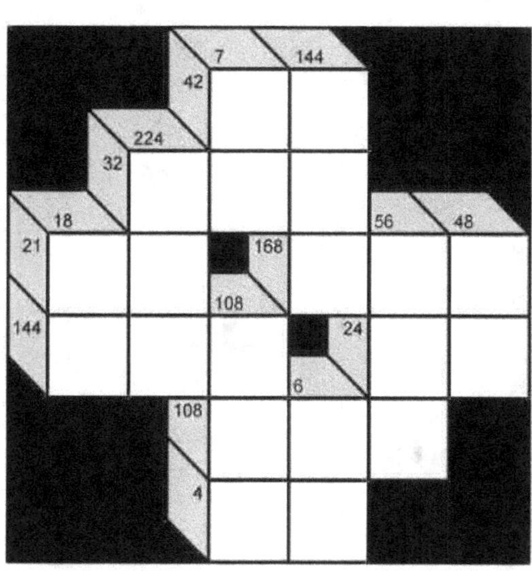

PUZZLE :660

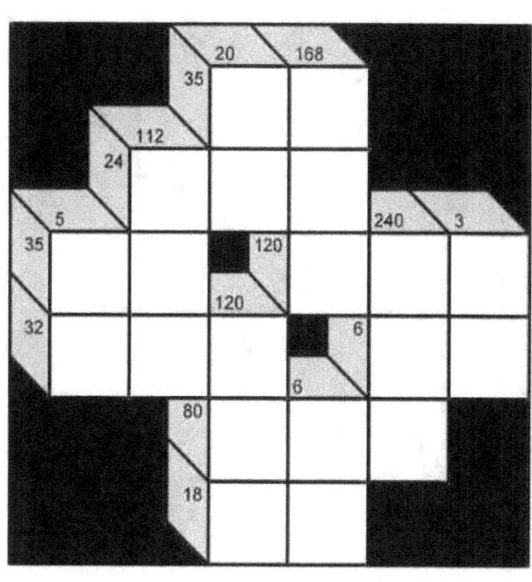

PUZZLE :661

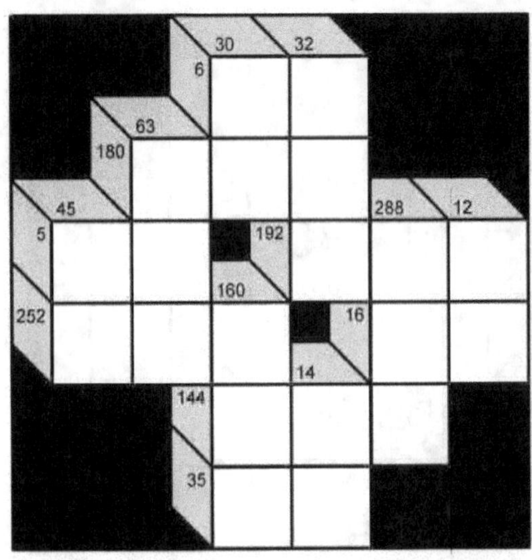

PUZZLE :662

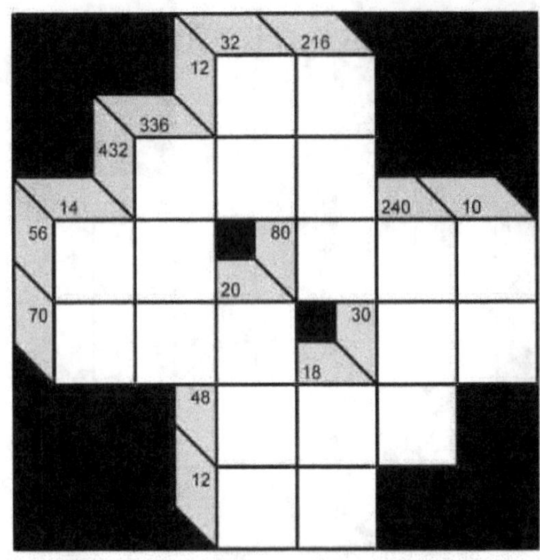

PUZZLE :663

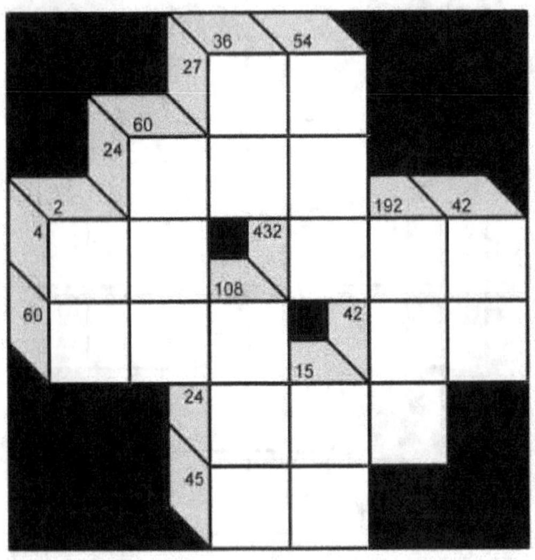

PUZZLE :664

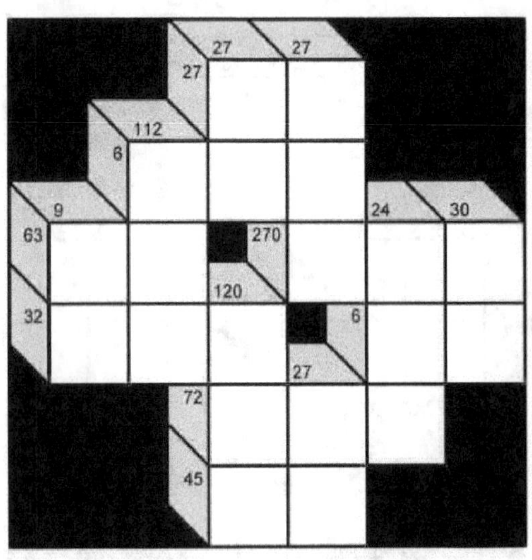

PUZZLE :665

PUZZLE :666

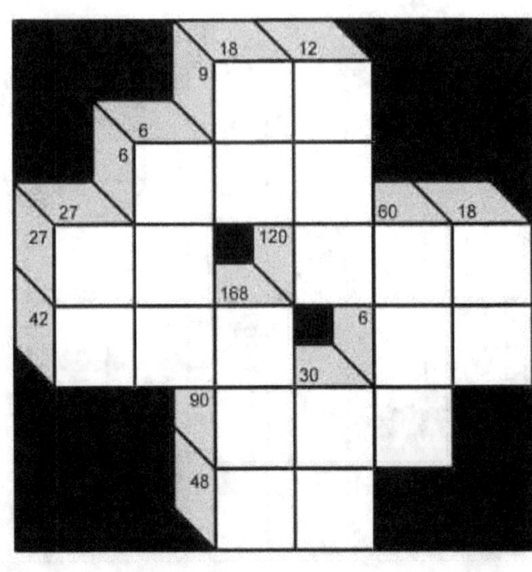

PUZZLE :667

PUZZLE :668

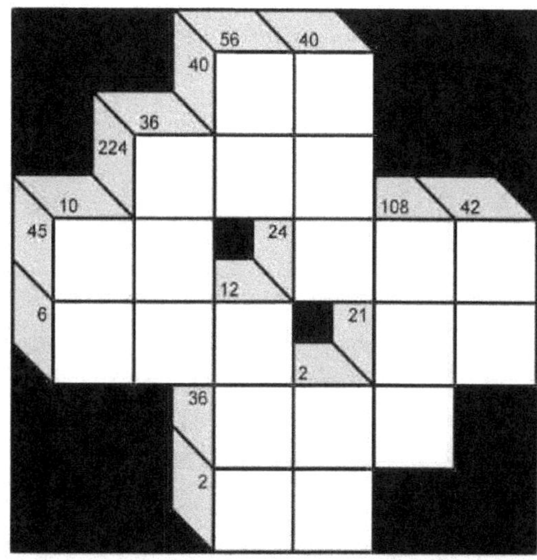

PUZZLE :669

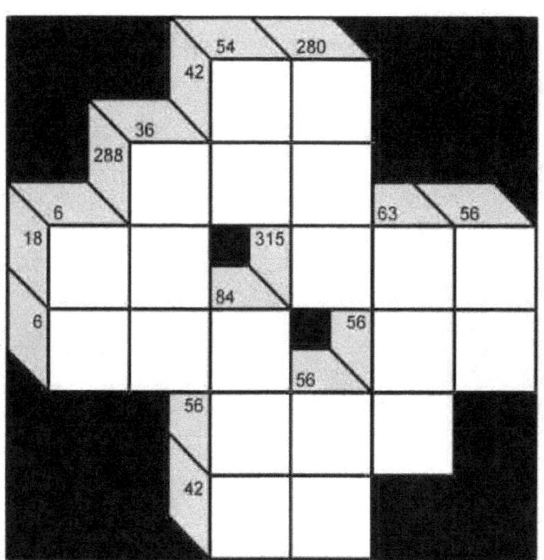

PUZZLE :670

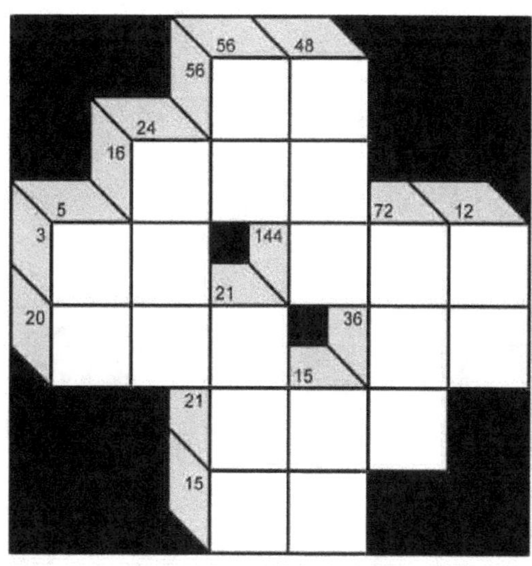

PUZZLE :671

PUZZLE :672

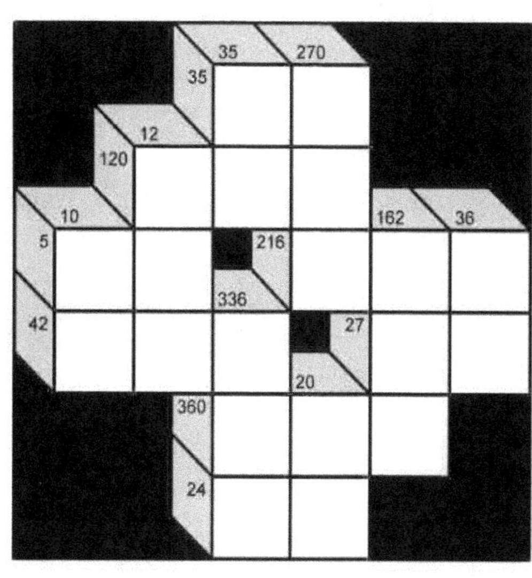

HARD PUZZLES

PUZZLE :673

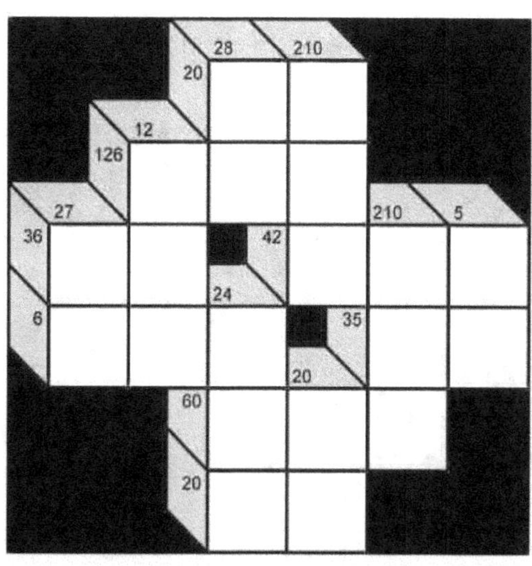

PUZZLE :674

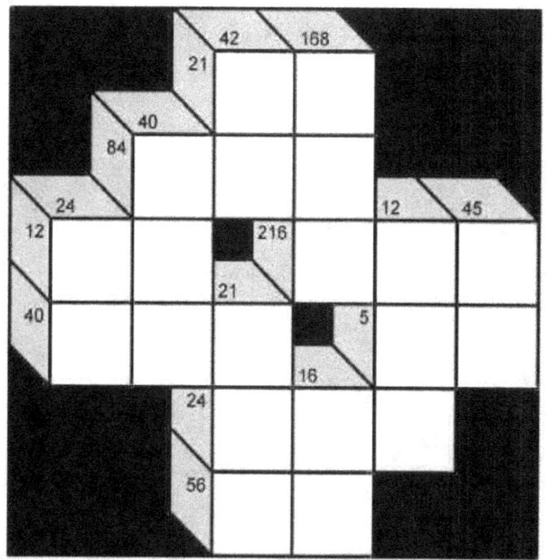

PUZZLE :675

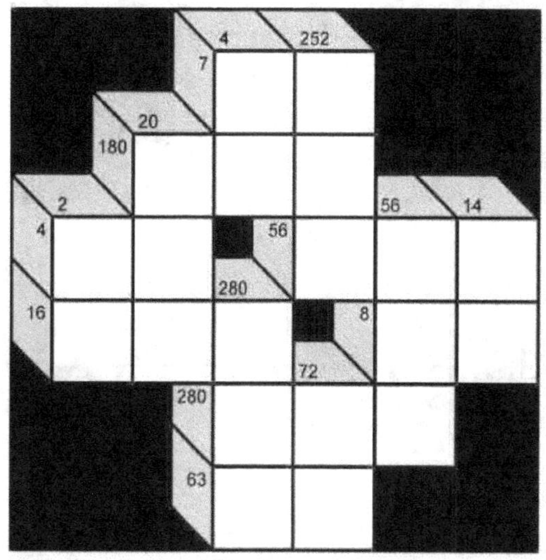

PUZZLE :676

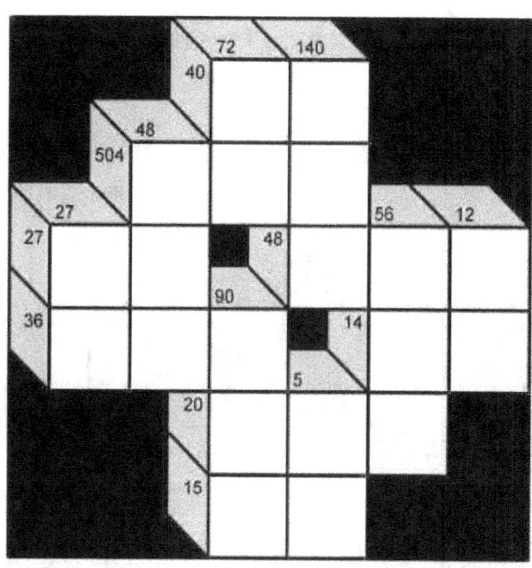

PUZZLE :677

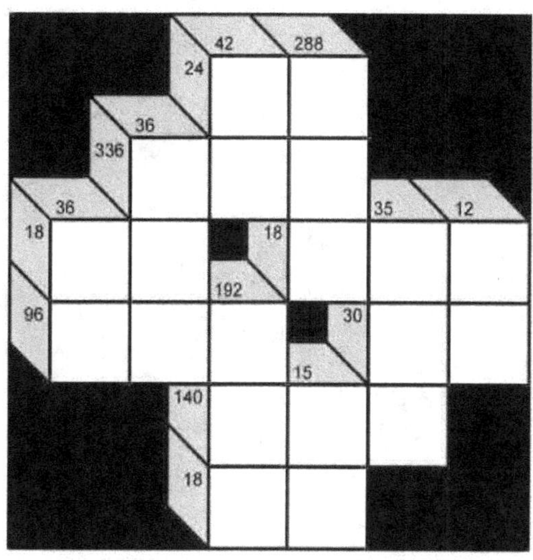

PUZZLE :678

PUZZLE :679

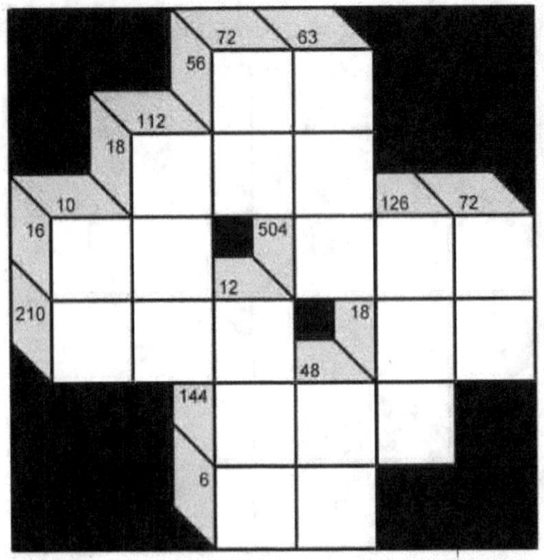

PUZZLE :680

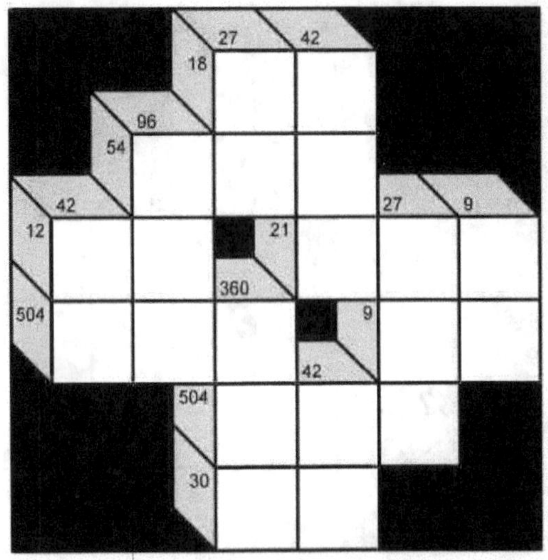

PUZZLE :681

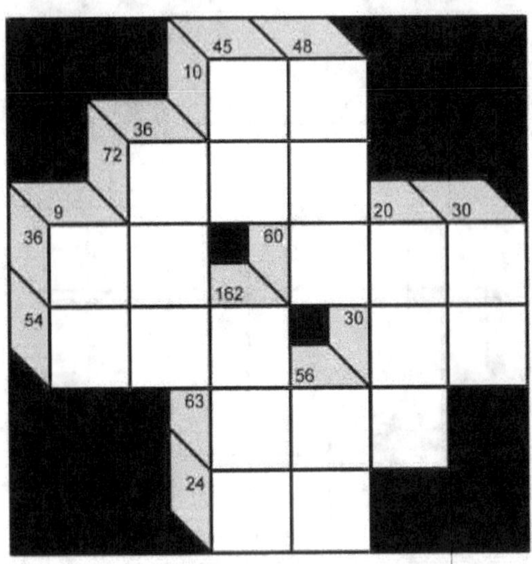

PUZZLE :682

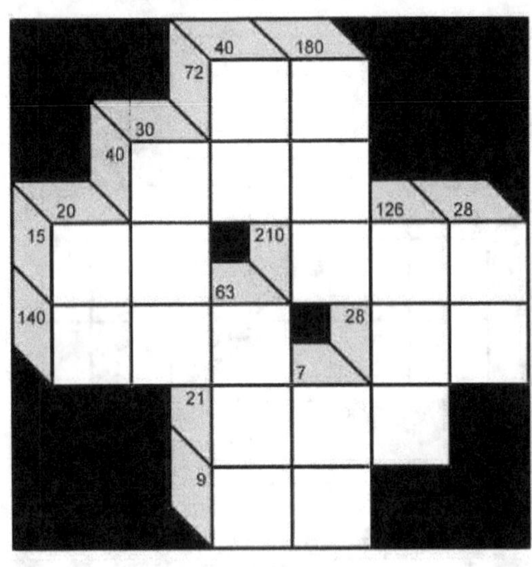

PUZZLE :683

PUZZLE :684

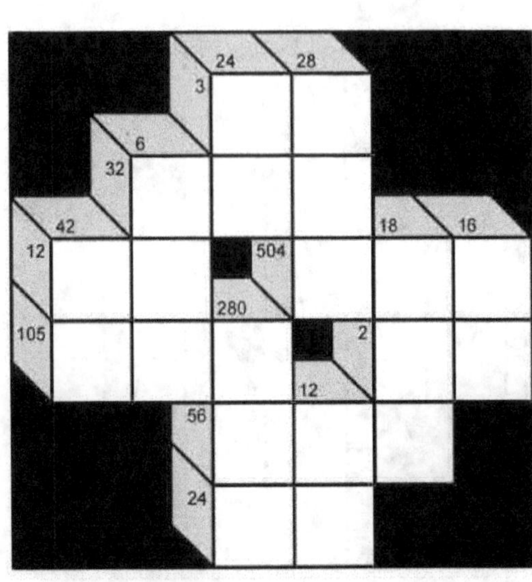

PUZZLE :685

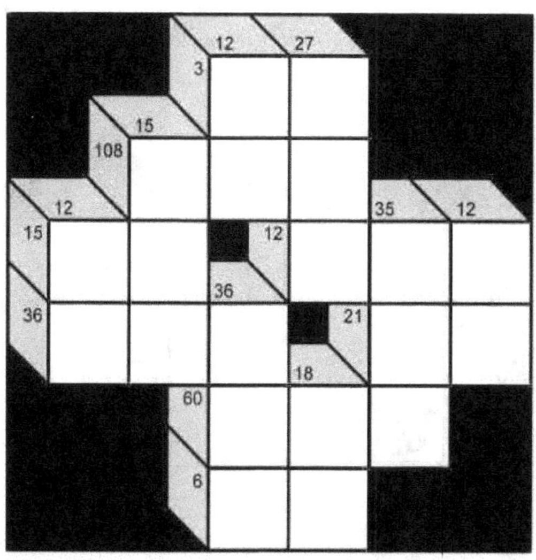

PUZZLE :687

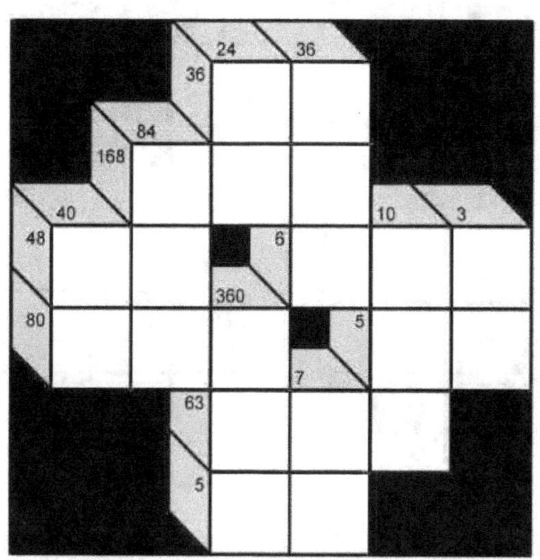

PUZZLE :689

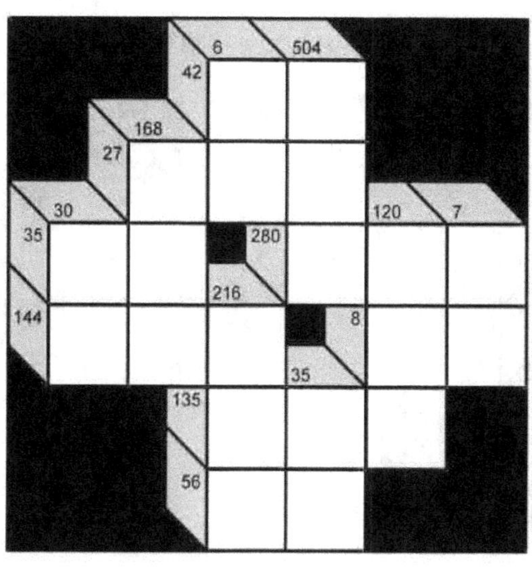

PUZZLE :686

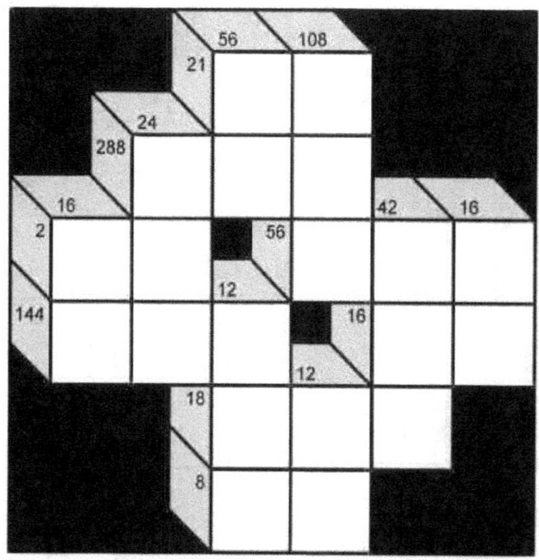

PUZZLE :688

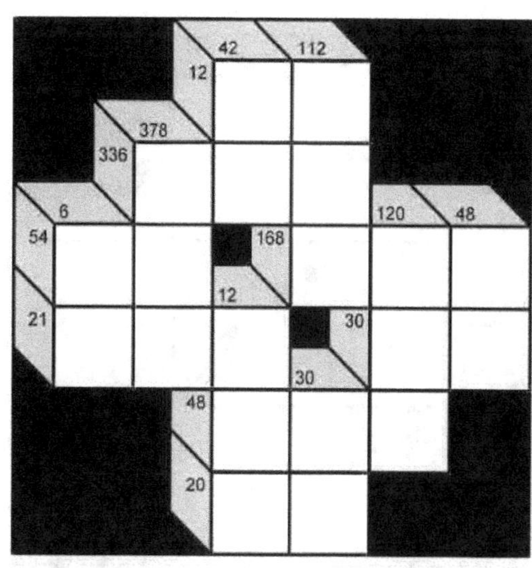

PUZZLE :690

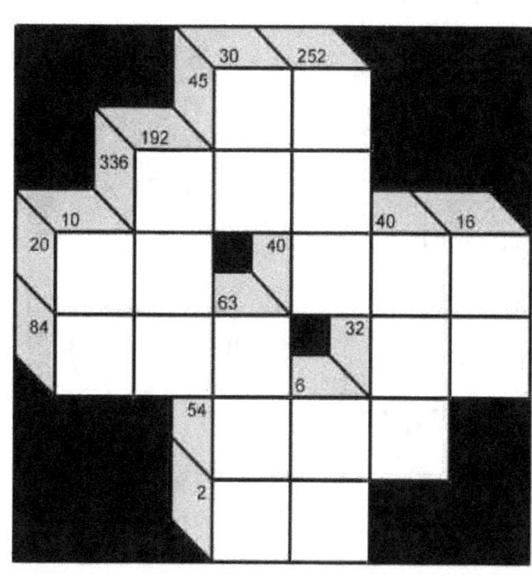

PUZZLE :691

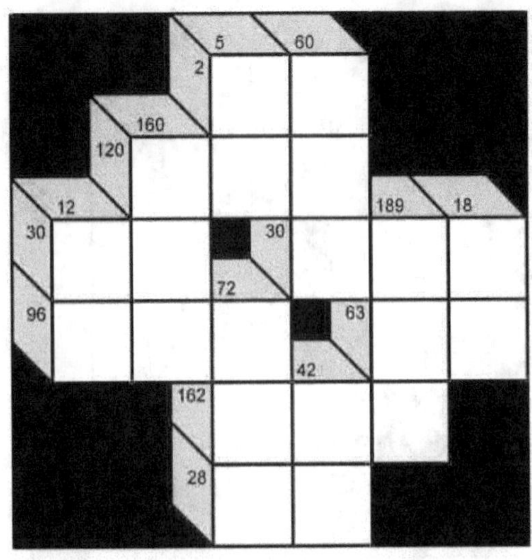

PUZZLE :692

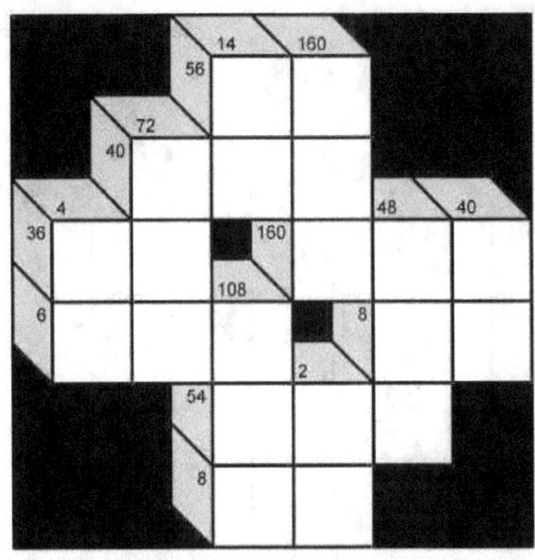

PUZZLE :693

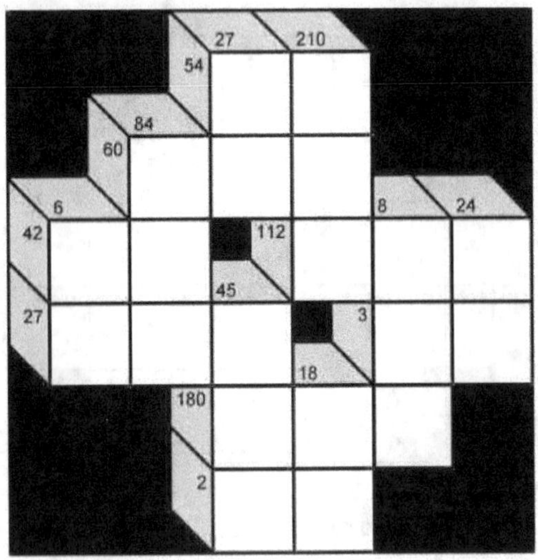

PUZZLE :694

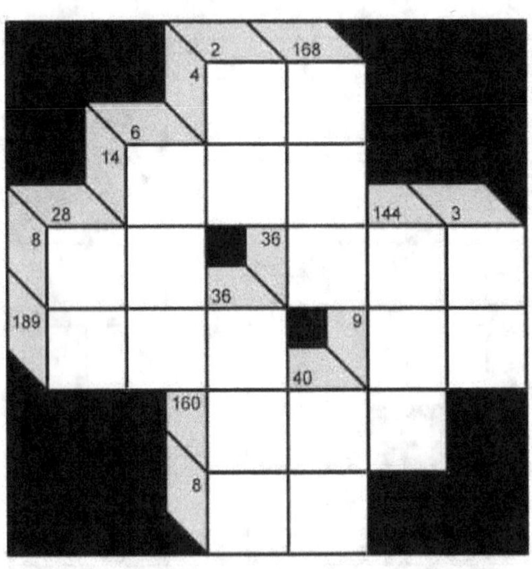

PUZZLE :695

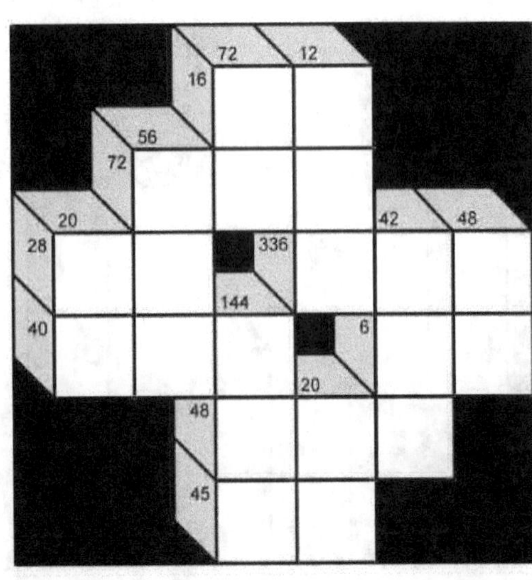

PUZZLE :696

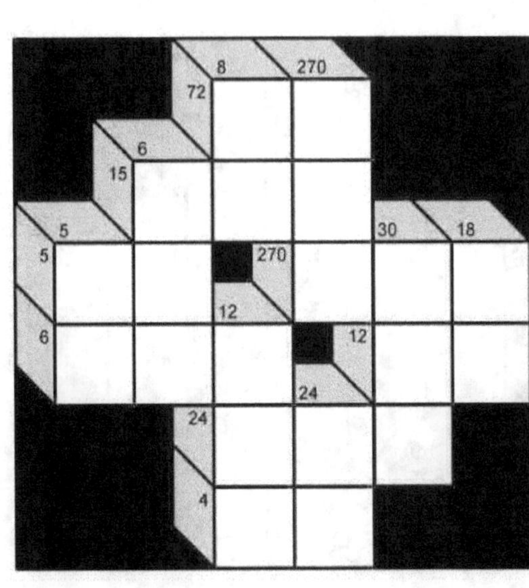

PUZZLE :697

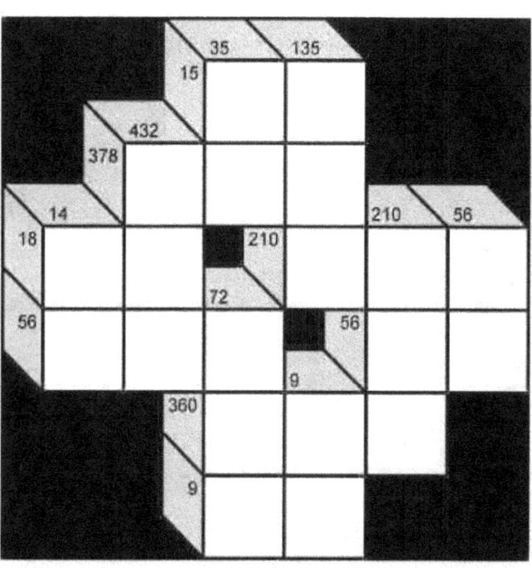

PUZZLE :698

PUZZLE :699

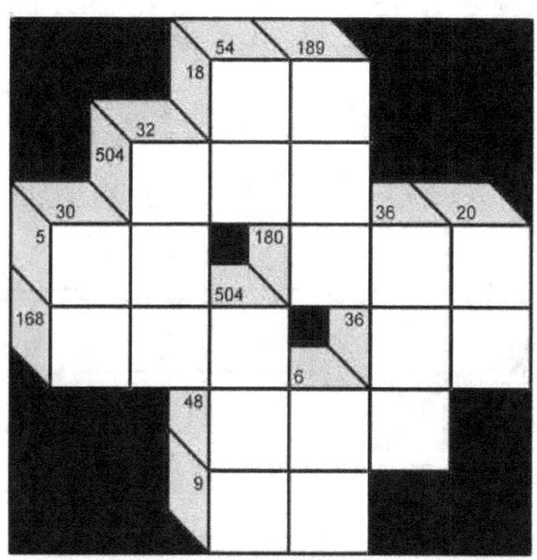

PUZZLE :700

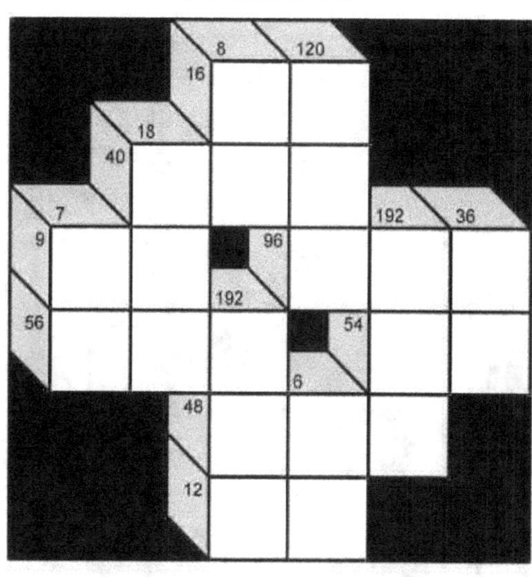

PUZZLE :701

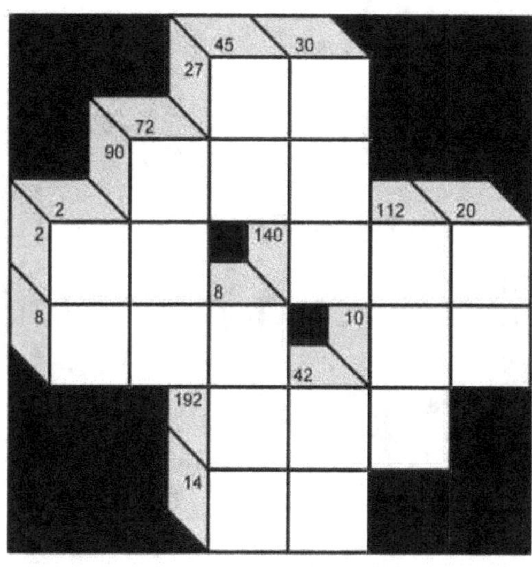

PUZZLE :702

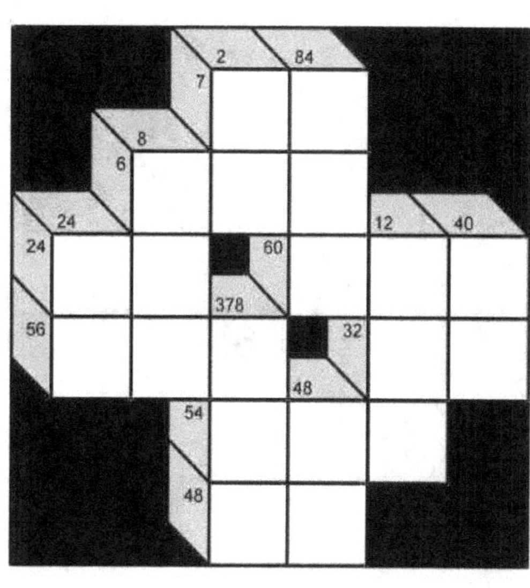

PUZZLE :703

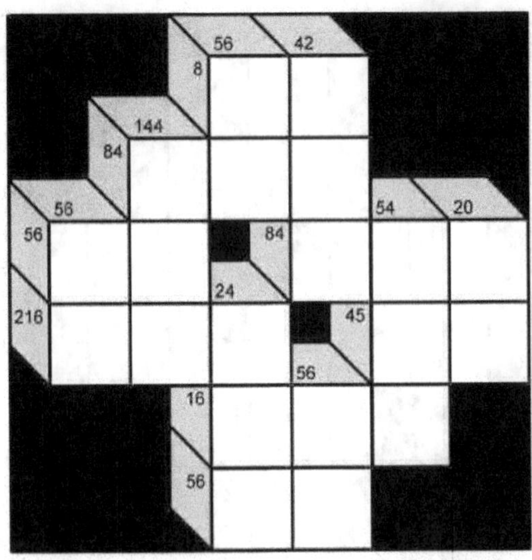

PUZZLE :704

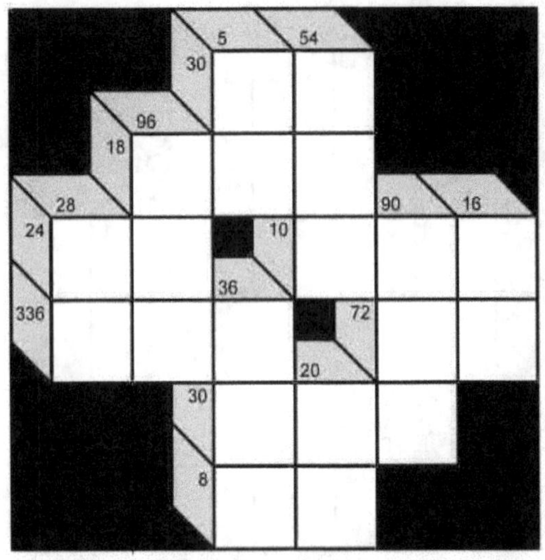

PUZZLE :705

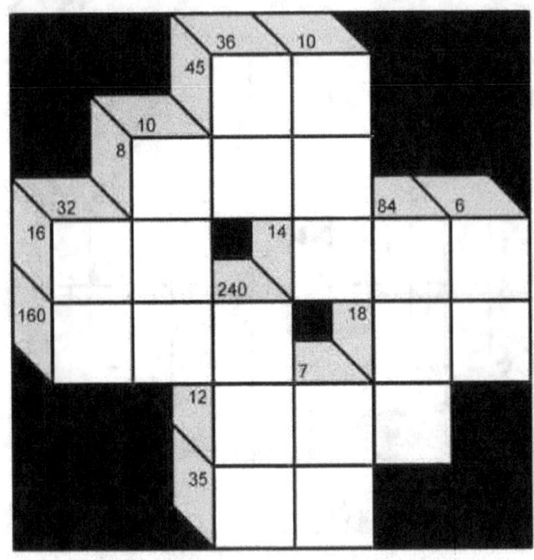

PUZZLE :706

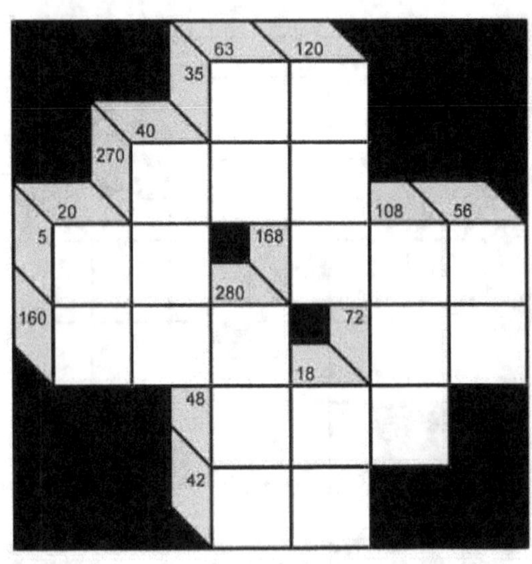

PUZZLE :707

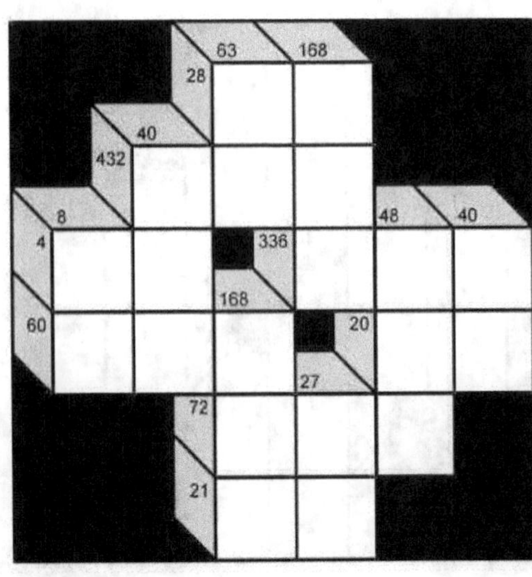

PUZZLE :708

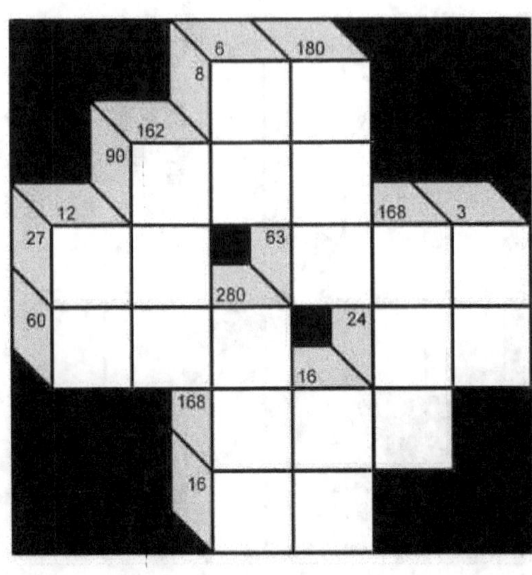

PUZZLE :709

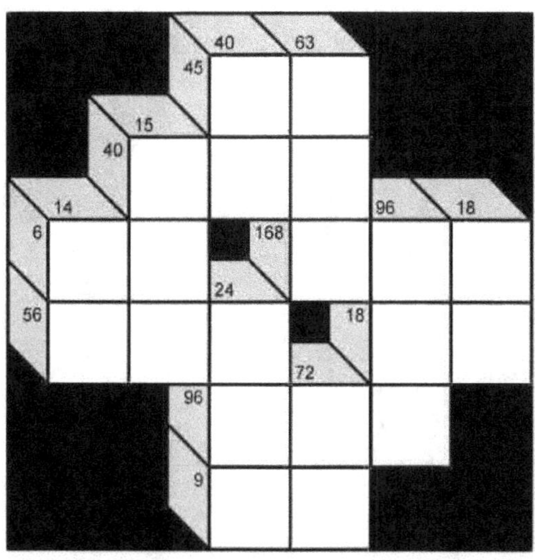

PUZZLE :710

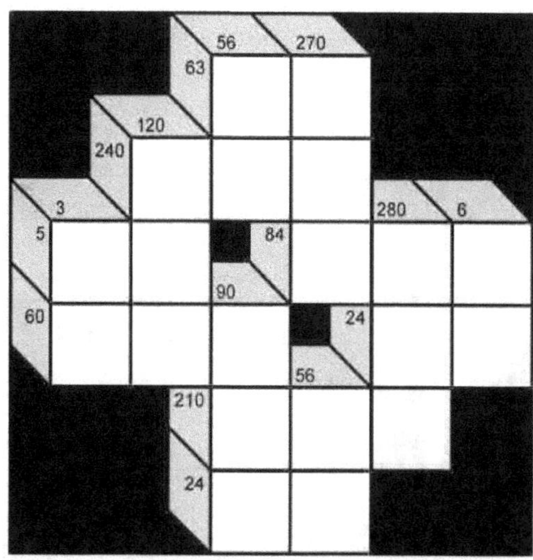

PUZZLE :711

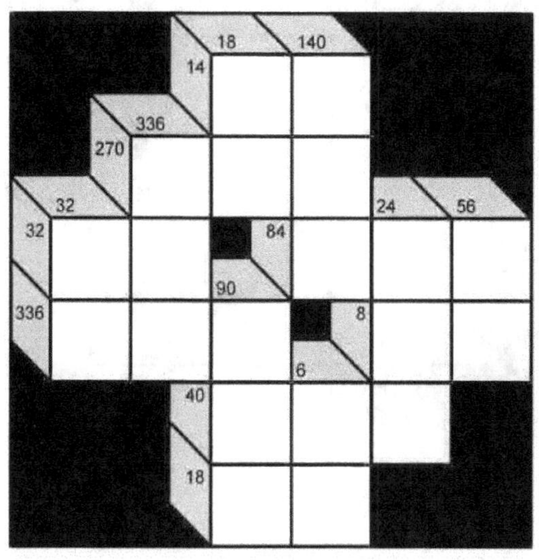

PUZZLE :712

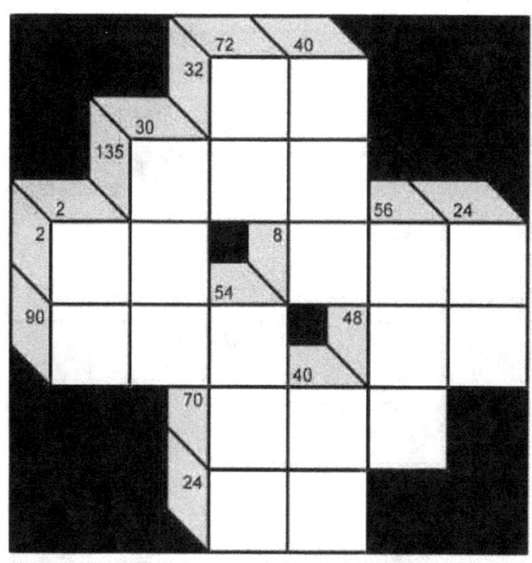

PUZZLE :713

PUZZLE :714

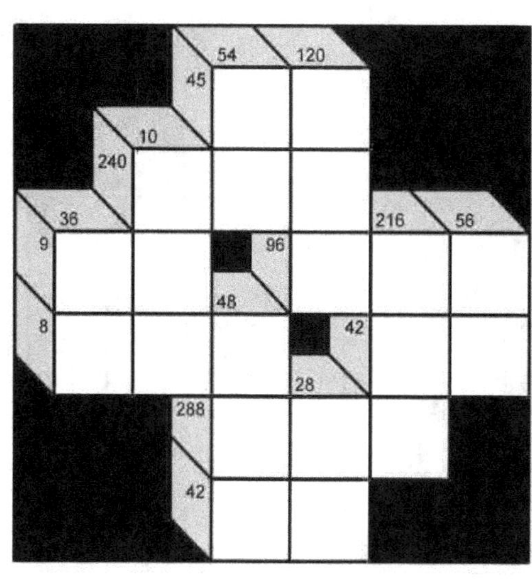

PUZZLE :715

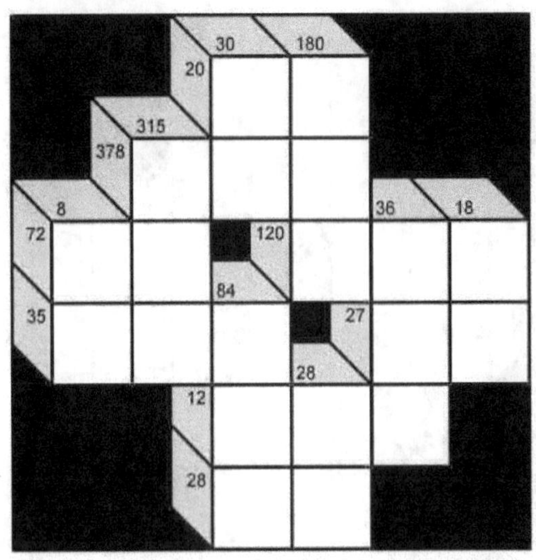

PUZZLE :716

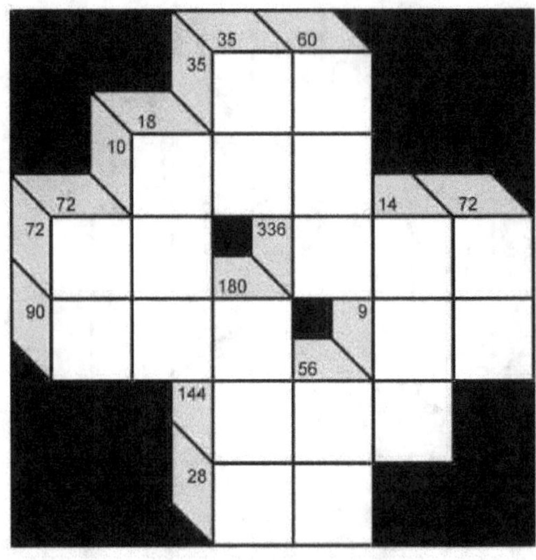

PUZZLE :717

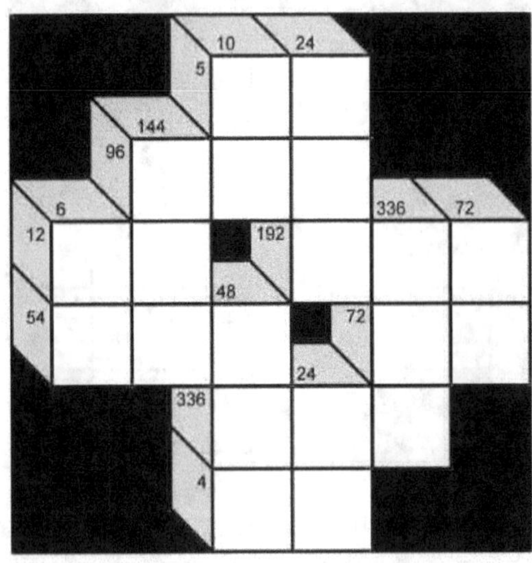

PUZZLE :718

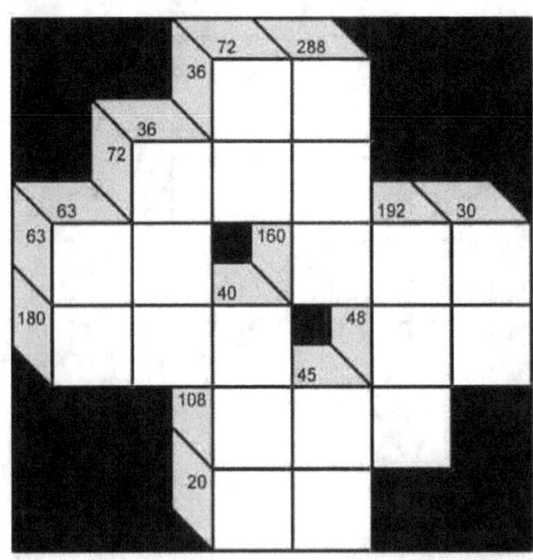

PUZZLE :719

PUZZLE :720

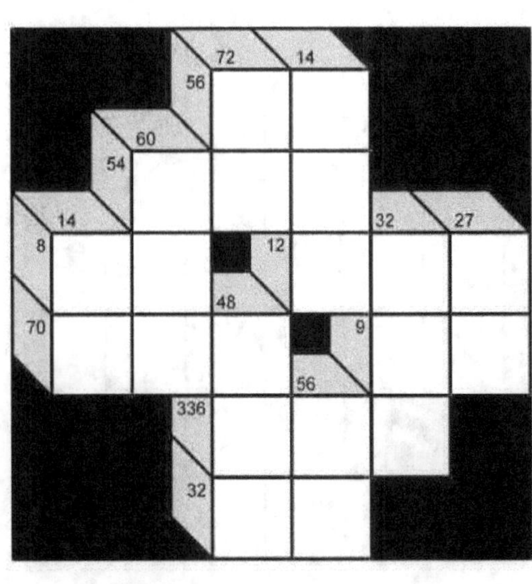

PUZZLE :721

PUZZLE :722

PUZZLE :723

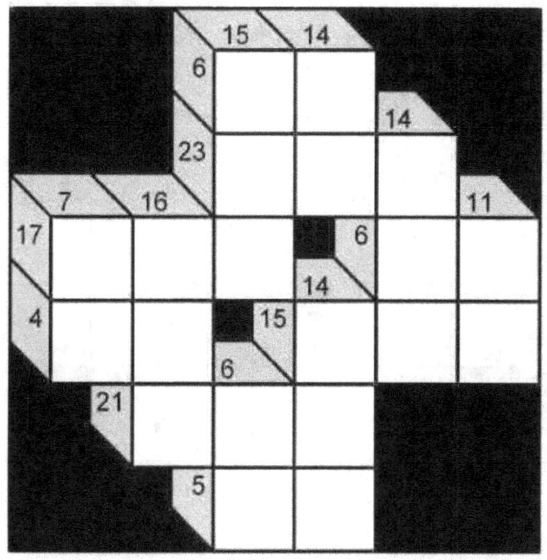

PUZZLE :724

PUZZLE :725

PUZZLE :726

PUZZLE :727

PUZZLE :728

PUZZLE :729

PUZZLE :730

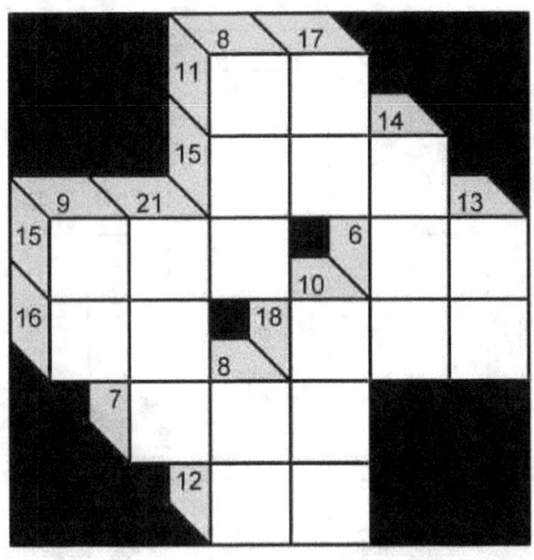

PUZZLE :731

PUZZLE :732

PUZZLE :733

PUZZLE :734

PUZZLE :735

PUZZLE :736

PUZZLE :737

PUZZLE :738

PUZZLE :739

PUZZLE :740

PUZZLE :741

PUZZLE :742

PUZZLE :743

PUZZLE :744

PUZZLE :745

PUZZLE :746

PUZZLE :747

PUZZLE :748

PUZZLE :749

PUZZLE :750

PUZZLE :751

PUZZLE :752

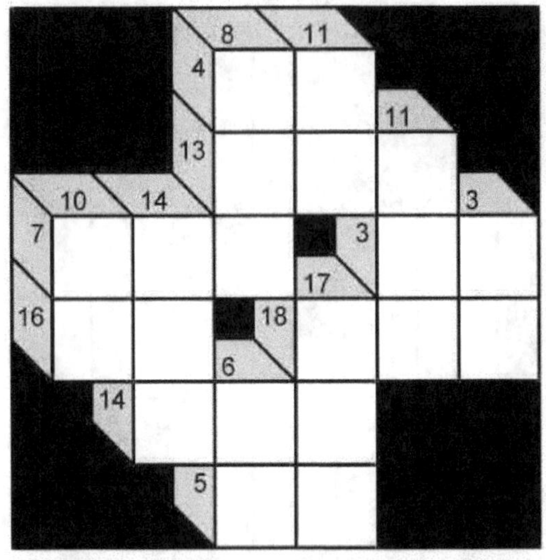

PUZZLE :753

PUZZLE :754

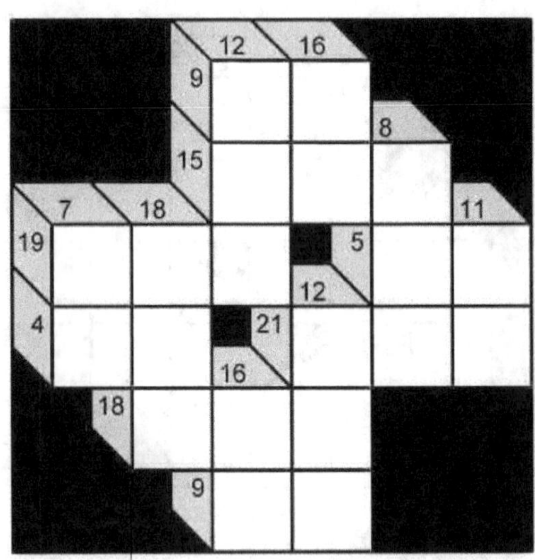

PUZZLE :755

PUZZLE :756

PUZZLE :757

PUZZLE :758

PUZZLE :759

PUZZLE :760

PUZZLE :761

PUZZLE :762

PUZZLE :763

PUZZLE :764

PUZZLE :765

PUZZLE :766

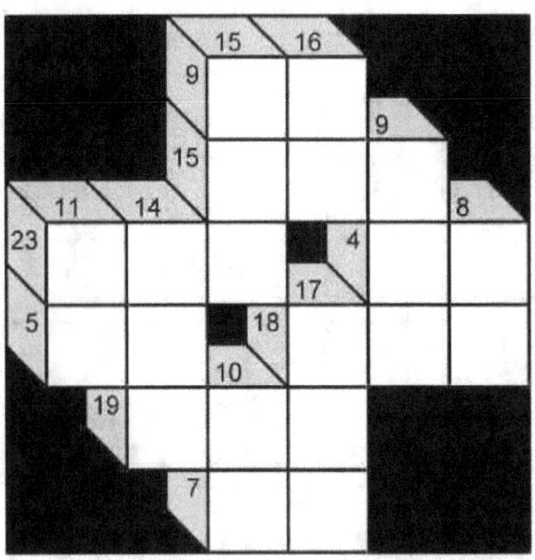

PUZZLE :767

PUZZLE :768

PUZZLE :769

PUZZLE :770

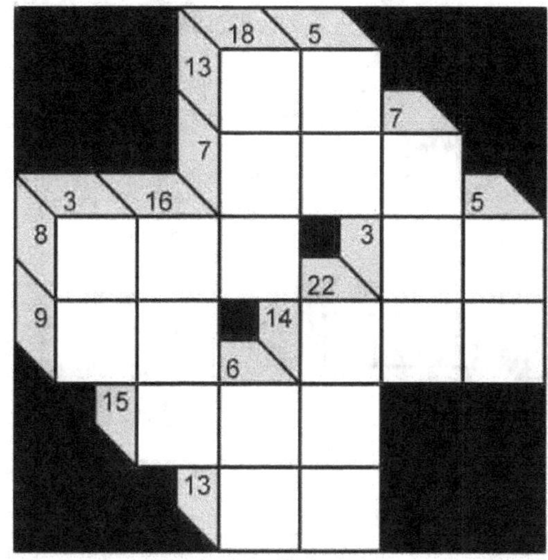

PUZZLE :771

PUZZLE :772

PUZZLE :773

PUZZLE :774

PUZZLE :775

PUZZLE :776

PUZZLE :777

PUZZLE :778

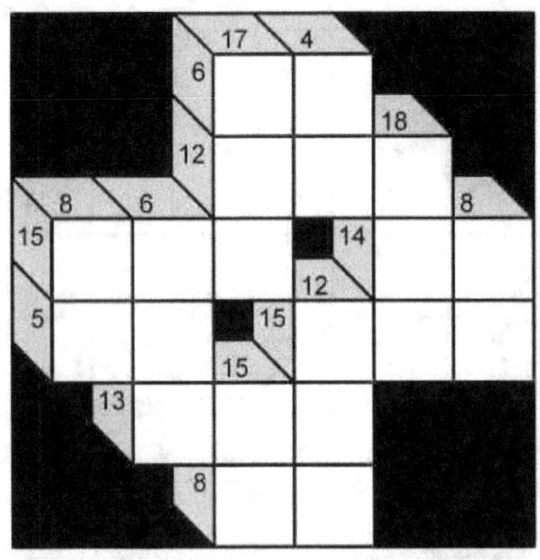

PUZZLE :779

PUZZLE :780

PUZZLE :781

PUZZLE :782

PUZZLE :783

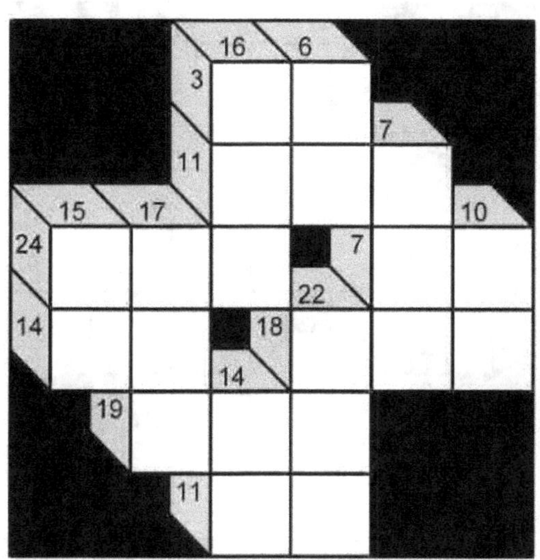

PUZZLE :784

PUZZLE :785

PUZZLE :786

PUZZLE :787

PUZZLE :789

PUZZLE :791

PUZZLE :788

PUZZLE :790

PUZZLE :792

PUZZLE :793

PUZZLE :794

PUZZLE :795

PUZZLE :796

PUZZLE :797

PUZZLE :798

PUZZLE :799

PUZZLE :800

PUZZLE :801

PUZZLE :802

PUZZLE :803

PUZZLE :804

PUZZLE :805

PUZZLE :806

PUZZLE :807

PUZZLE :808

PUZZLE :809

PUZZLE :810

PUZZLE :811

PUZZLE :812

PUZZLE :813

PUZZLE :814

PUZZLE :815

PUZZLE :816

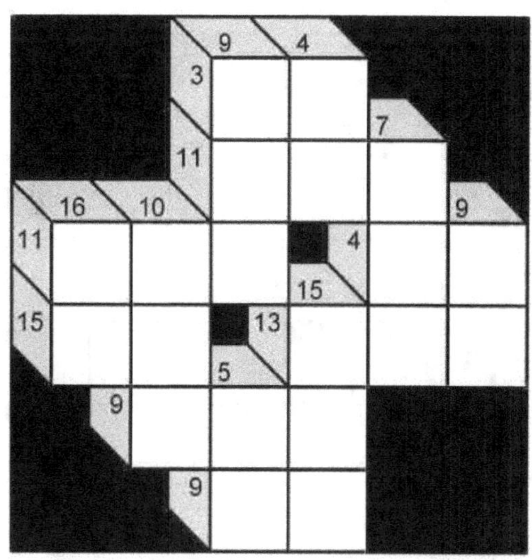

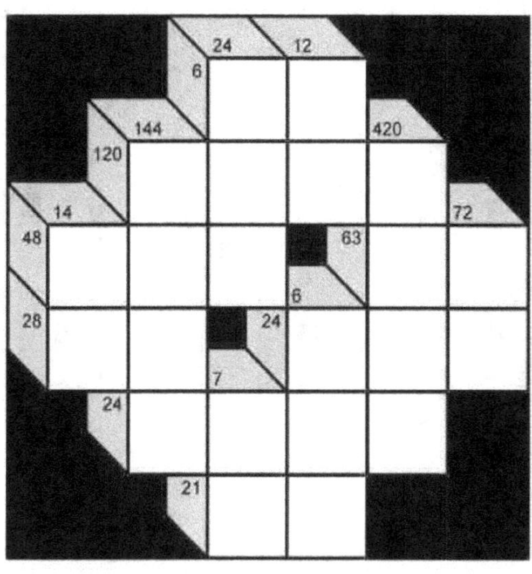

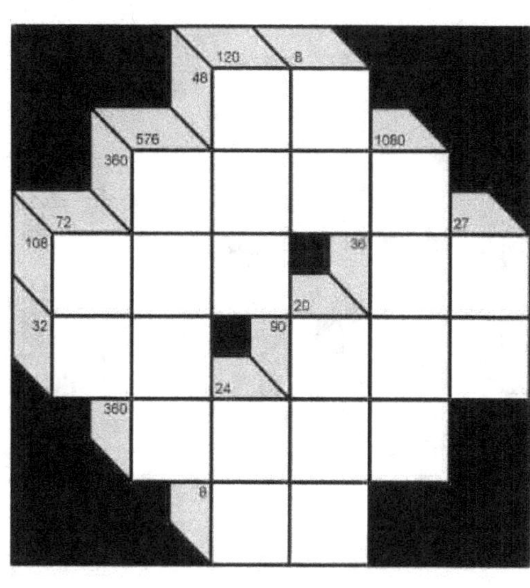

PUZZLE :823

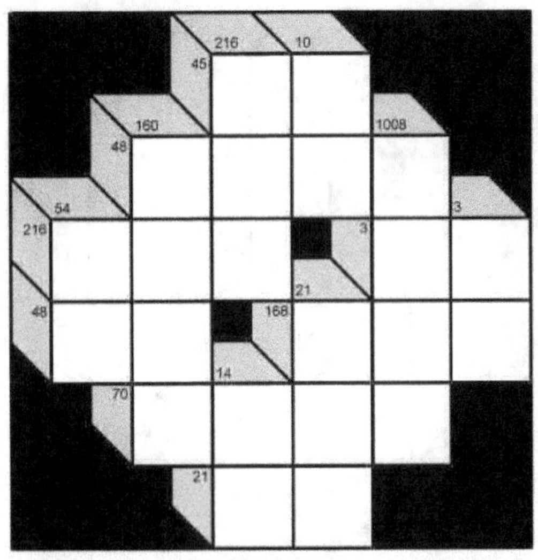

PUZZLE :824

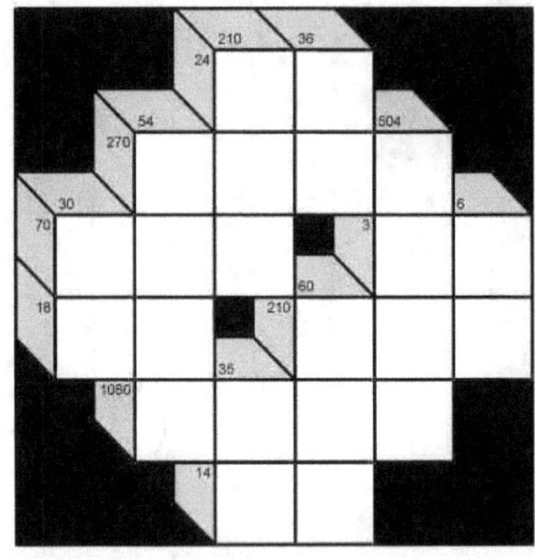

PUZZLE :825

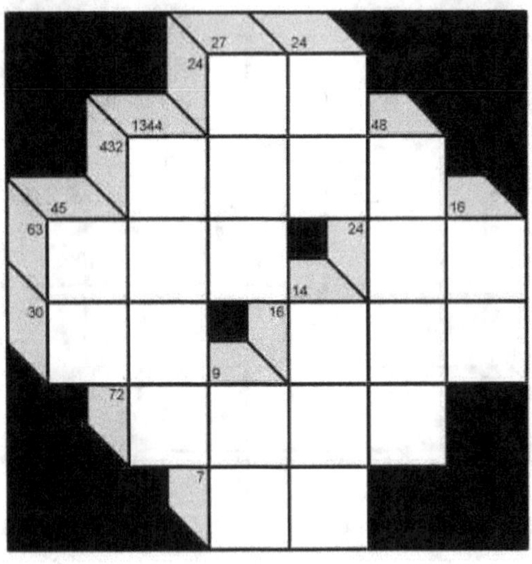

PUZZLE :826

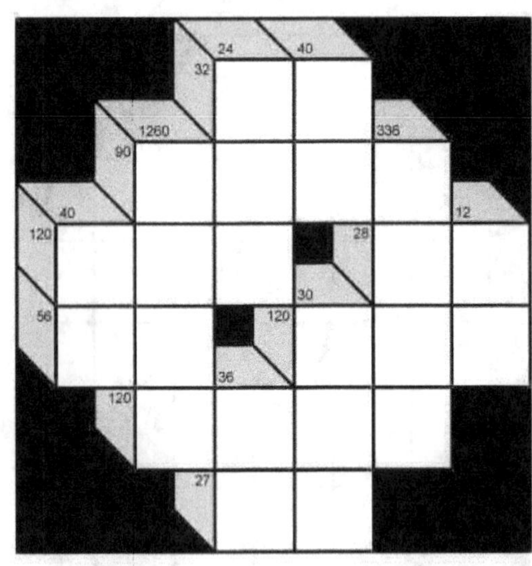

PUZZLE :827

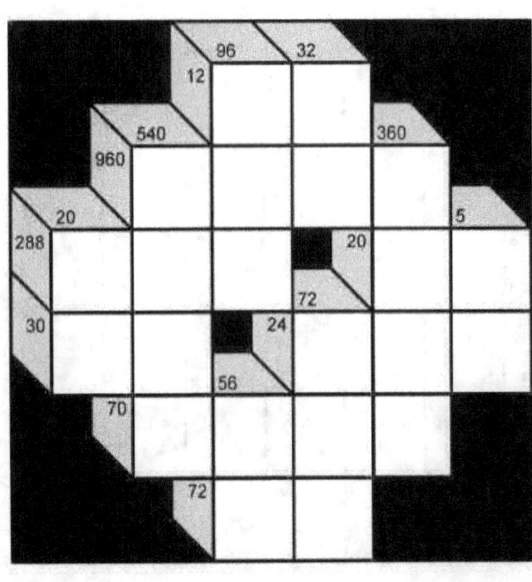

PUZZLE :828

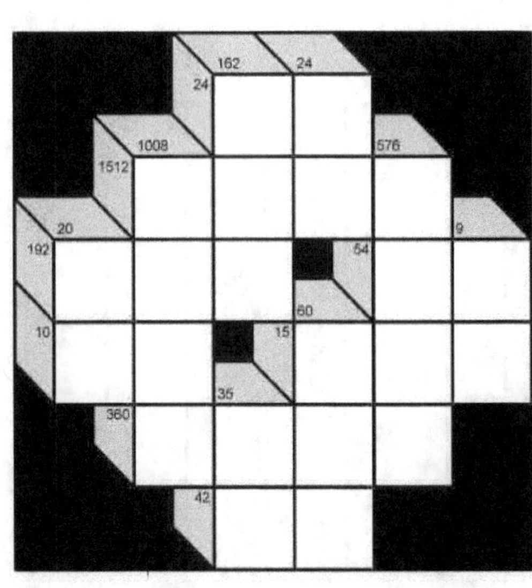

PUZZLE :829

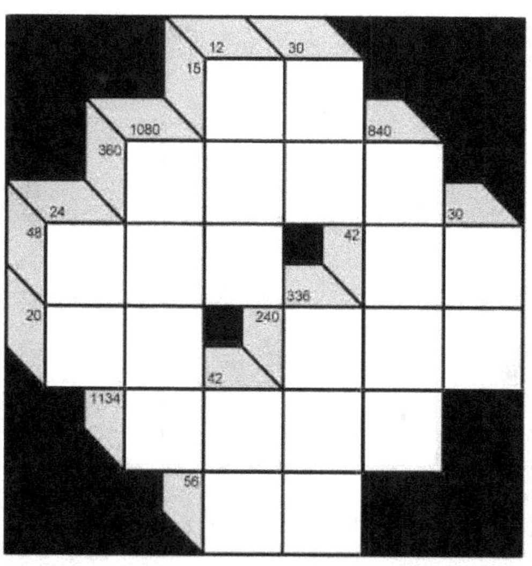

PUZZLE :830

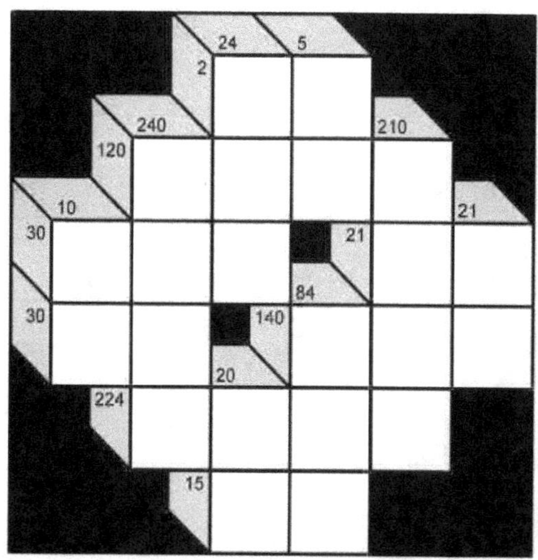

PUZZLE :831

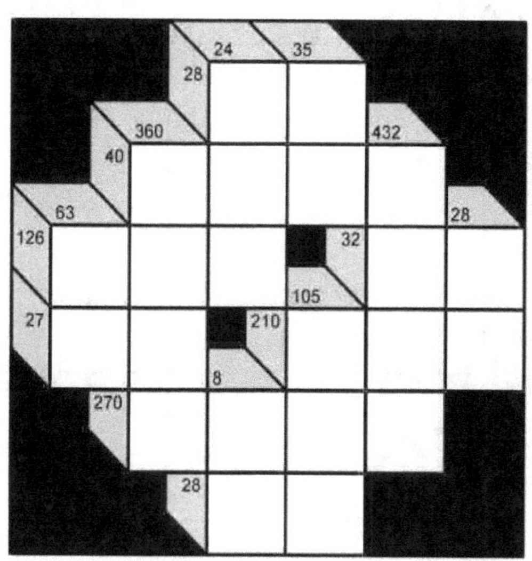

PUZZLE :832

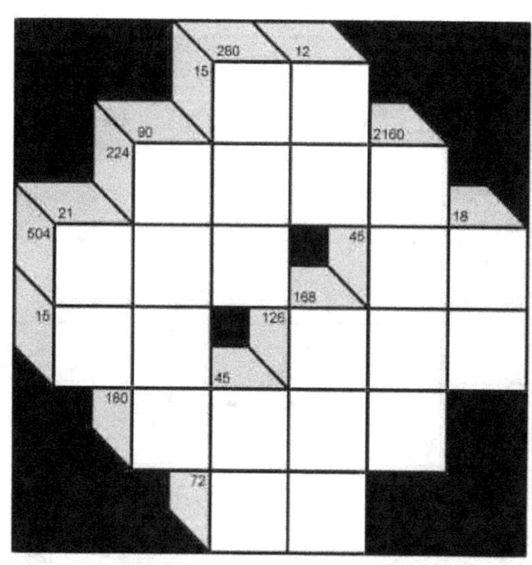

PUZZLE :833

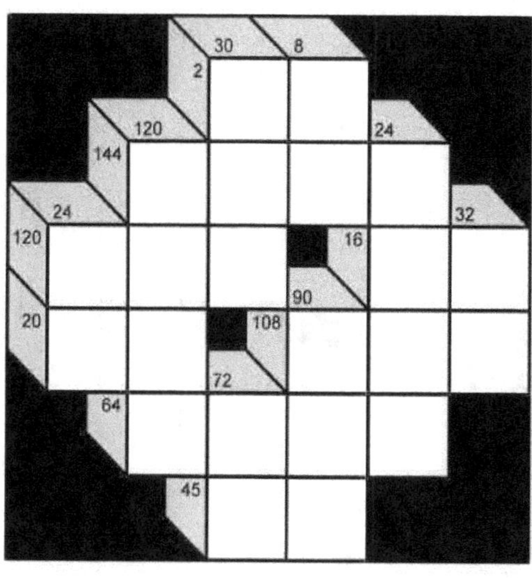

PUZZLE :834

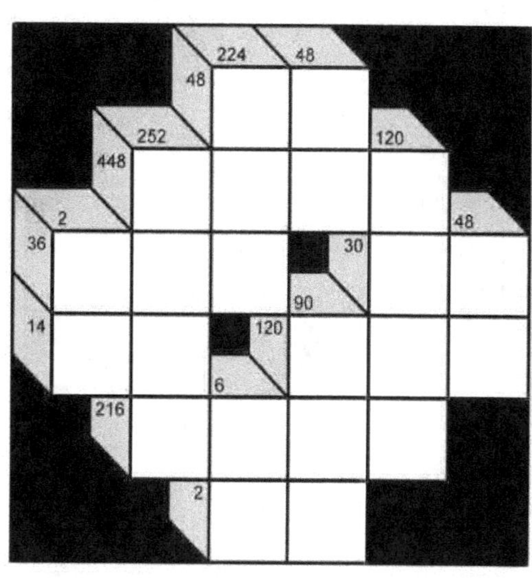

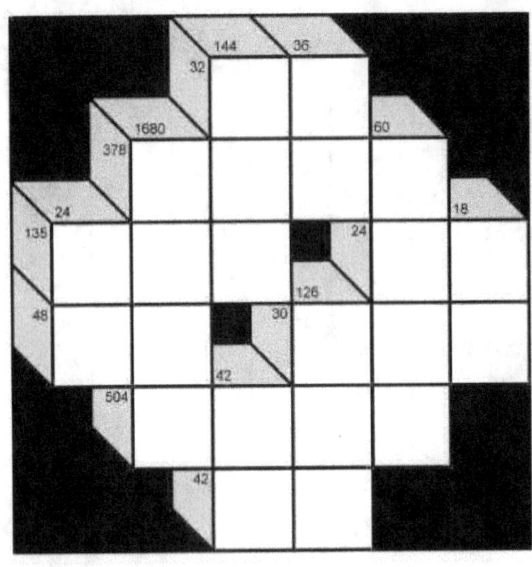

PUZZLE :835

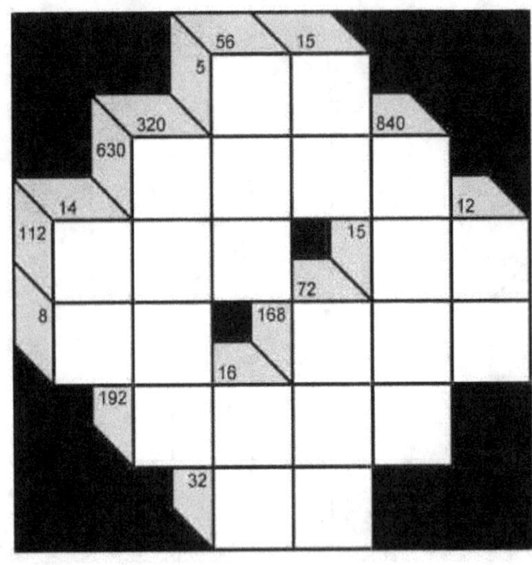

PUZZLE :836

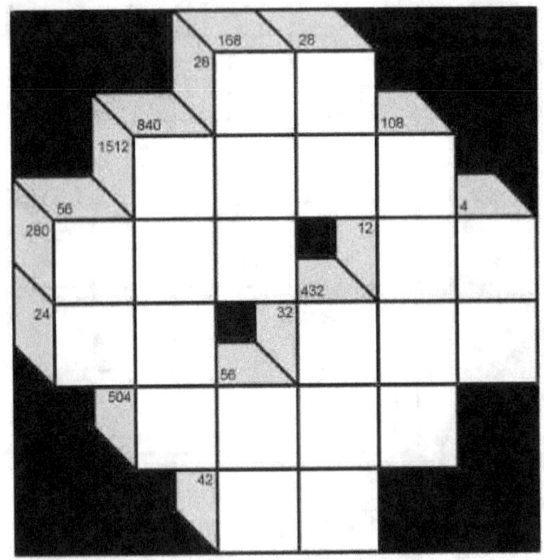

PUZZLE :837

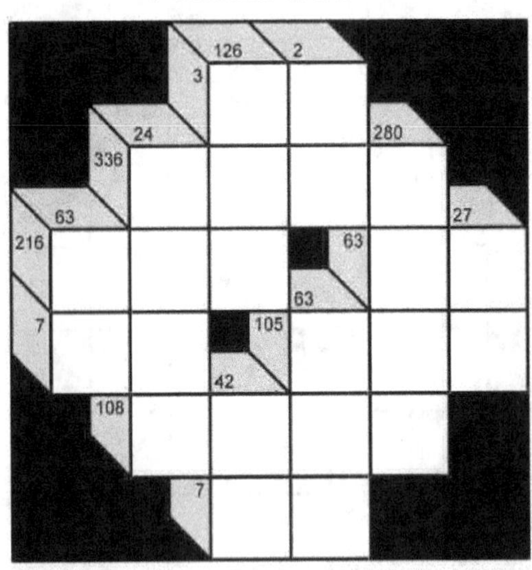

PUZZLE :838

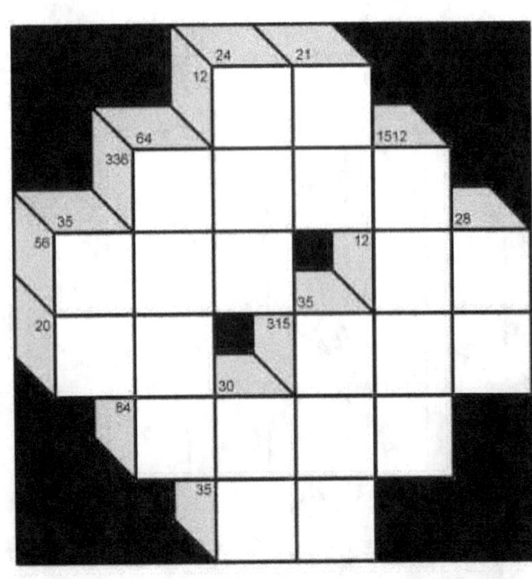

PUZZLE :839

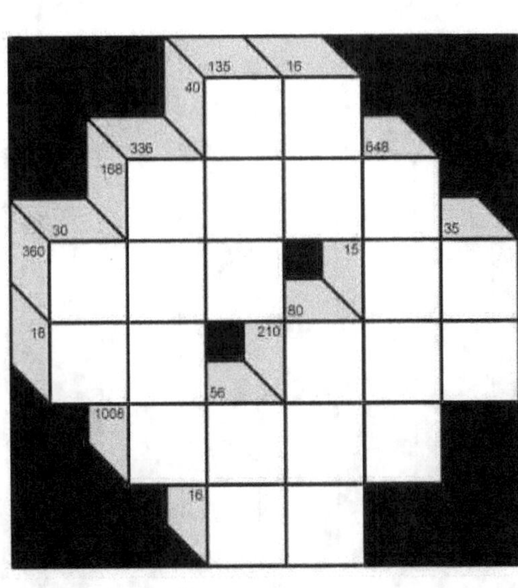

PUZZLE :840

PUZZLE :841

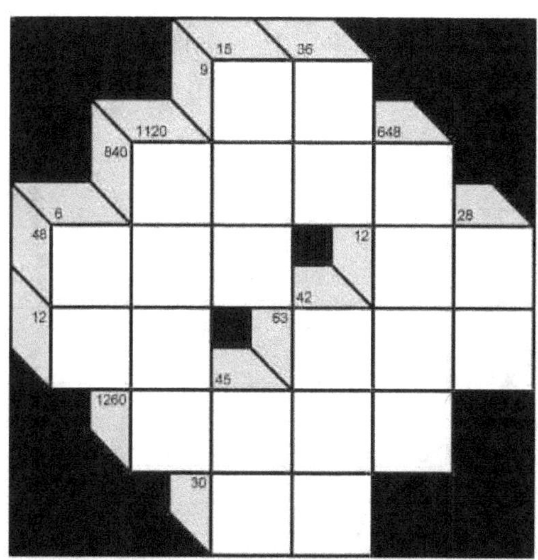

PUZZLE :842

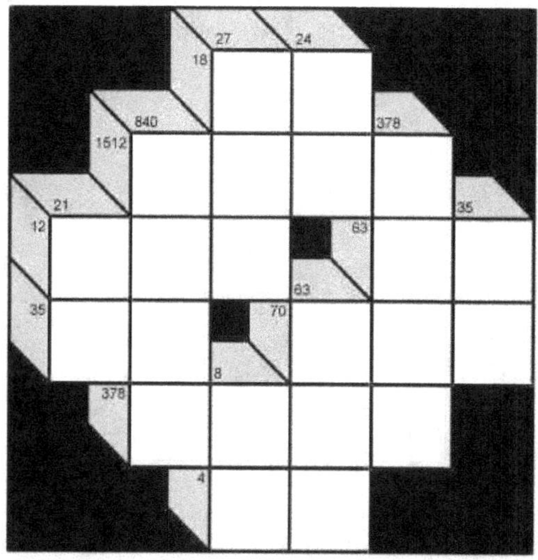

PUZZLE :843

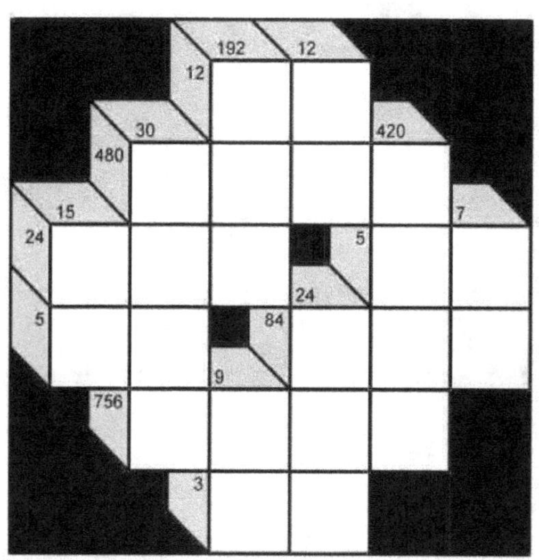

PUZZLE :844

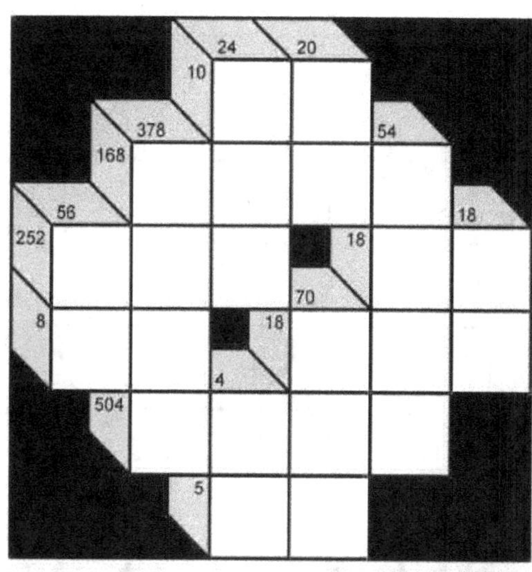

PUZZLE :845

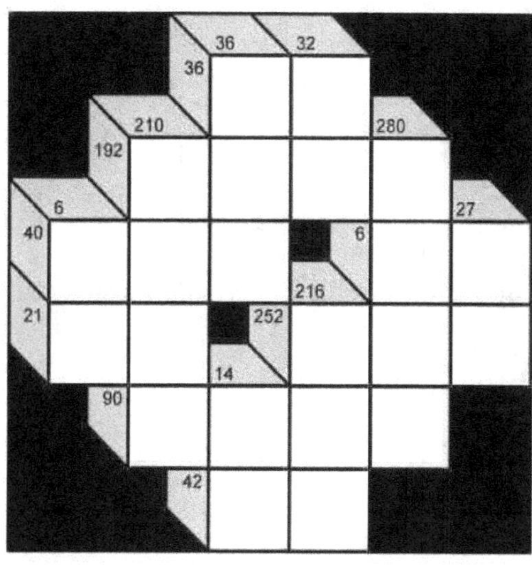

PUZZLE :846

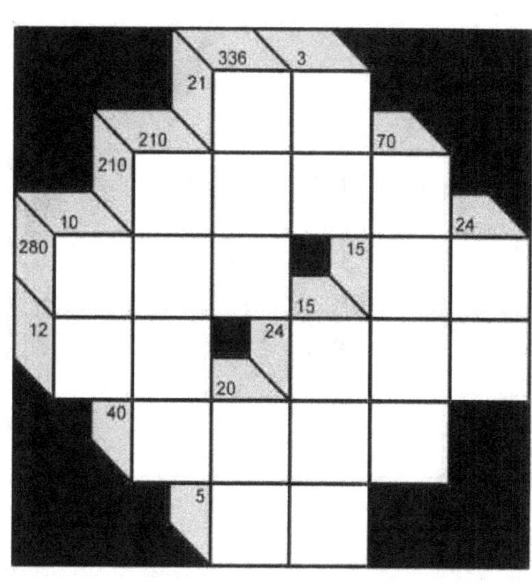

PUZZLE :847

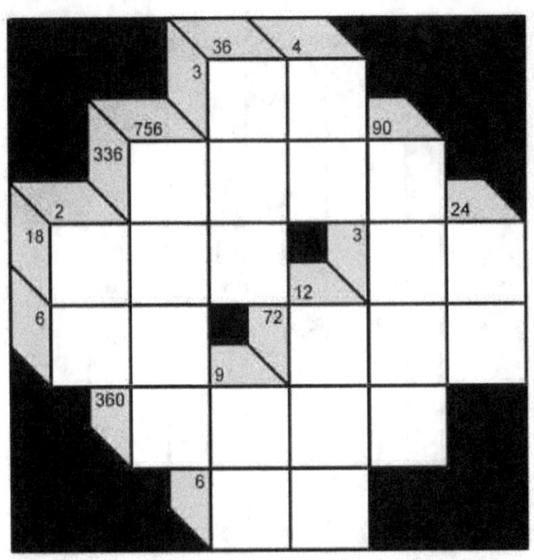

PUZZLE :848

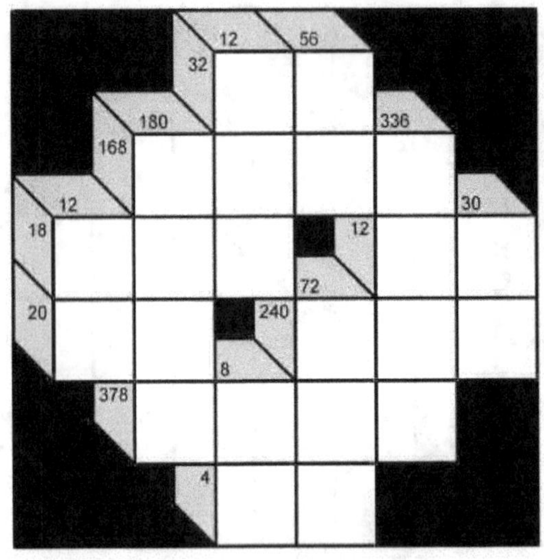

PUZZLE :849

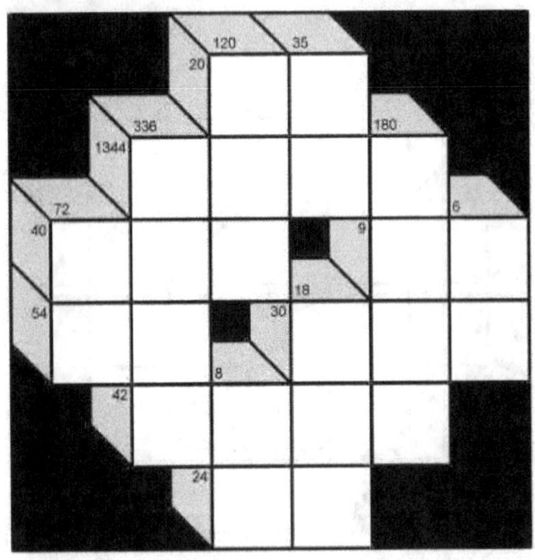

PUZZLE :850

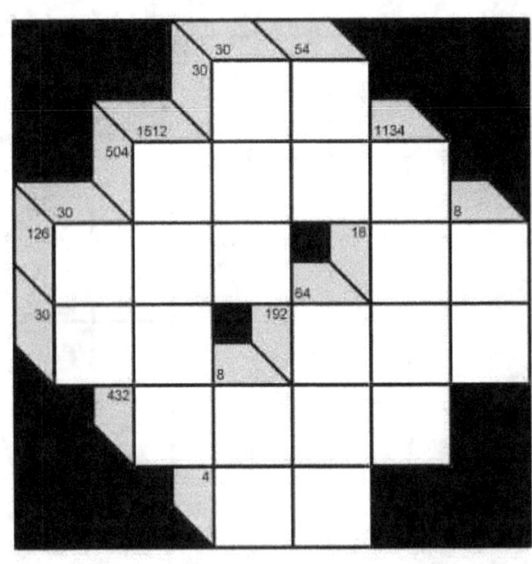

PUZZLE :851

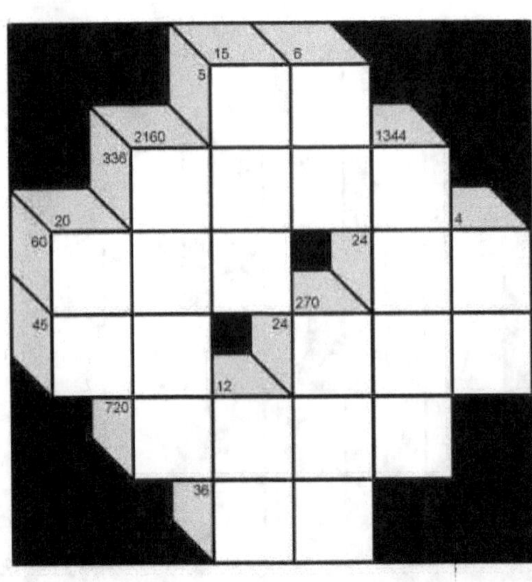

PUZZLE :852

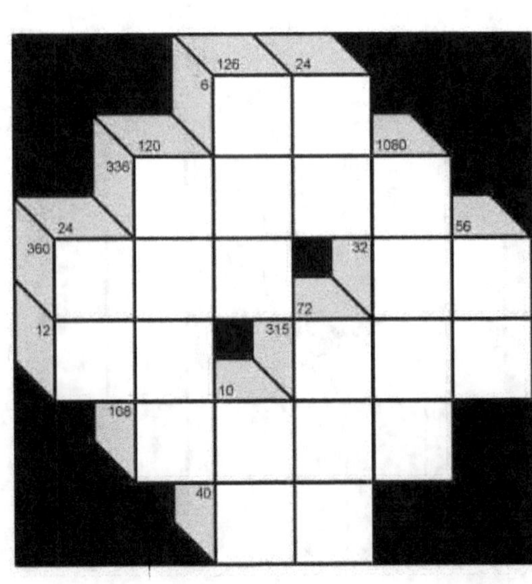

PUZZLE :853

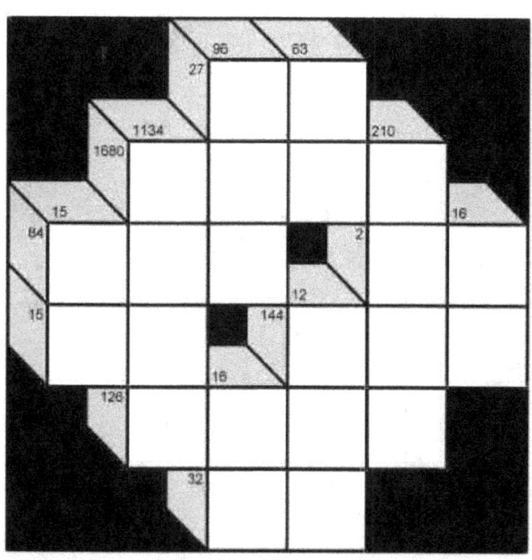

PUZZLE :855

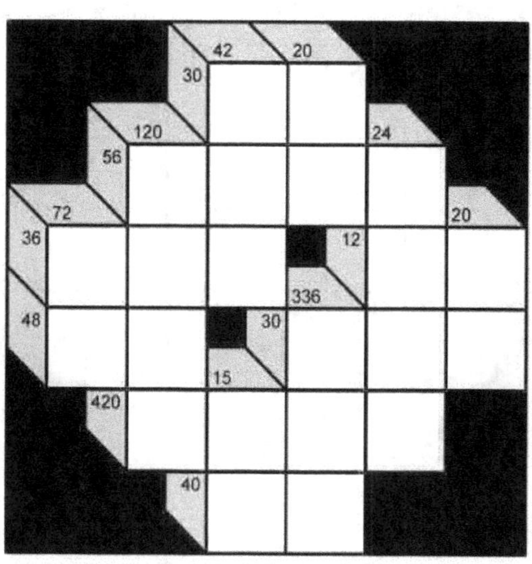

PUZZLE :857

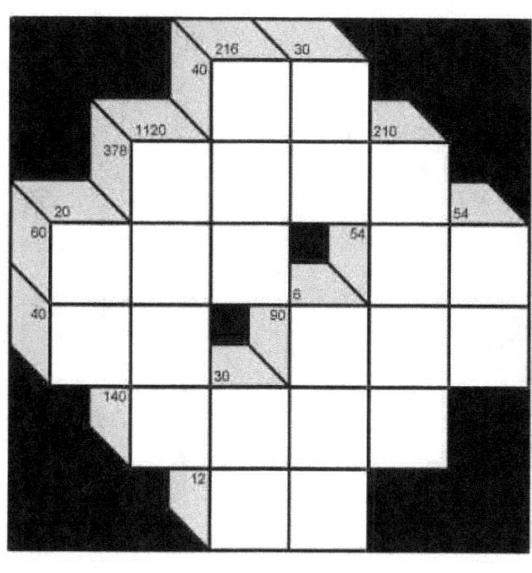

PUZZLE :854

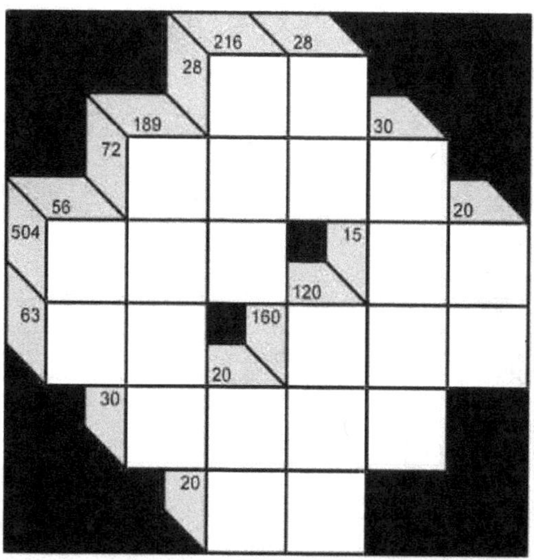

PUZZLE :856

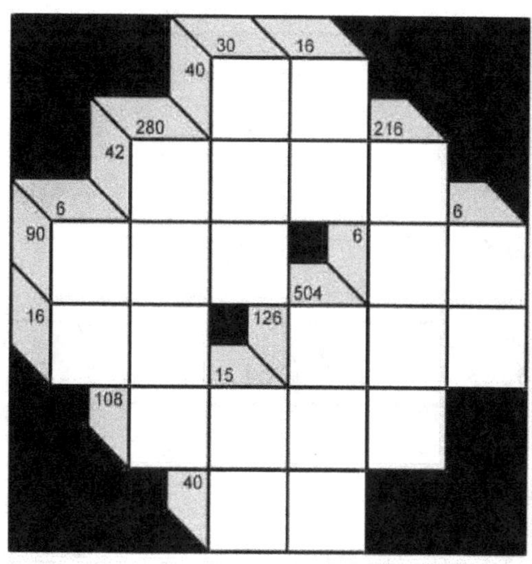

PUZZLE :858

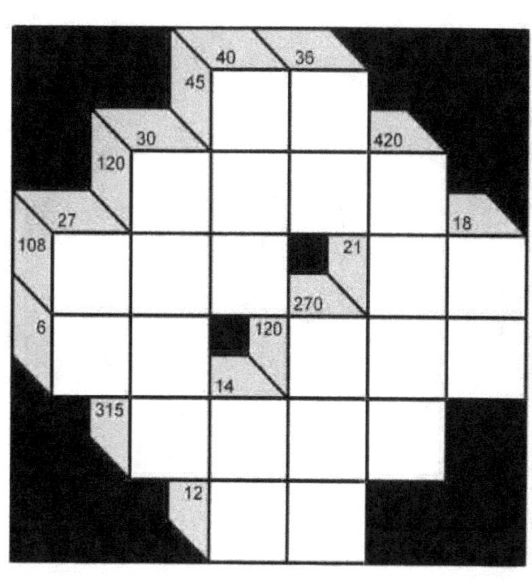

PUZZLE :859

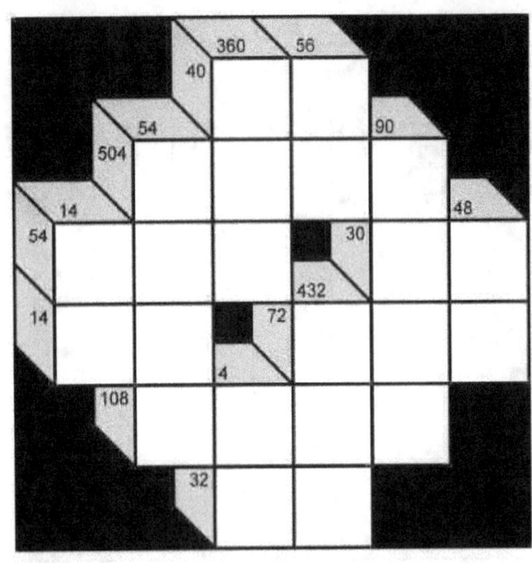

PUZZLE :860

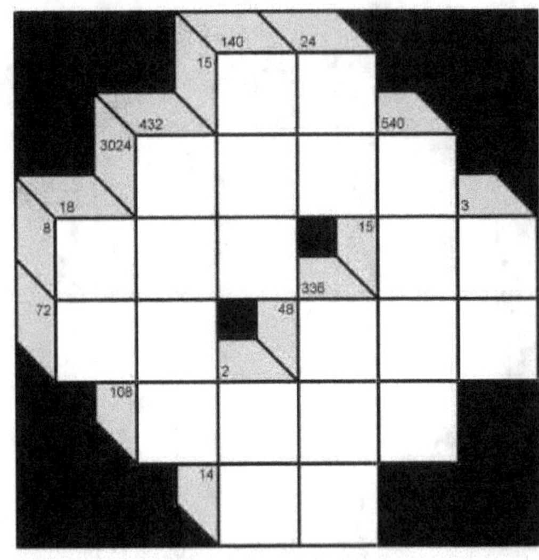

PUZZLE :861

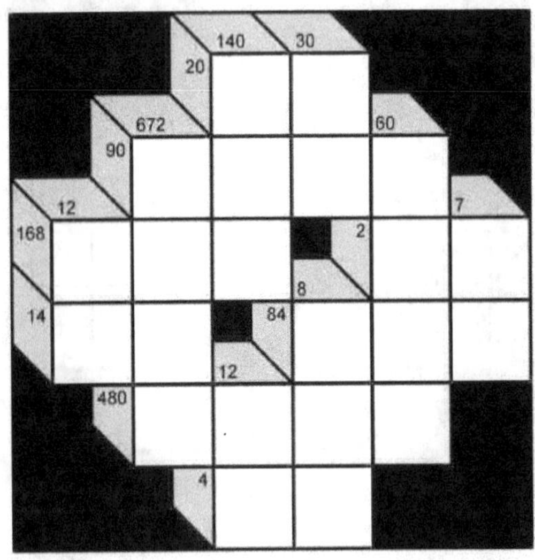

PUZZLE :862

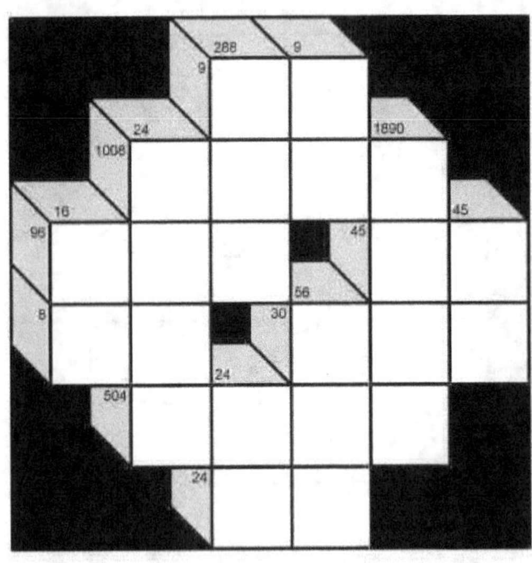

PUZZLE :863

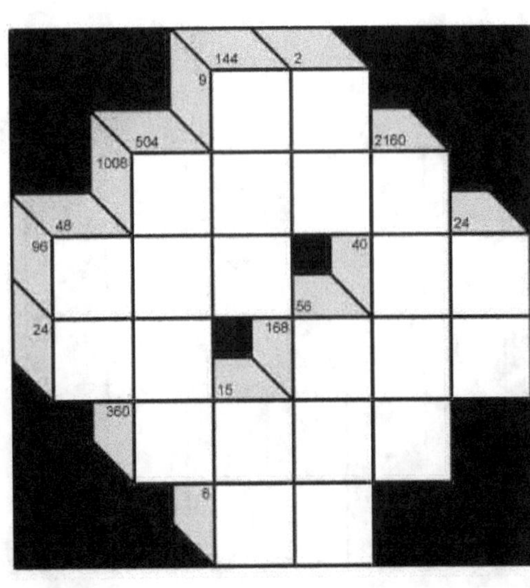

PUZZLE :864

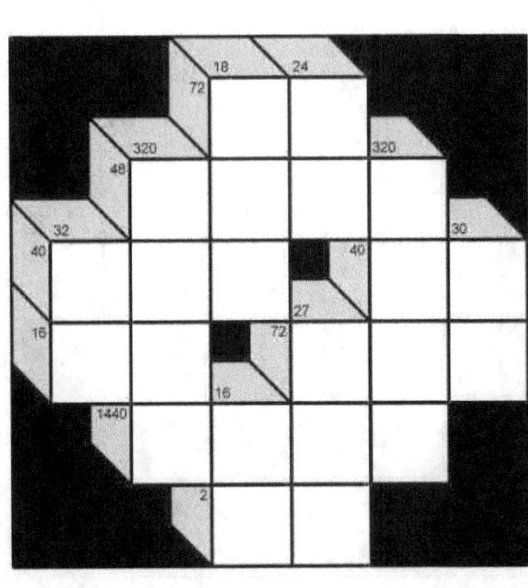

PUZZLE :865

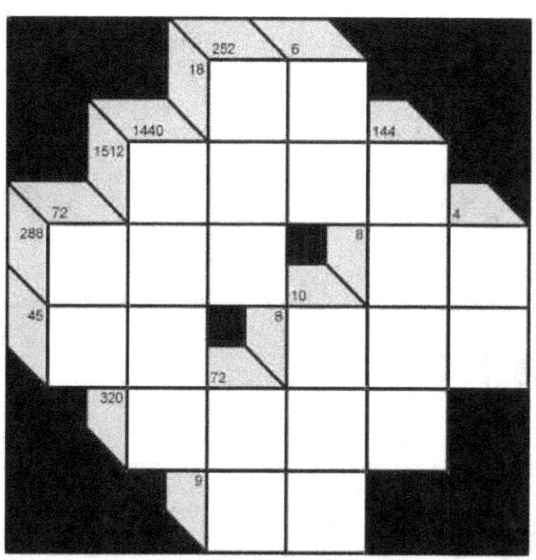

PUZZLE :866

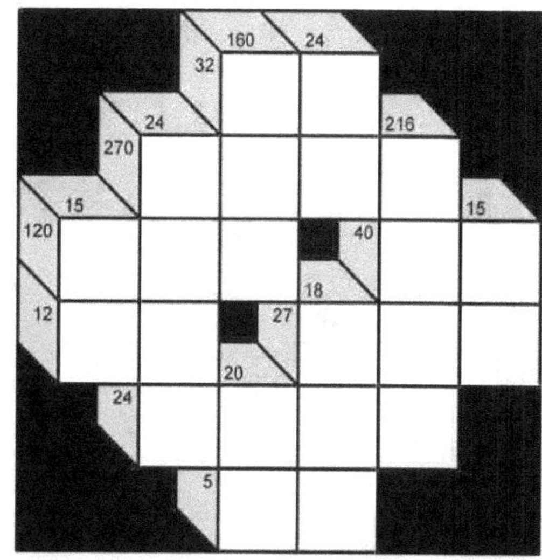

PUZZLE :867

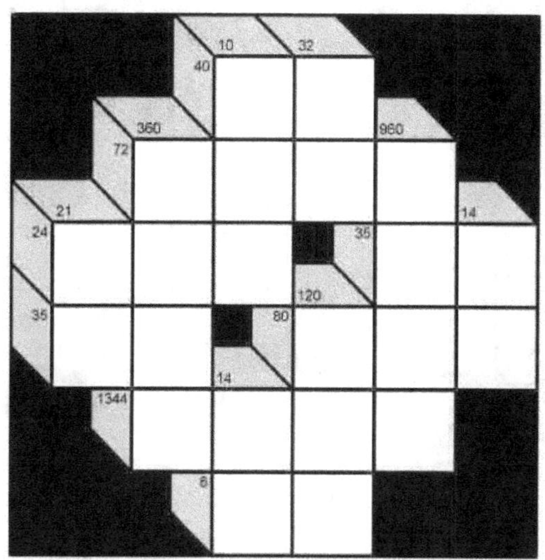

PUZZLE :868

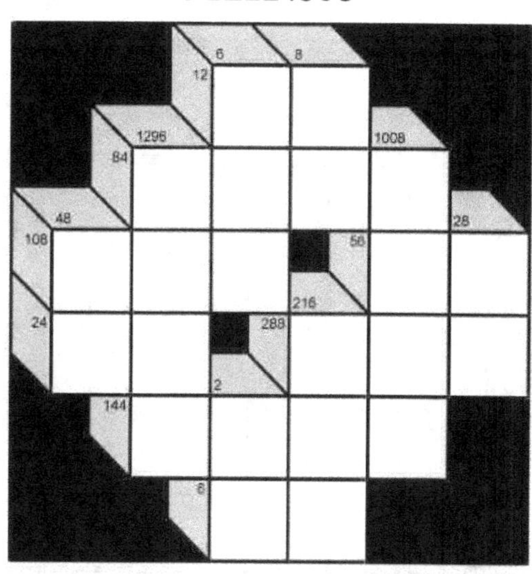

PUZZLE :869

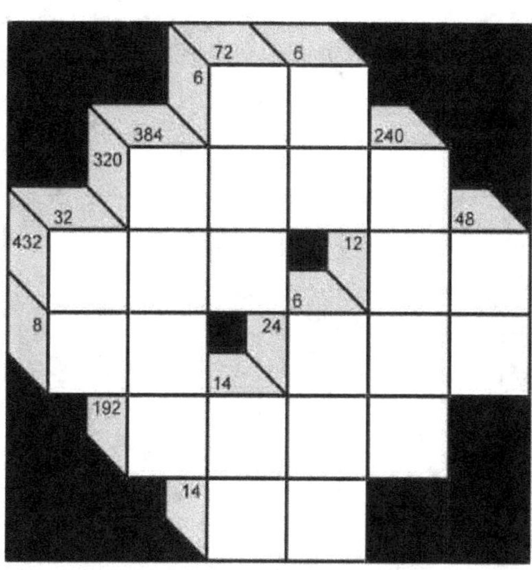

PUZZLE :870

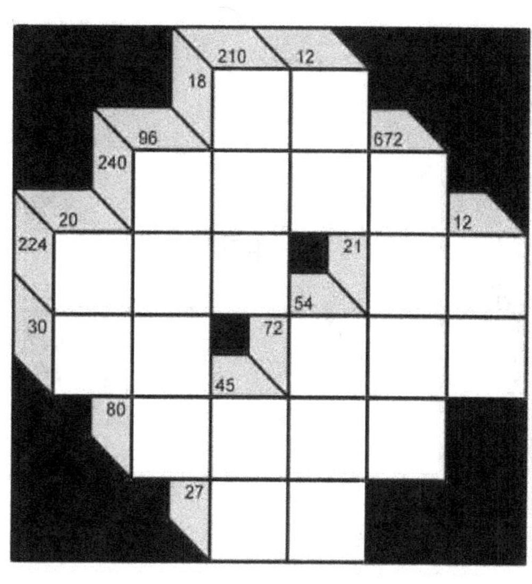

PUZZLE :871

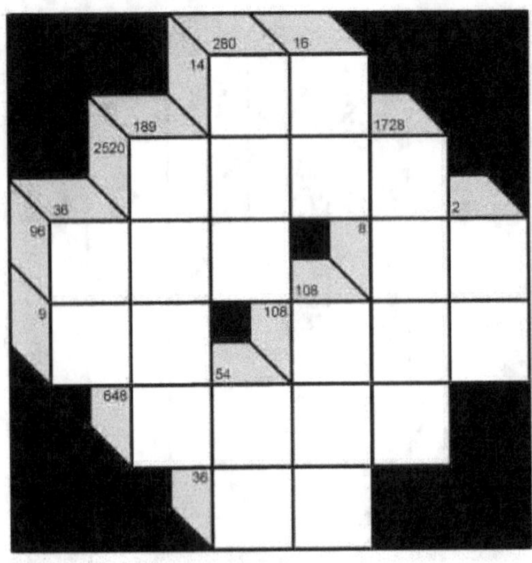

PUZZLE :872

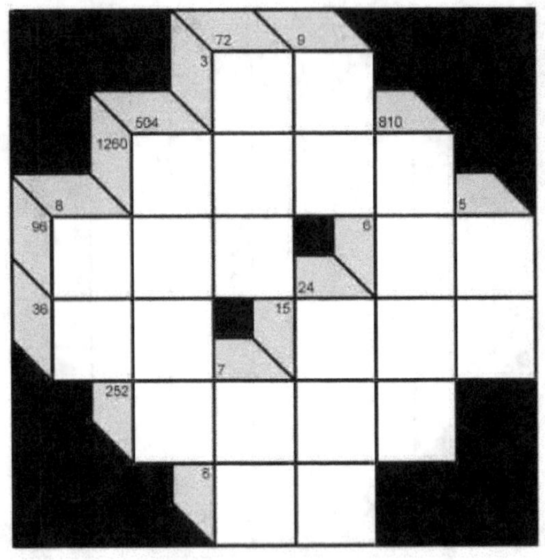

PUZZLE :873

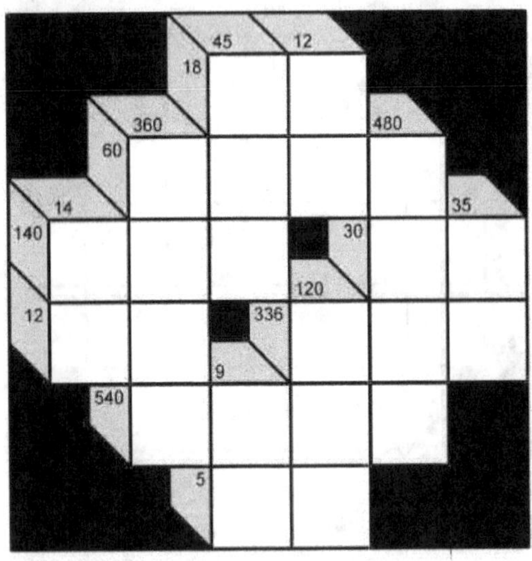

PUZZLE :874

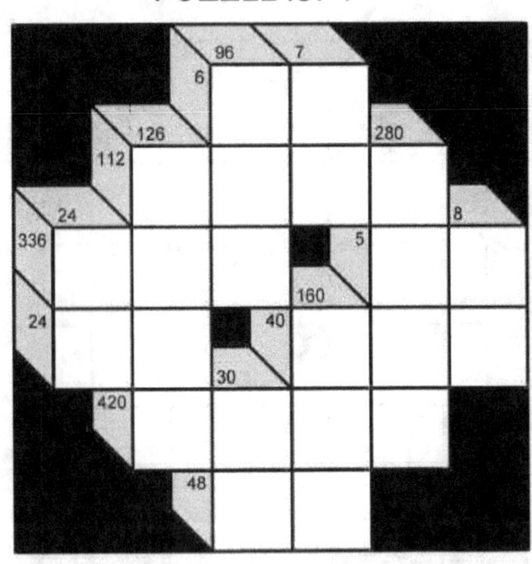

PUZZLE :875

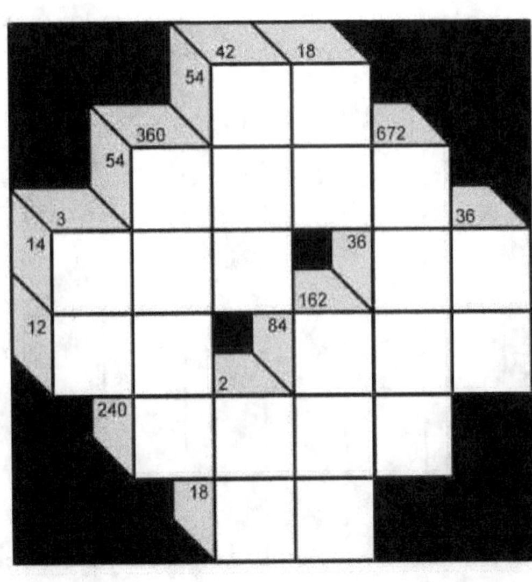

PUZZLE :876

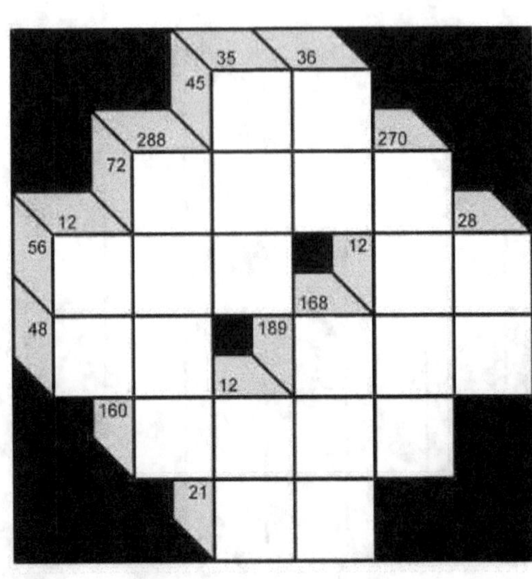

PUZZLE :877

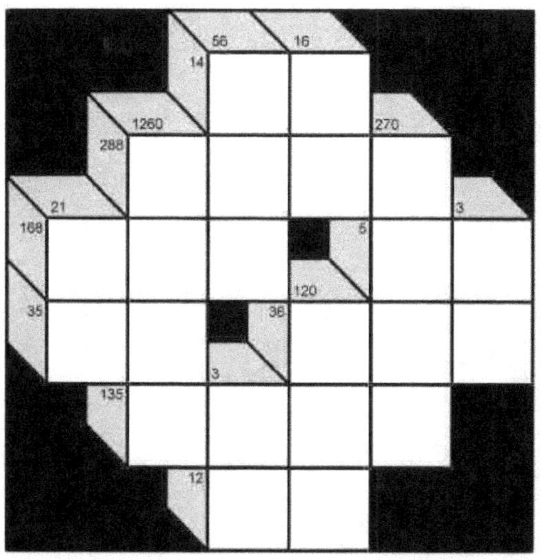

PUZZLE :878

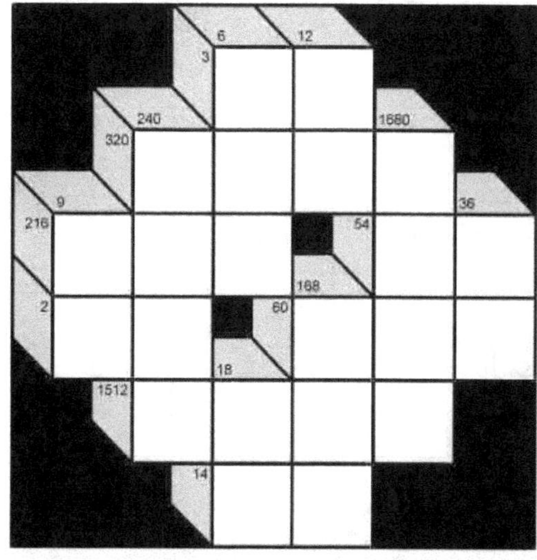

PUZZLE :879

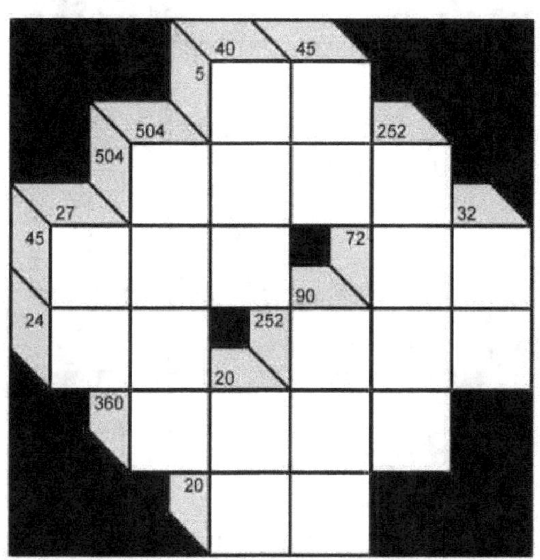

PUZZLE :880

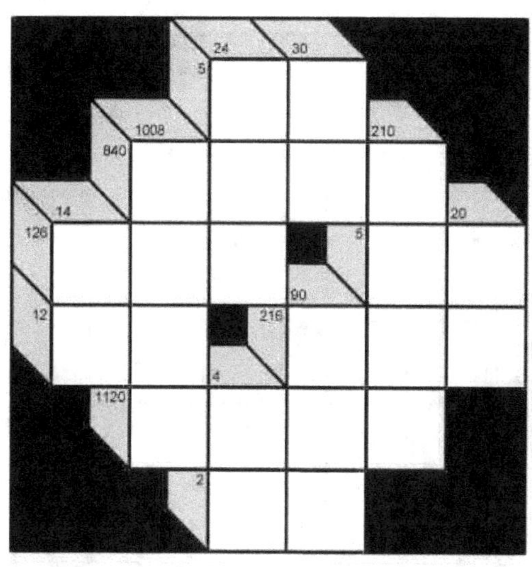

PUZZLE :881

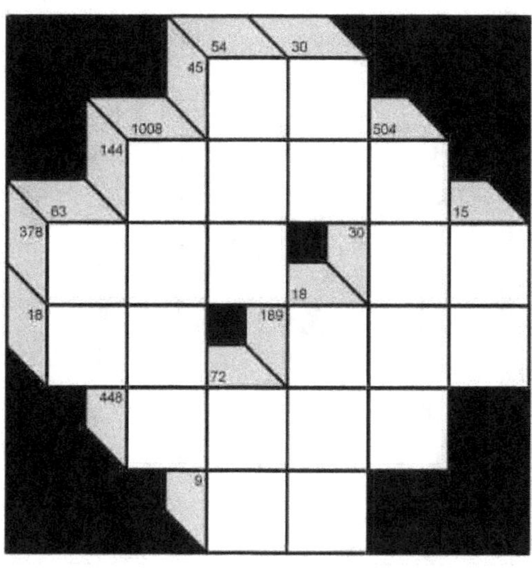

PUZZLE :882

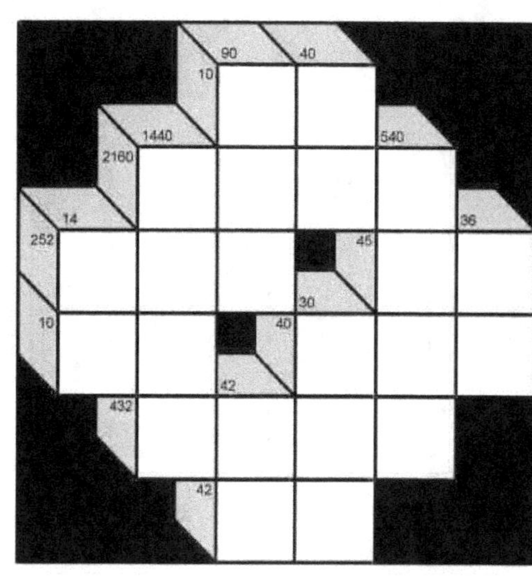

PUZZLE :883

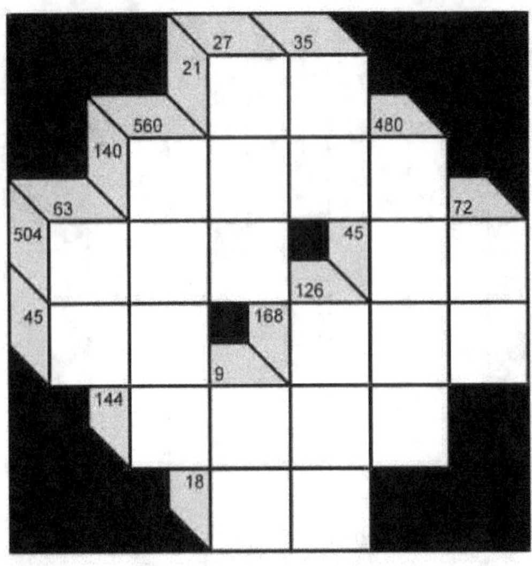

PUZZLE :884

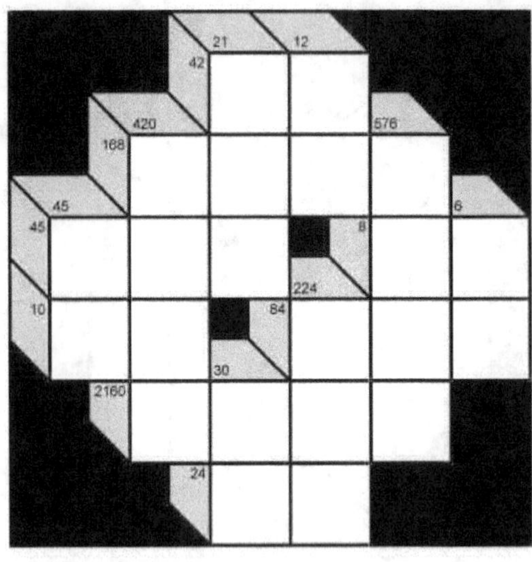

PUZZLE :885

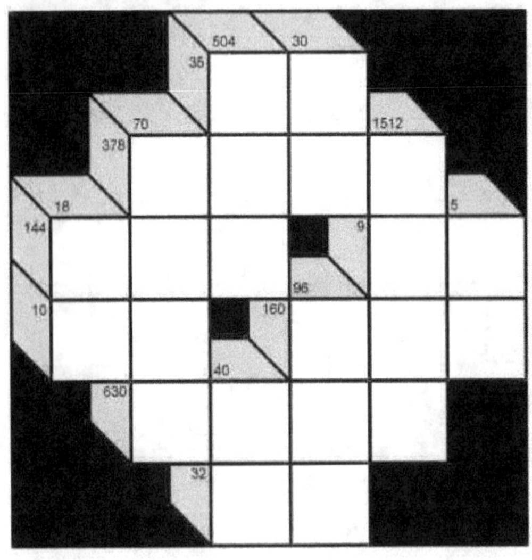

PUZZLE :886

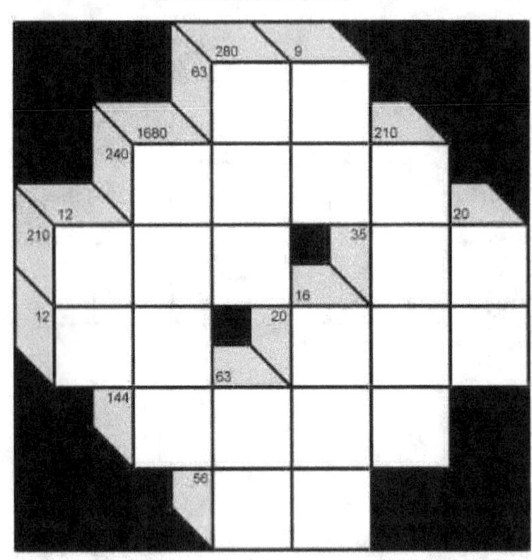

PUZZLE :887

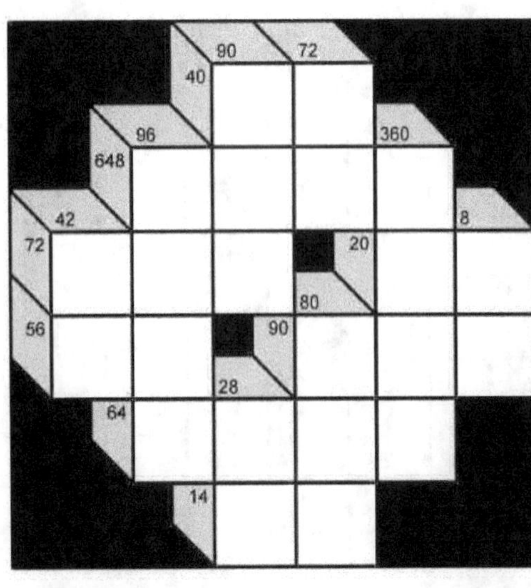

PUZZLE :888

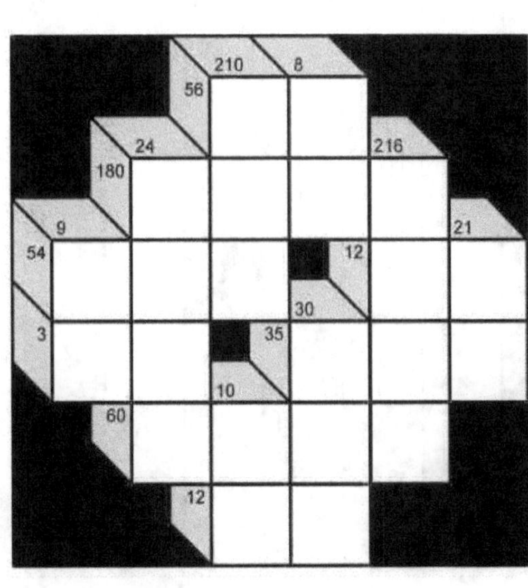

PUZZLE :889

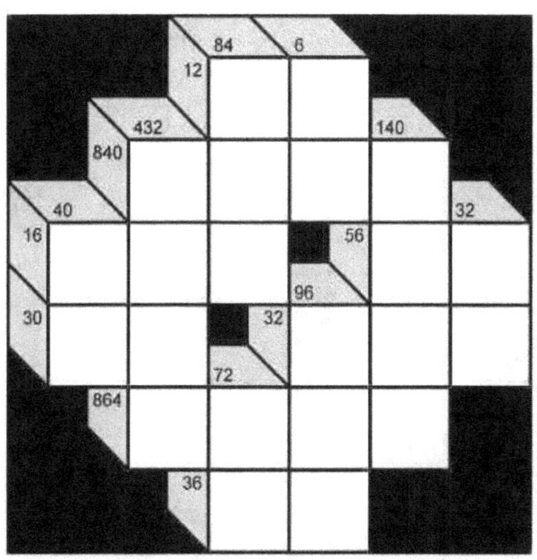

PUZZLE :890

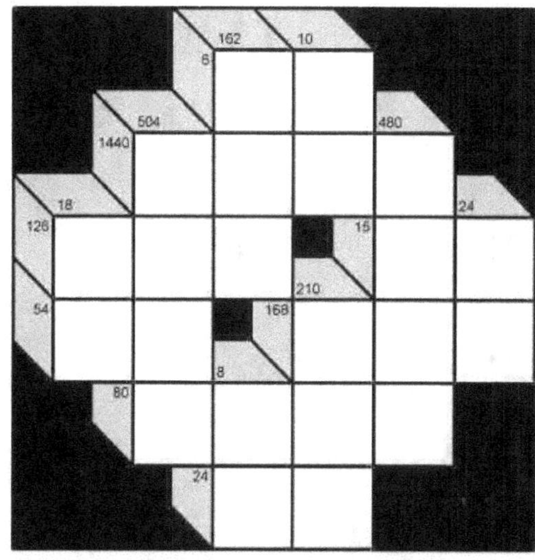

PUZZLE :891

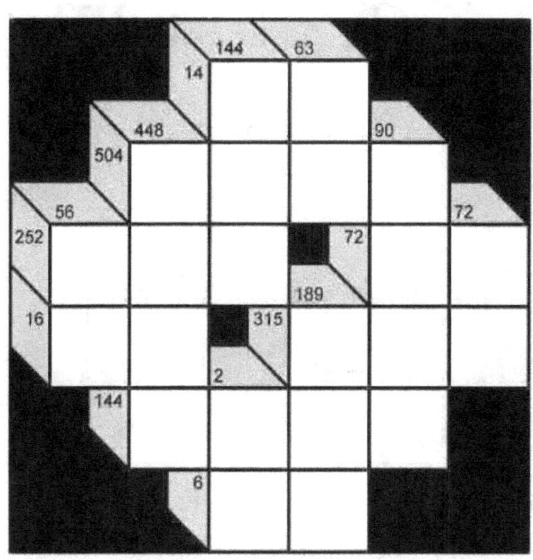

PUZZLE :892

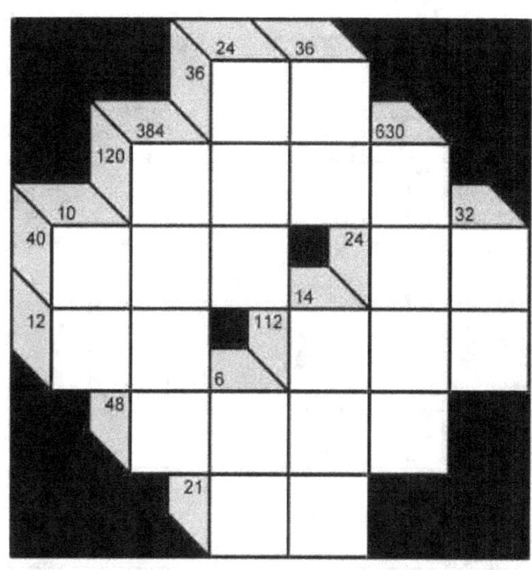

PUZZLE :893

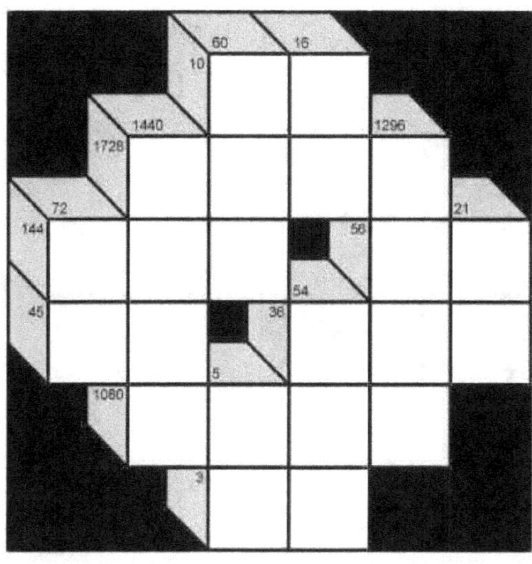

PUZZLE :894

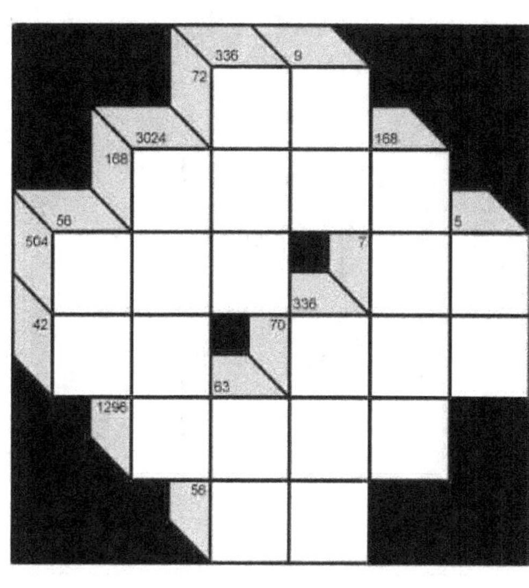

PUZZLE :895

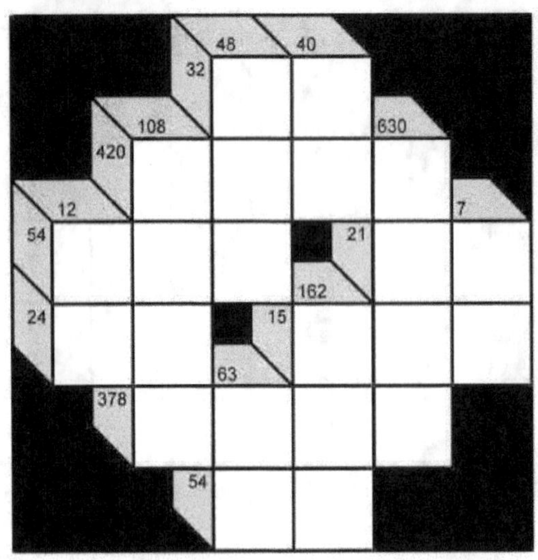

PUZZLE :896

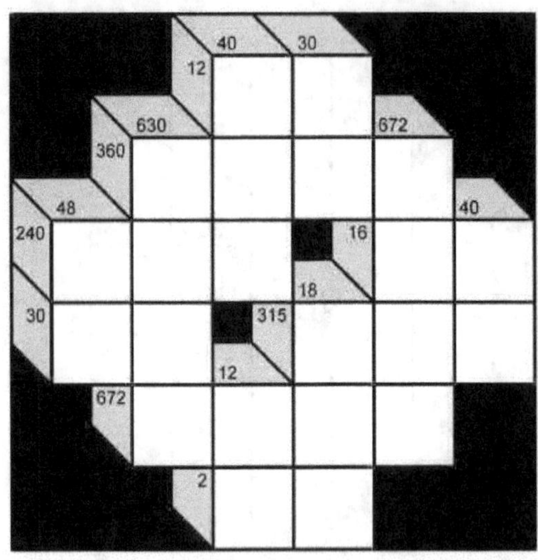

PUZZLE :897

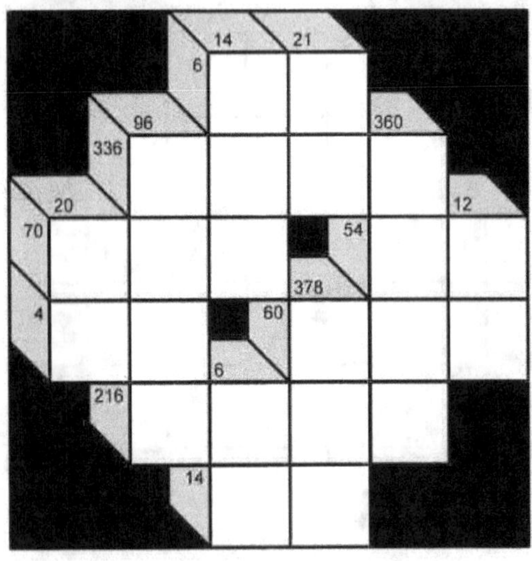

PUZZLE :898

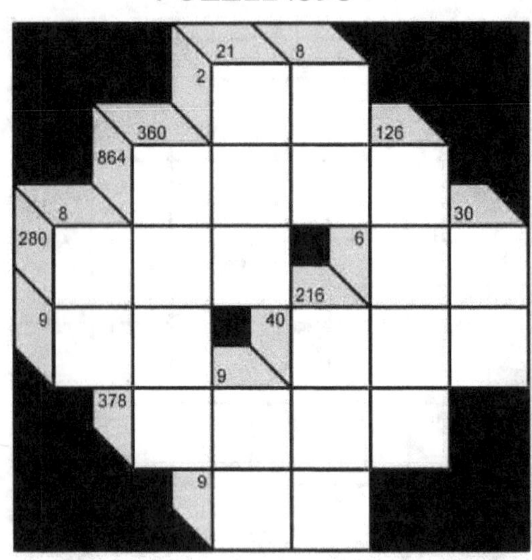

PUZZLE :899

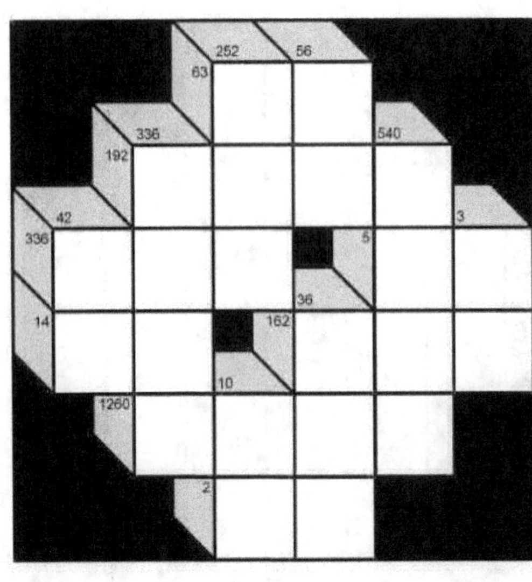

PUZZLE :900

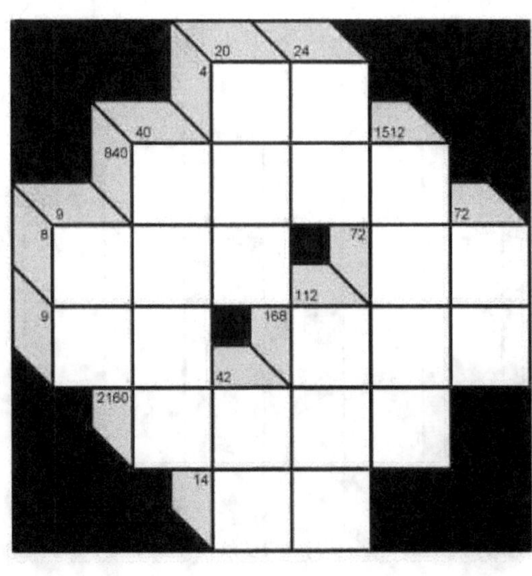

PUZZLE :901

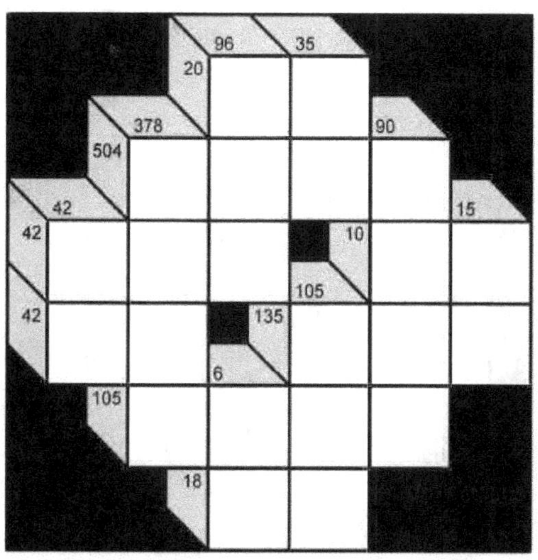

PUZZLE :902

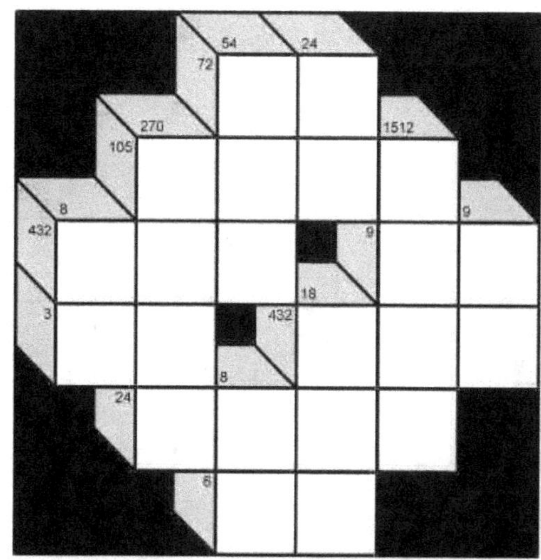

PUZZLE :903

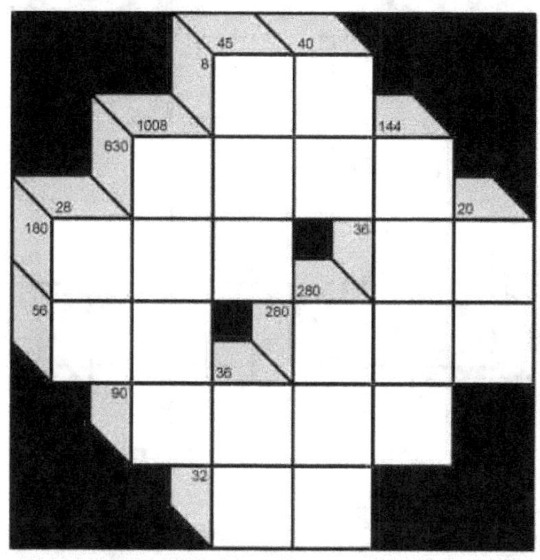

PUZZLE :904

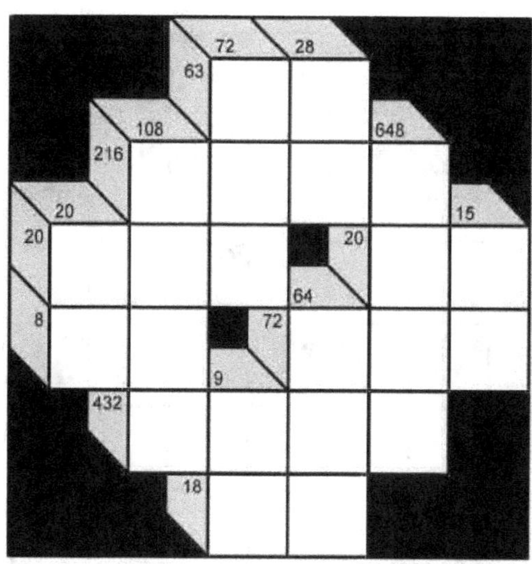

PUZZLE :905

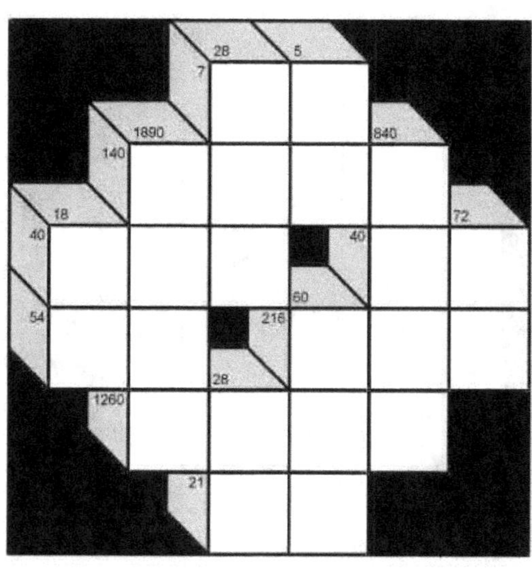

PUZZLE :906

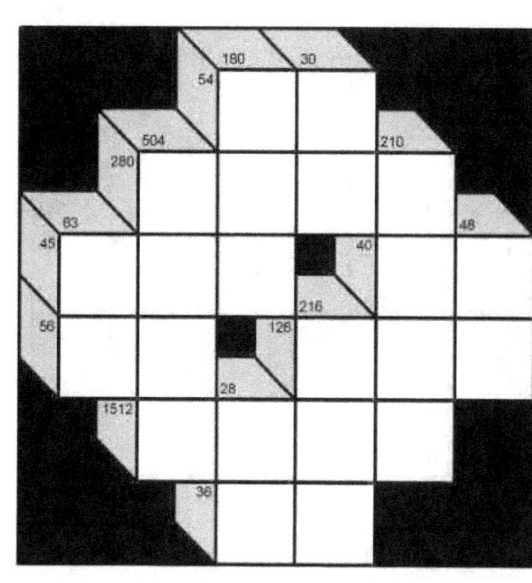

PUZZLE :907

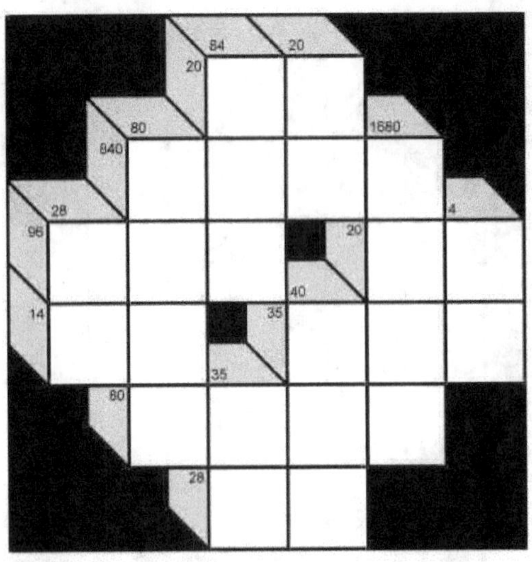

PUZZLE :908

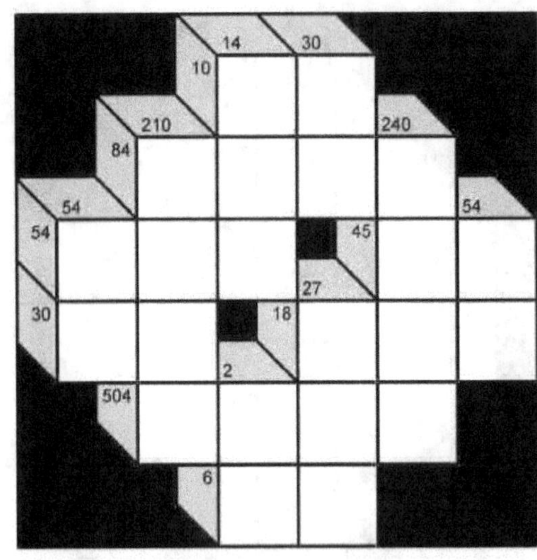

PUZZLE :909

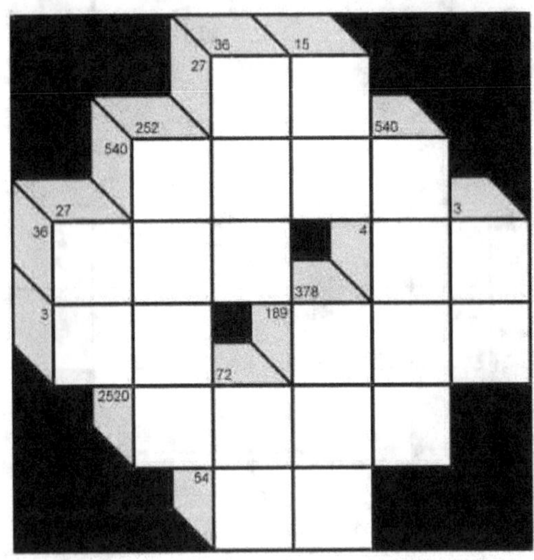

PUZZLE :910

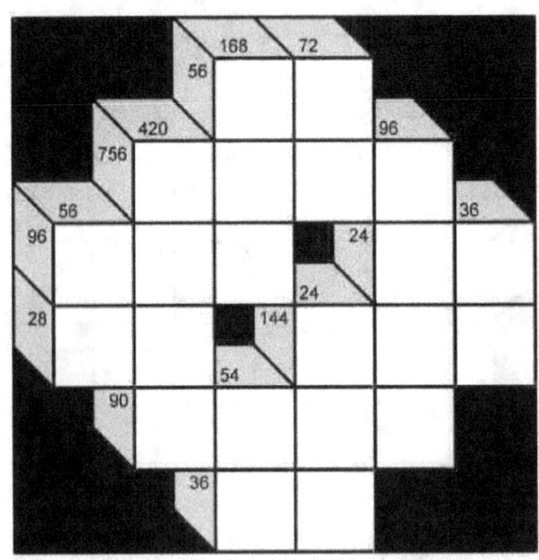

PUZZLE :911

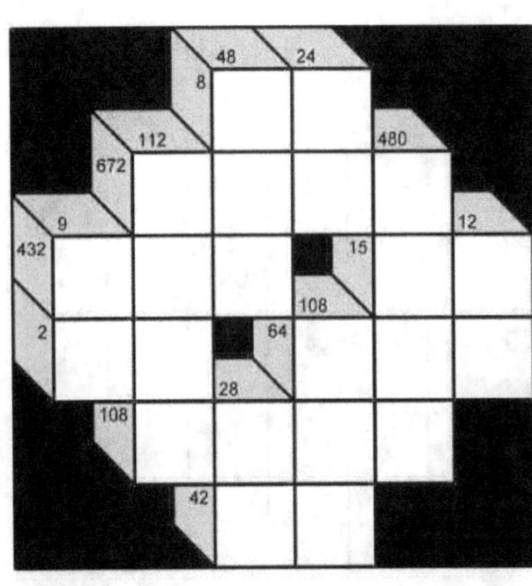

PUZZLE :912

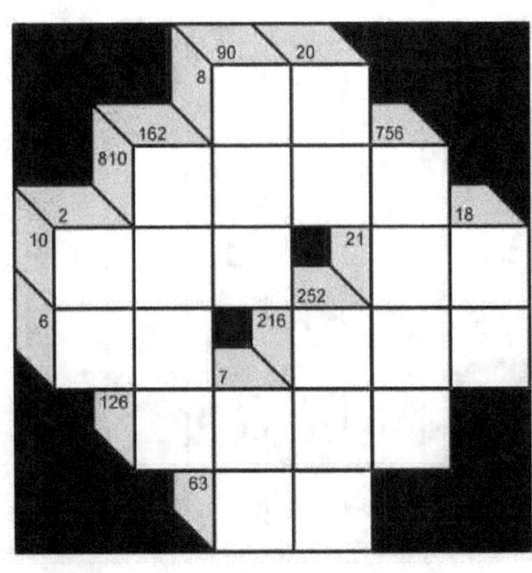

PUZZLE :913

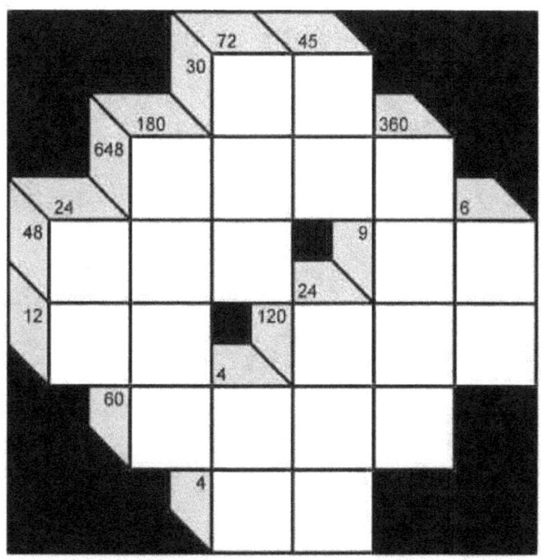

PUZZLE :914

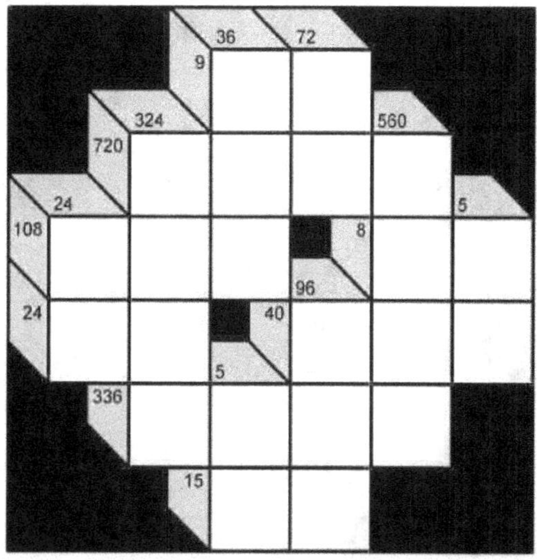

PUZZLE :915

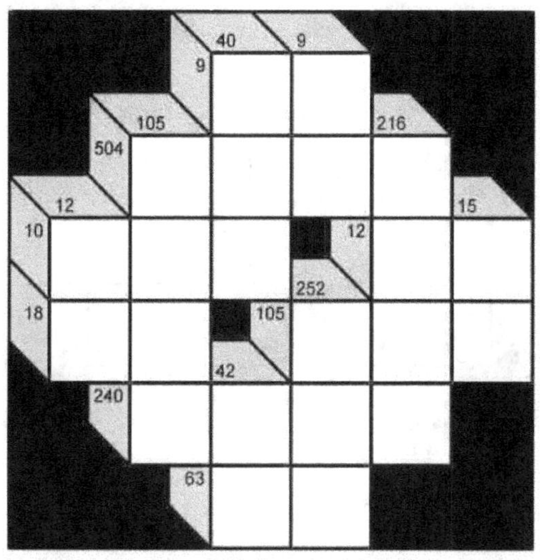

PUZZLE :916

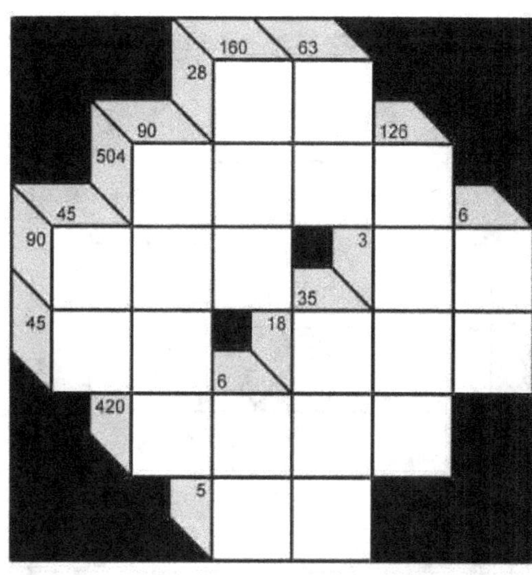

PUZZLE :917

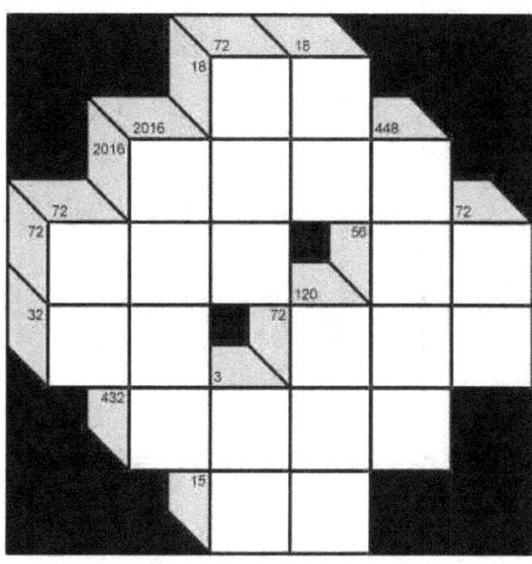

PUZZLE :918

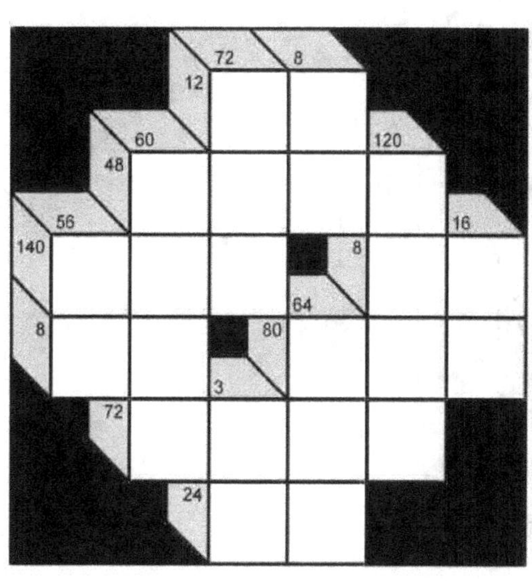

PUZZLE :919

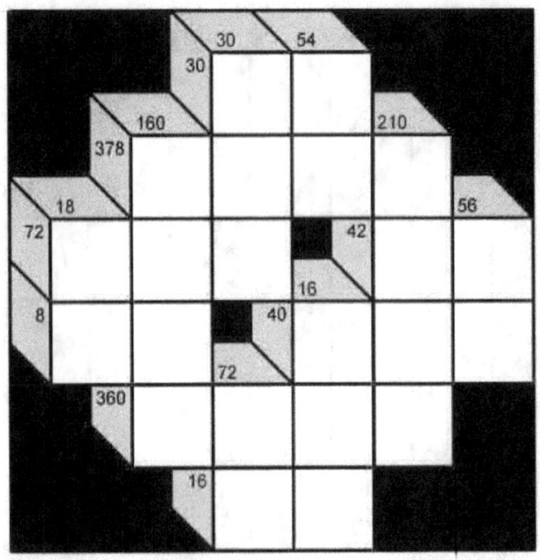

PUZZLE :920

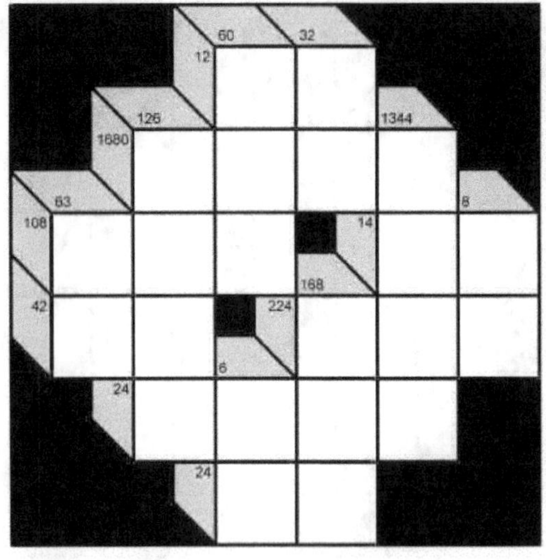

PUZZLE :921

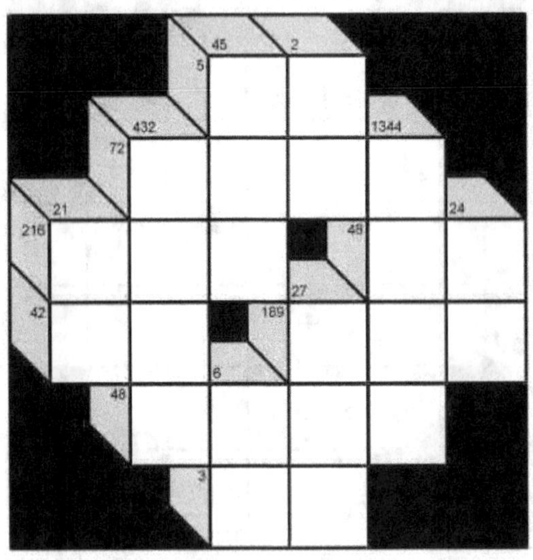

PUZZLE :922

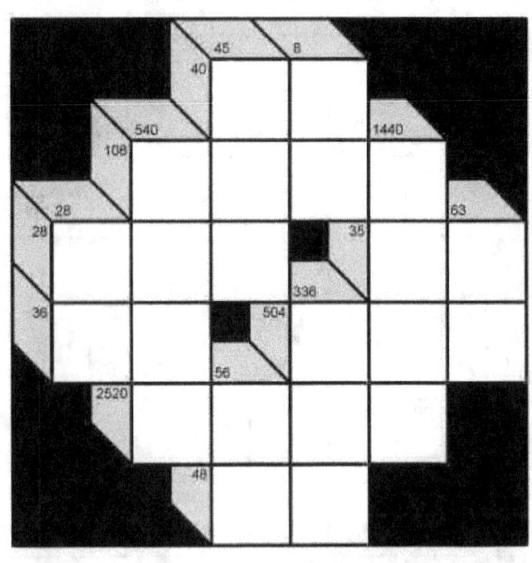

PUZZLE :923

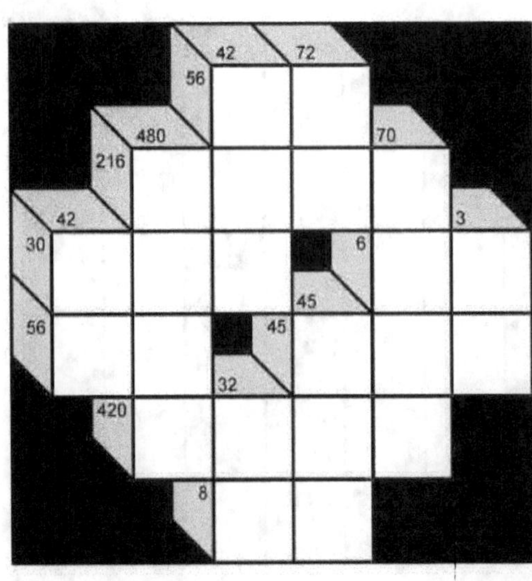

PUZZLE :924

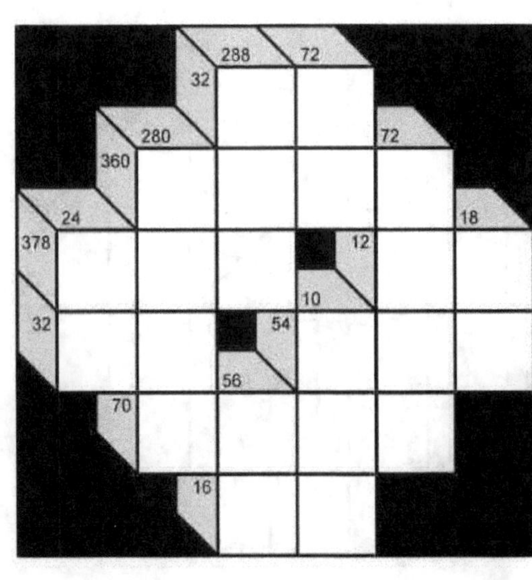

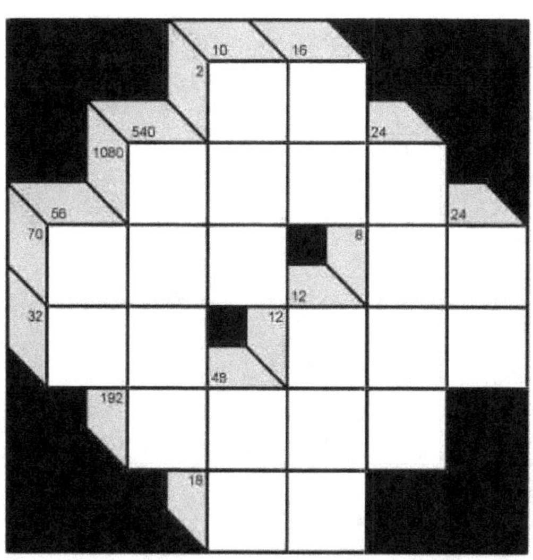

PUZZLE :925

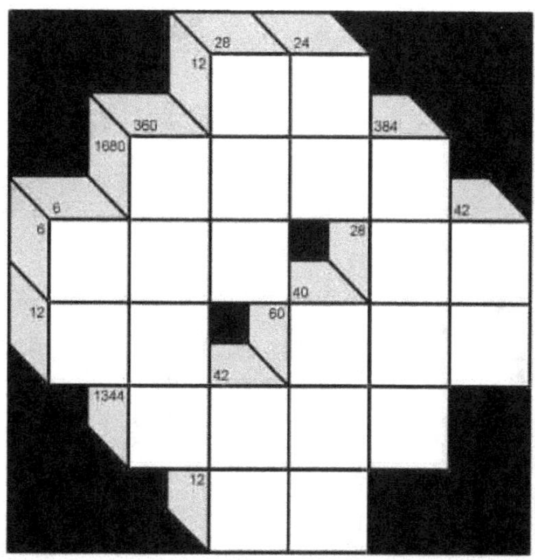

PUZZLE :926

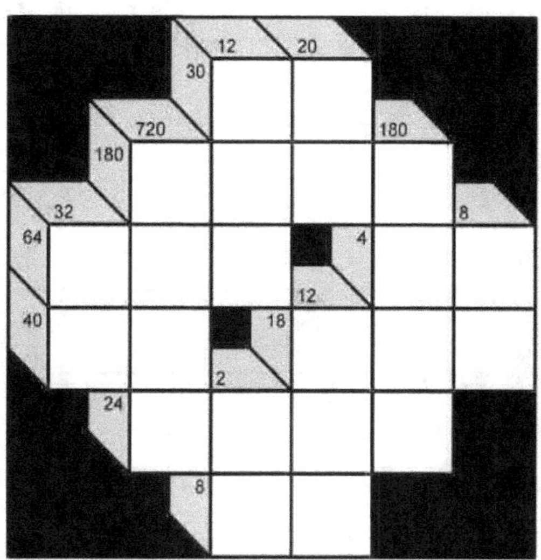

PUZZLE :927

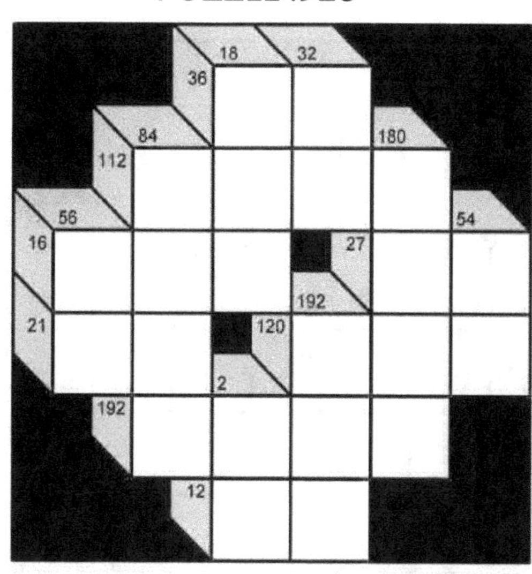

PUZZLE :928

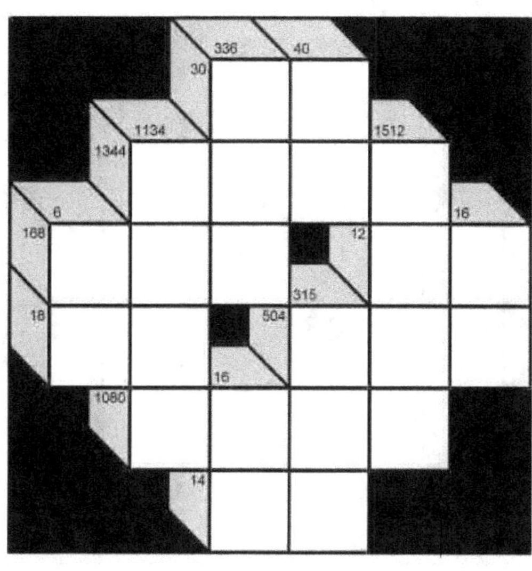

PUZZLE :929

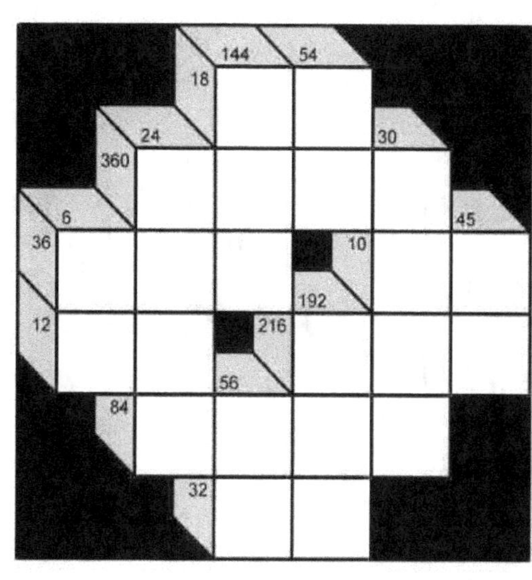

PUZZLE :930

PUZZLE :931

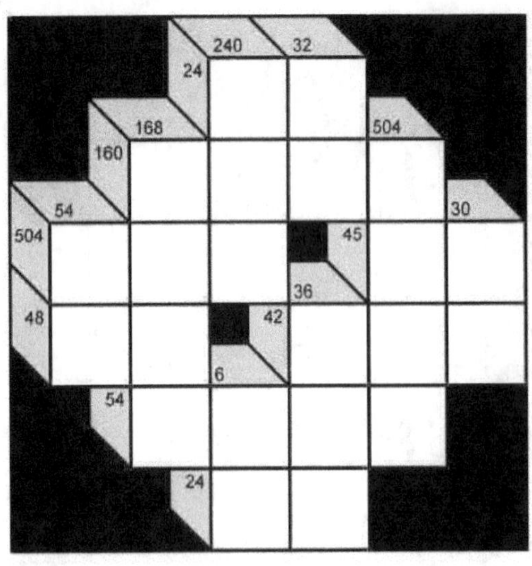

PUZZLE :932

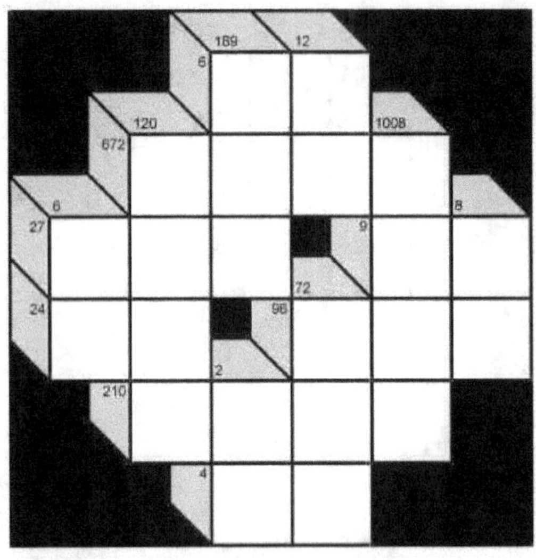

PUZZLE :933

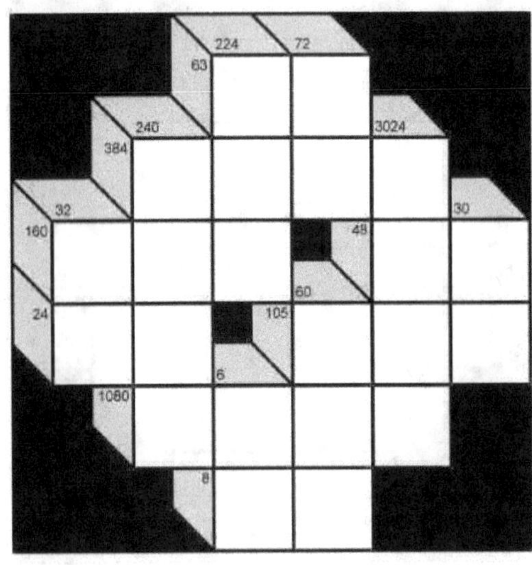

PUZZLE :934

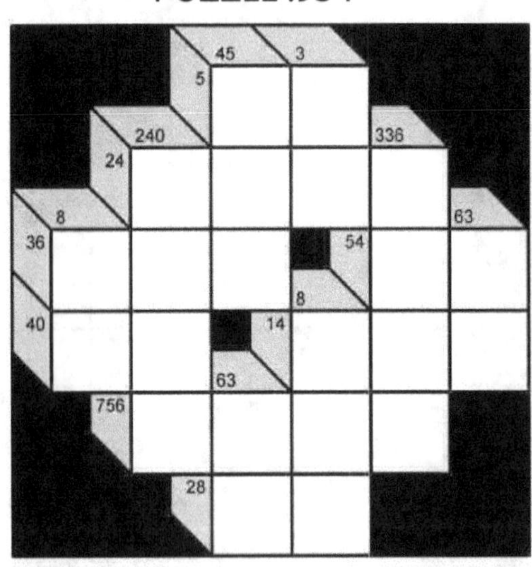

PUZZLE :935

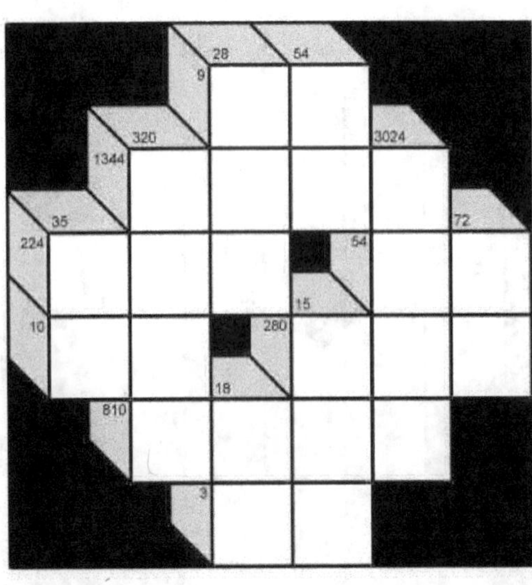

PUZZLE :936

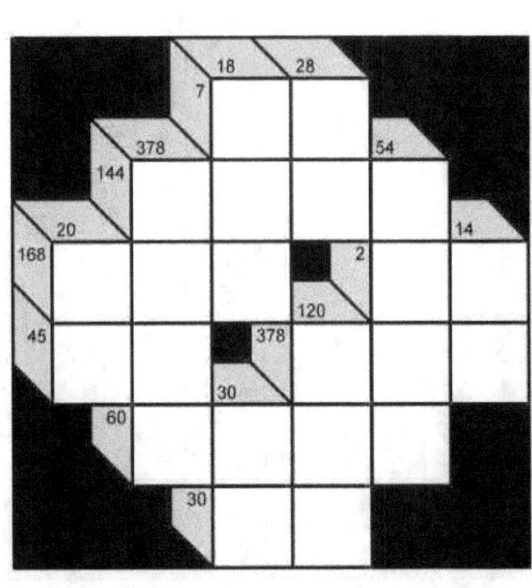

PUZZLE :937

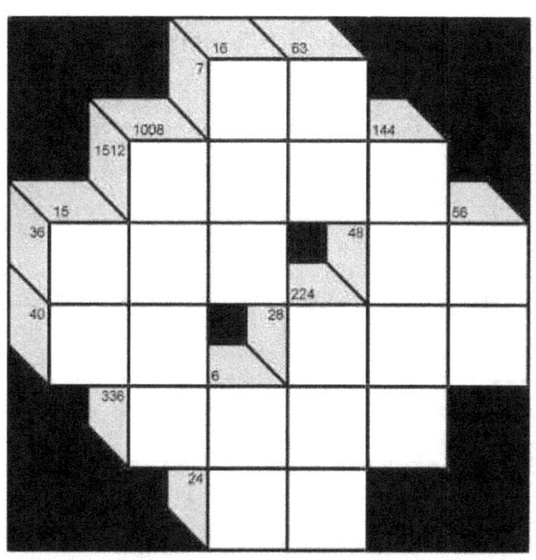

PUZZLE :938

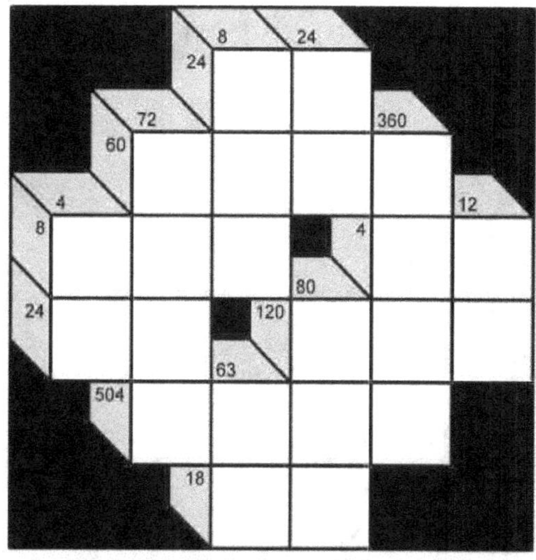

PUZZLE :939

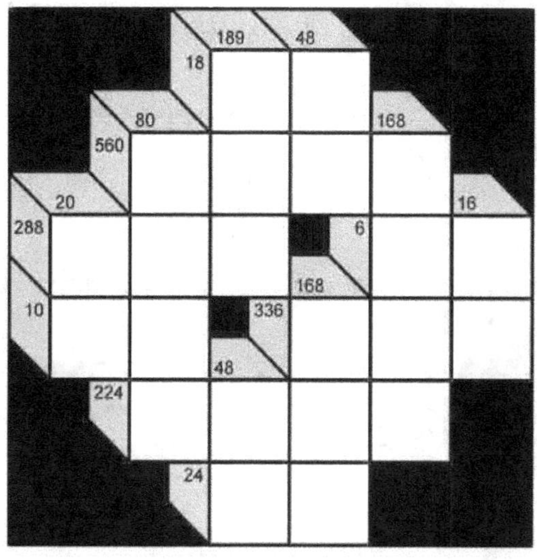

PUZZLE :940

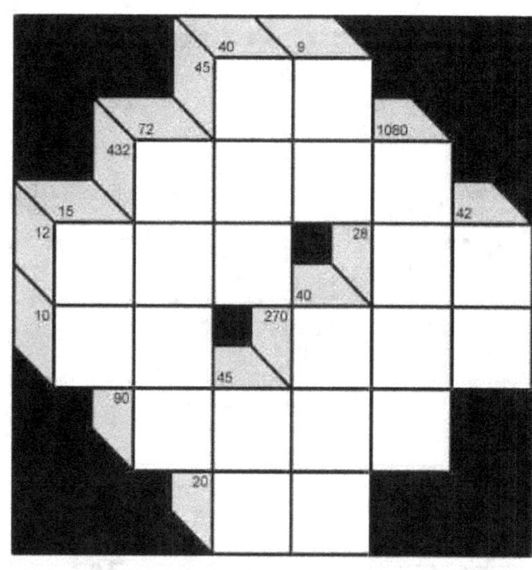

PUZZLE :941

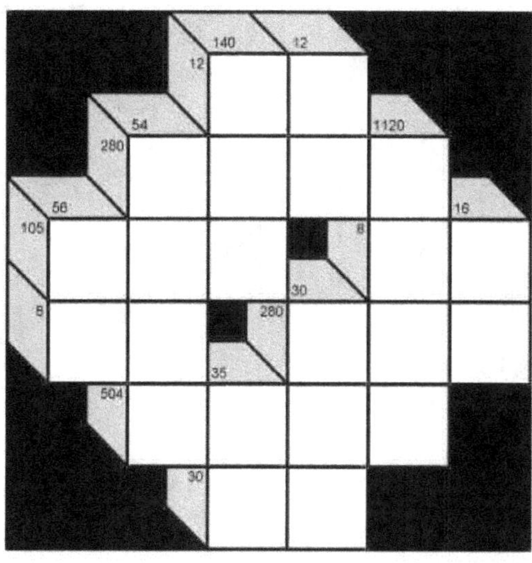

PUZZLE :942

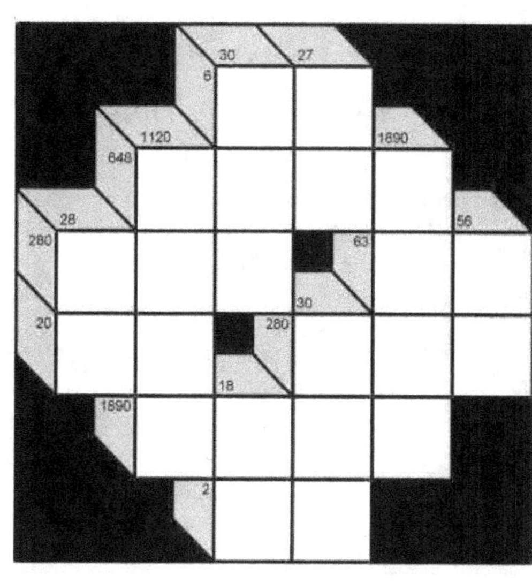

PUZZLE :943

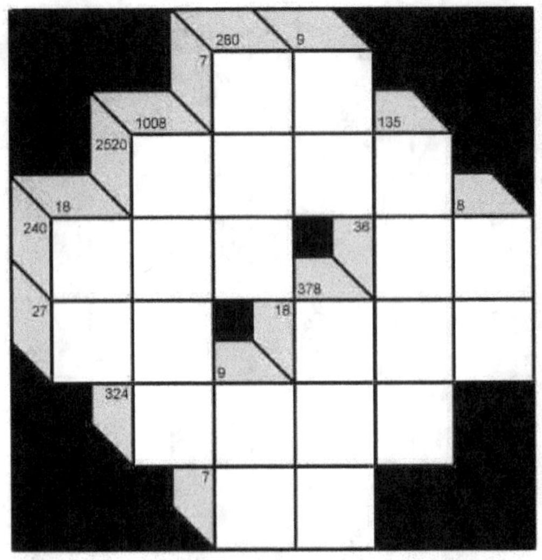

PUZZLE :944

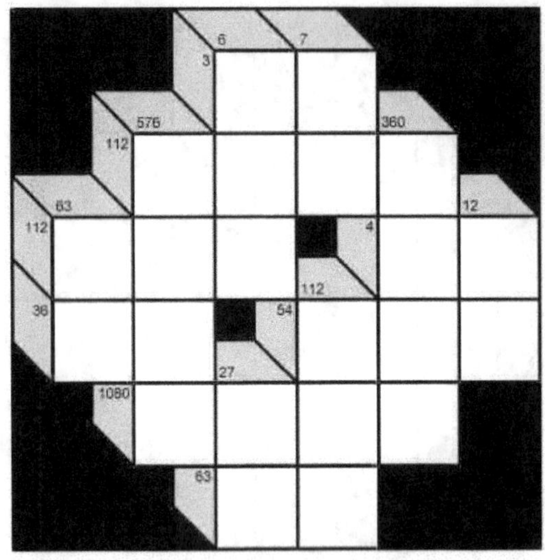

PUZZLE :945

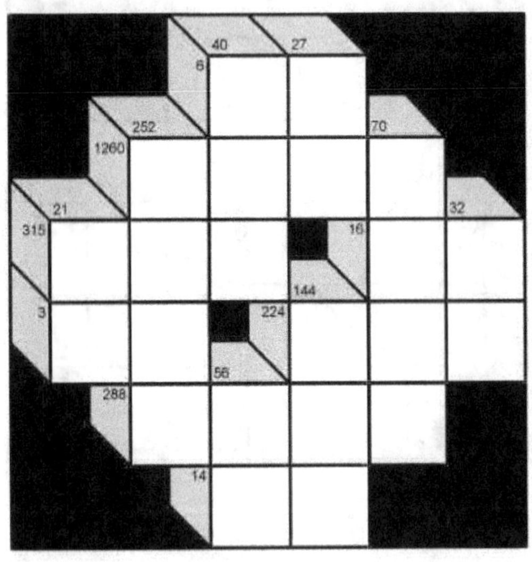

PUZZLE :946

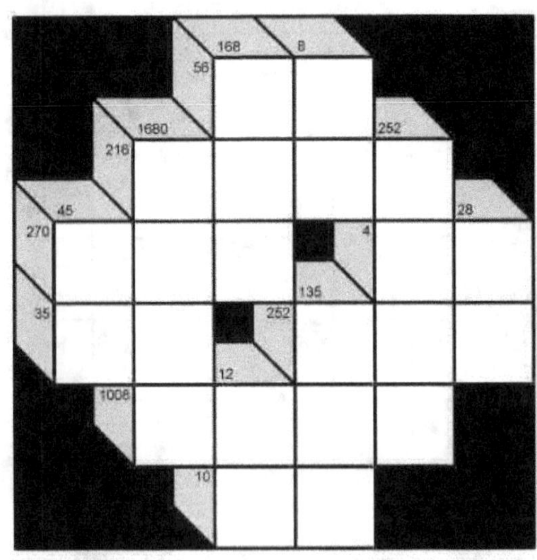

PUZZLE :947

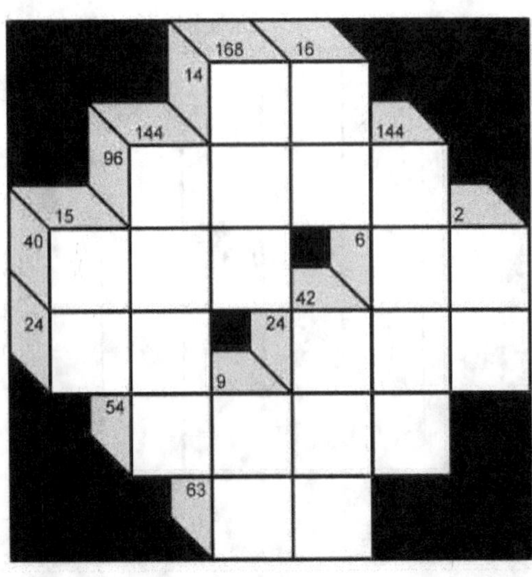

PUZZLE :948

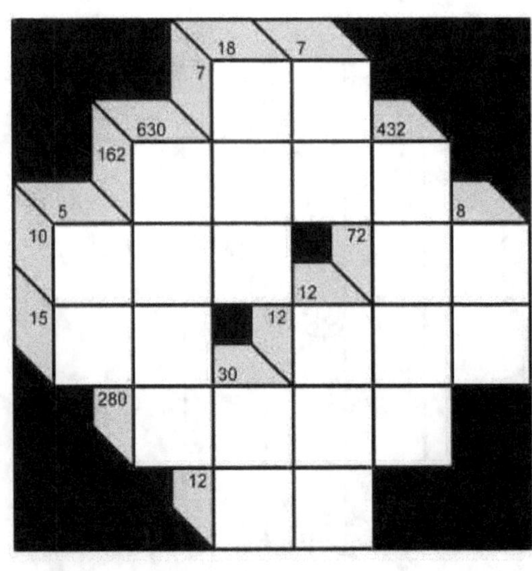

PUZZLE :949

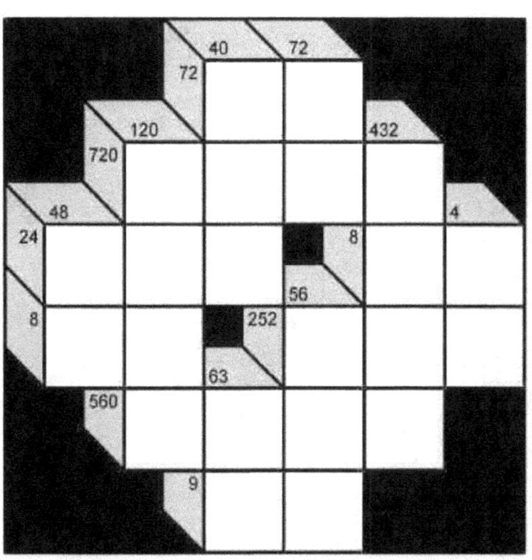

PUZZLE :950

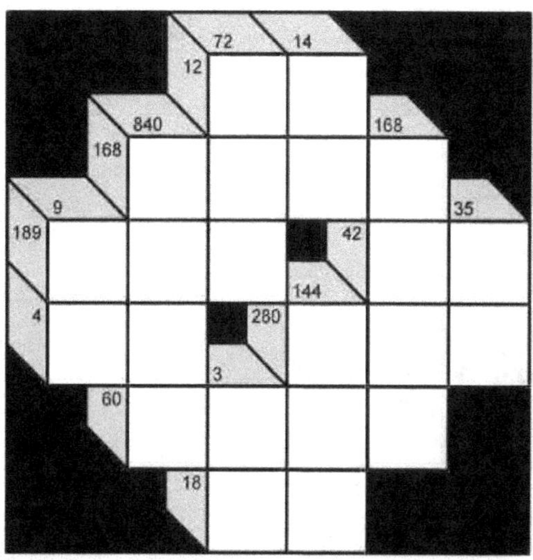

PUZZLE :951

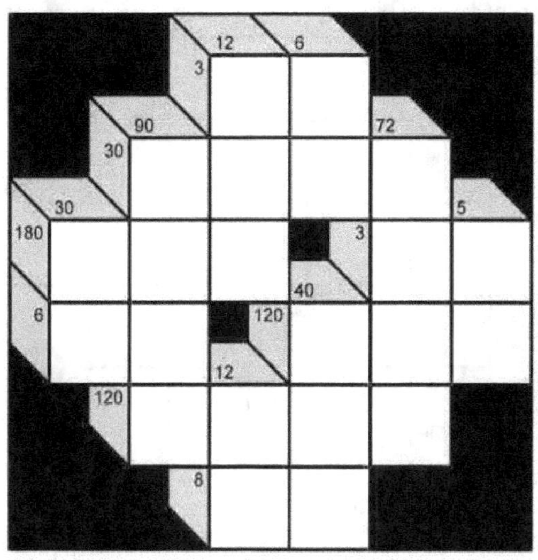

PUZZLE :952

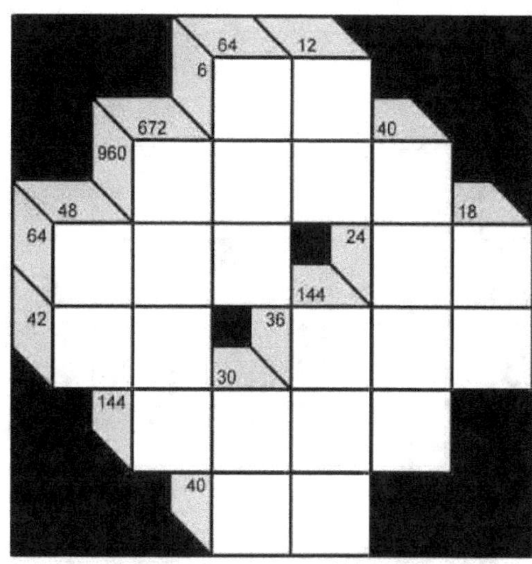

PUZZLE :953

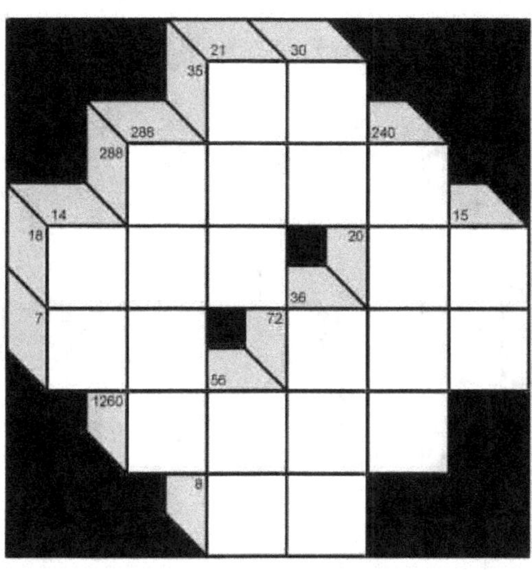

PUZZLE :954

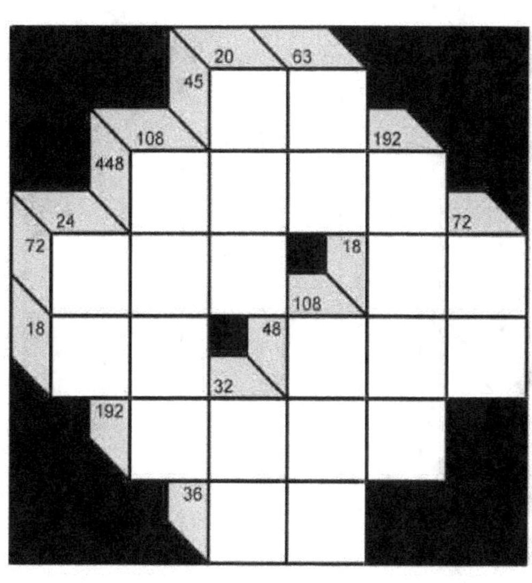

PUZZLE :955

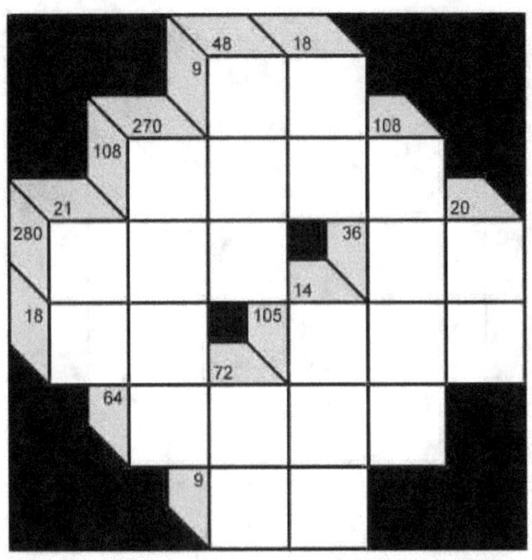

PUZZLE :956

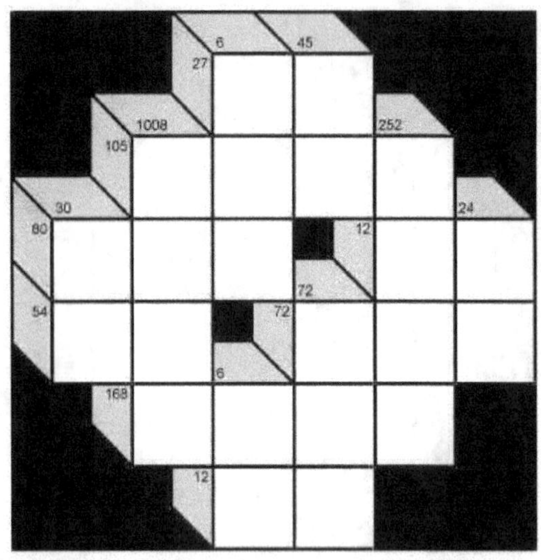

PUZZLE :957

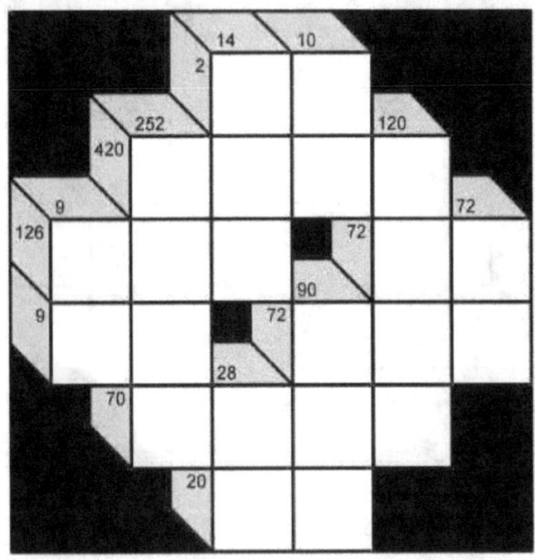

PUZZLE :958

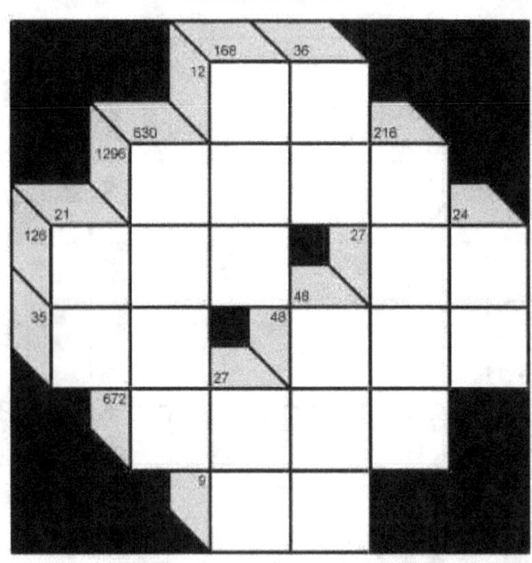

PUZZLE :959

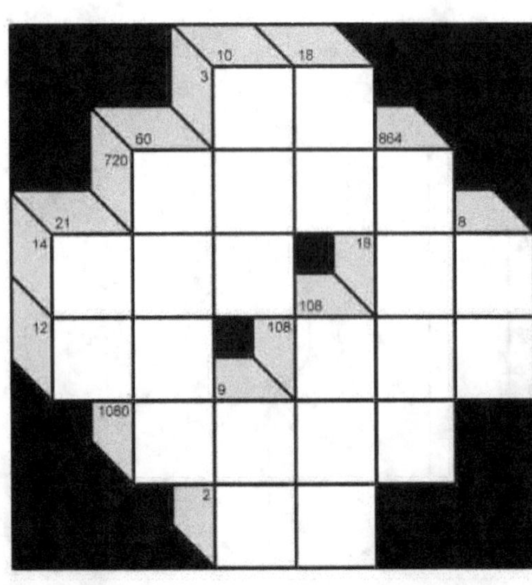

PUZZLE :960

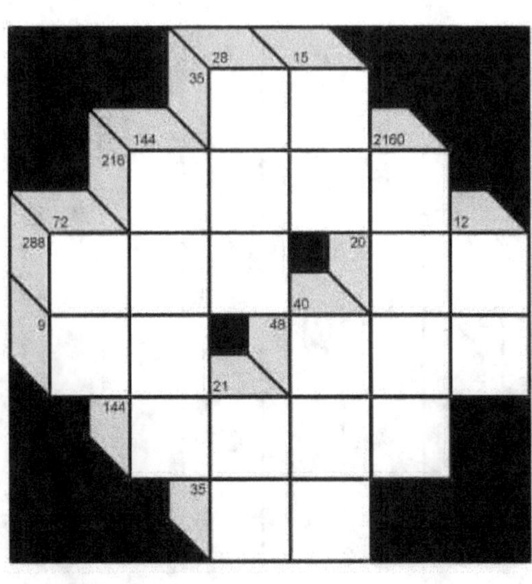

PUZZLE :961

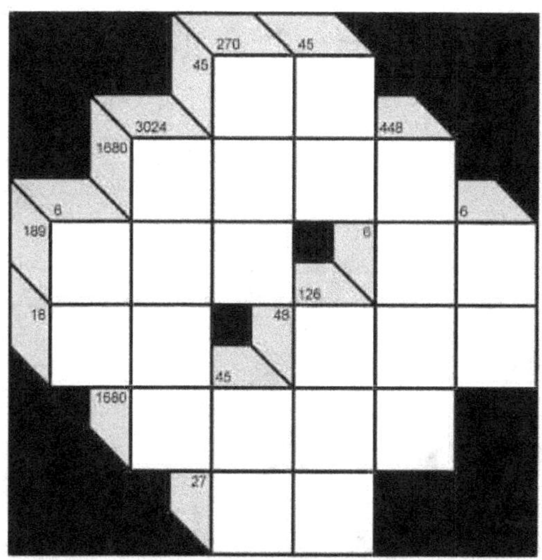

PUZZLE :962

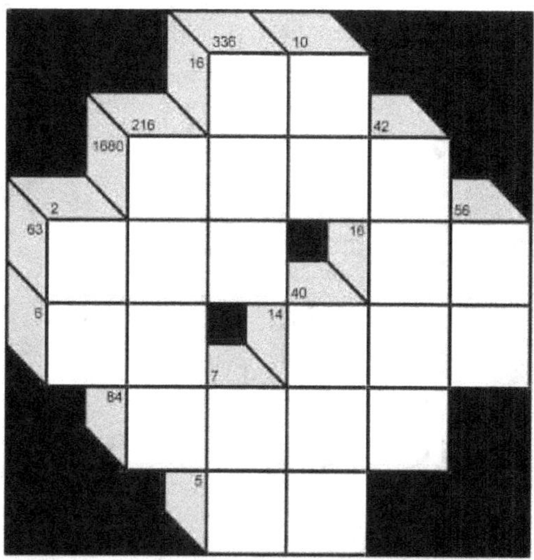

PUZZLE :963

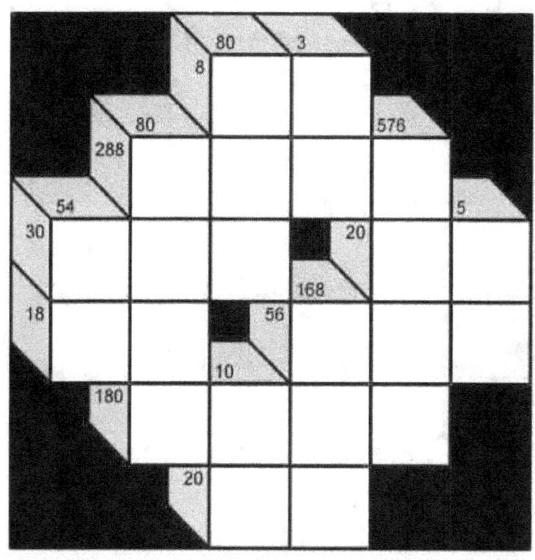

PUZZLE :964

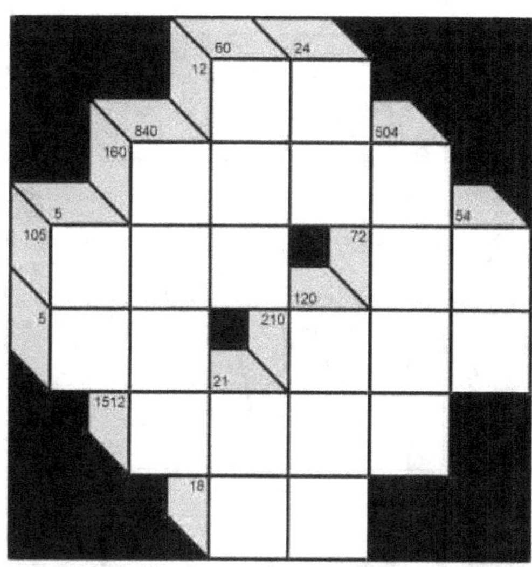

PUZZLE :965

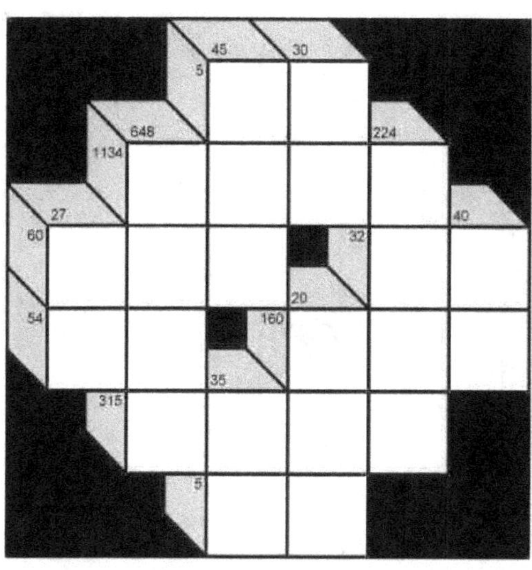

PUZZLE :966

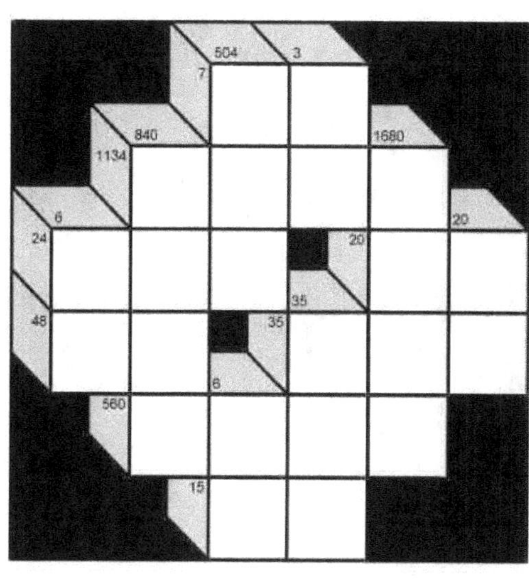

PUZZLE :967

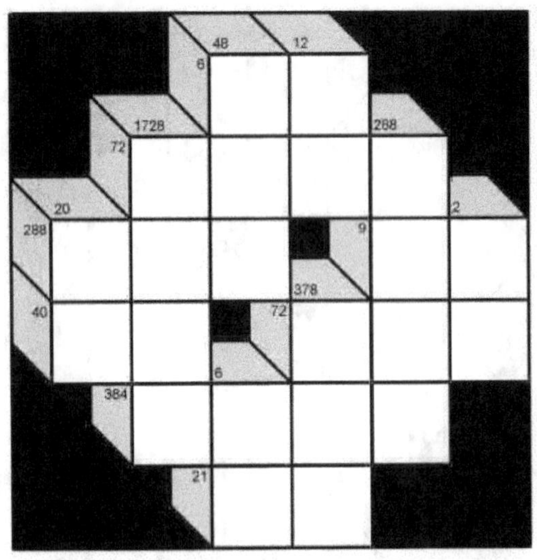

PUZZLE :968

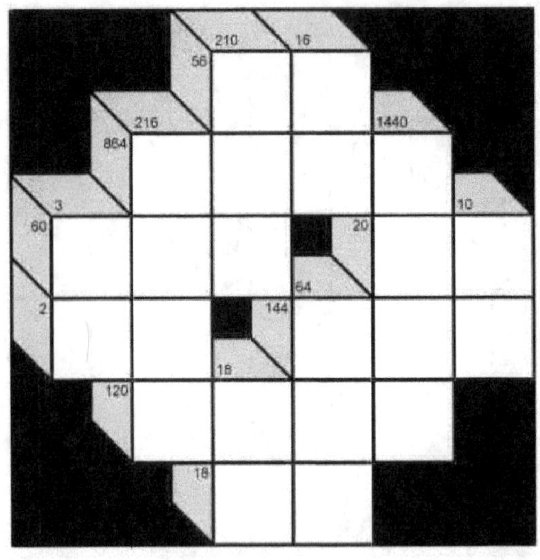

PUZZLE :969

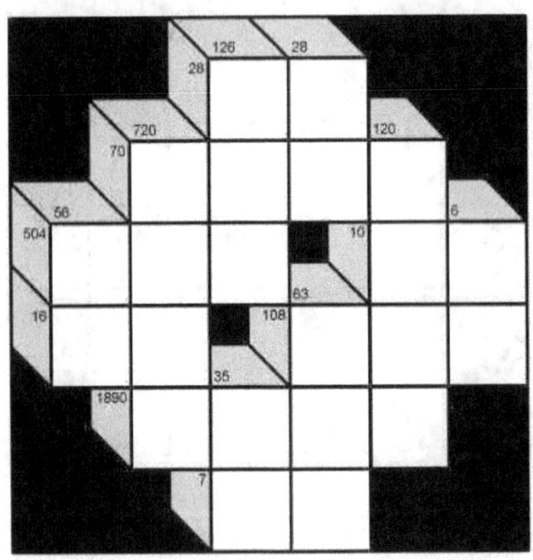

PUZZLE :970

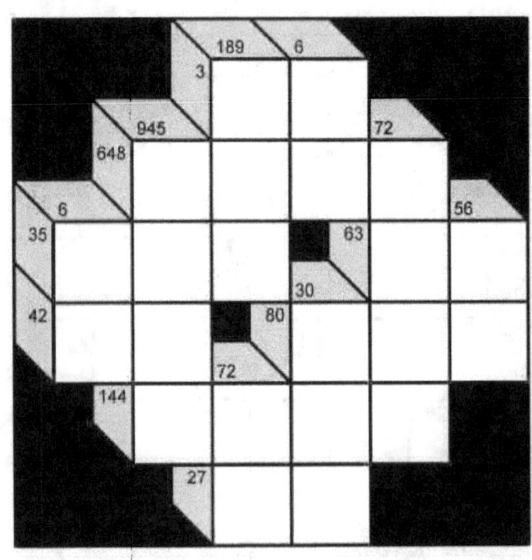

PUZZLE :971

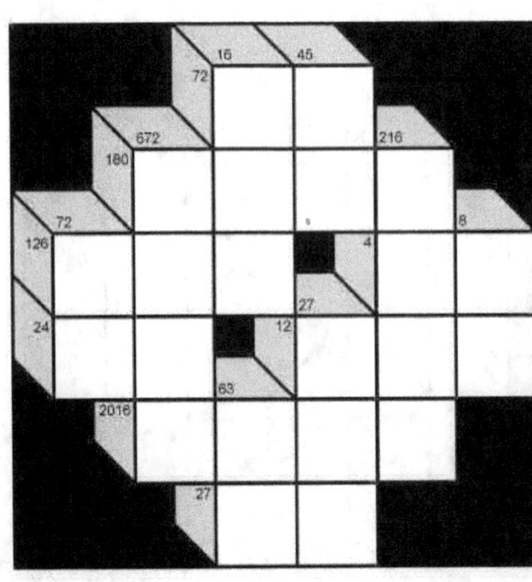

PUZZLE :972

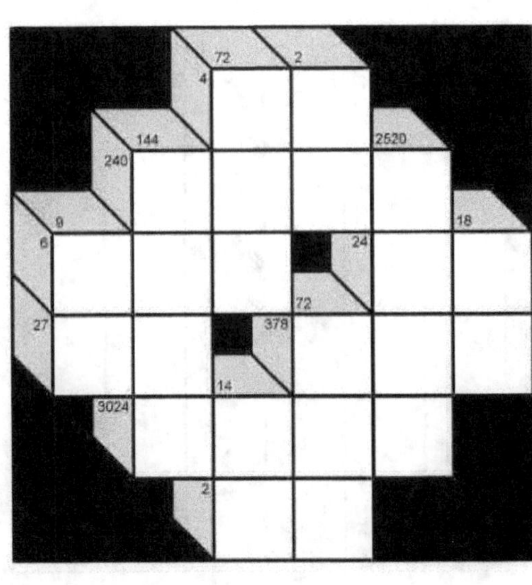

PUZZLE :973

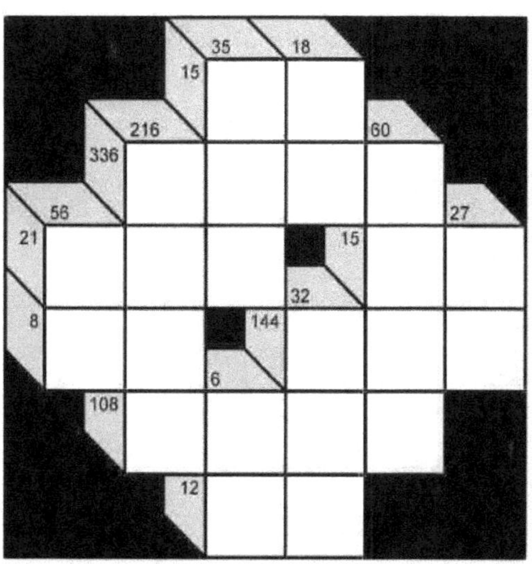

PUZZLE :975

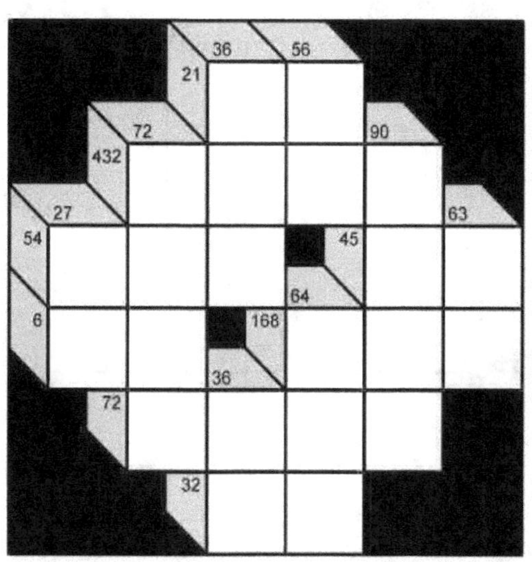

PUZZLE :977

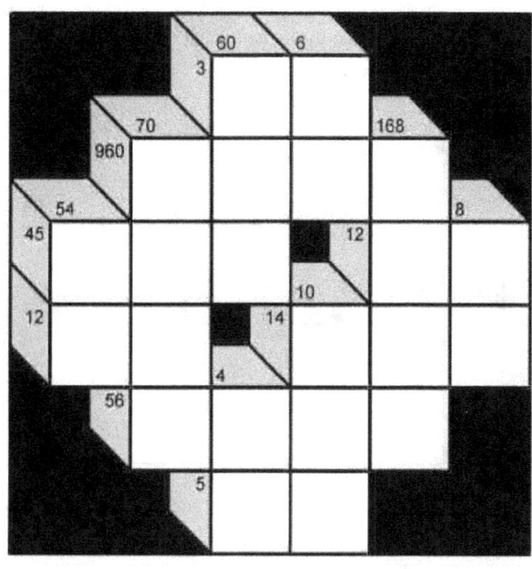

PUZZLE :974

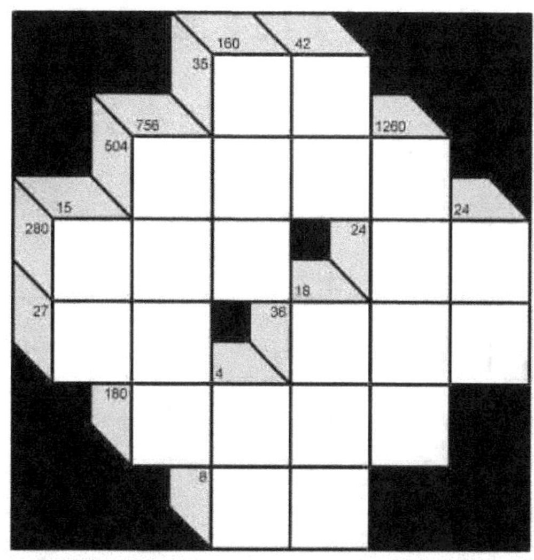

PUZZLE :976

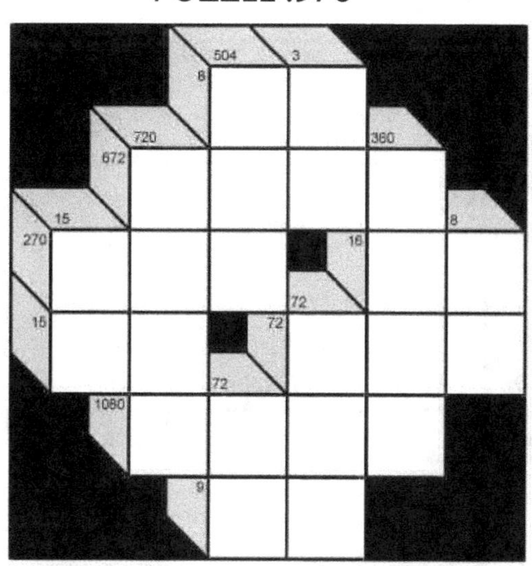

PUZZLE :978

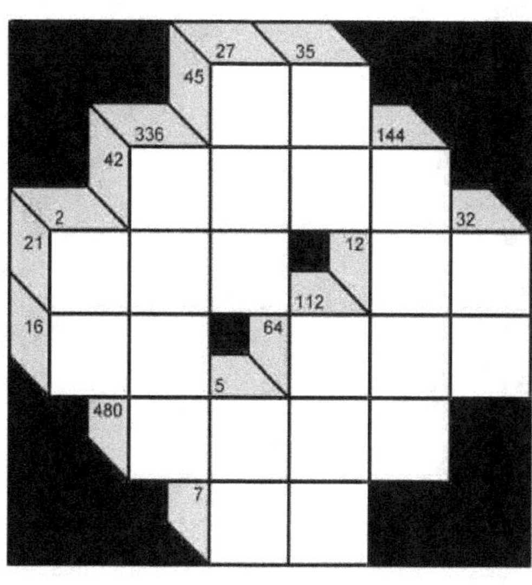

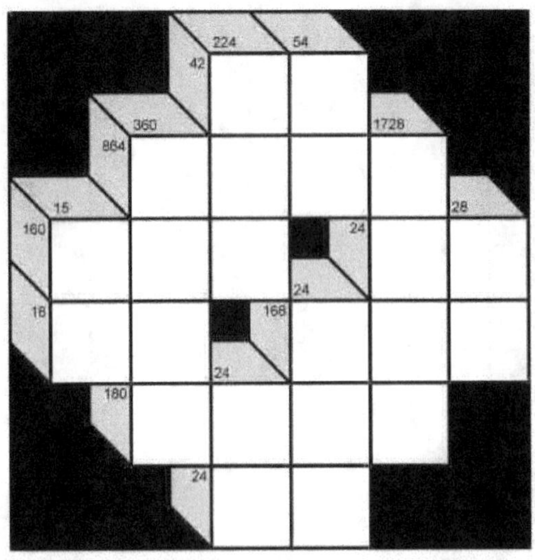

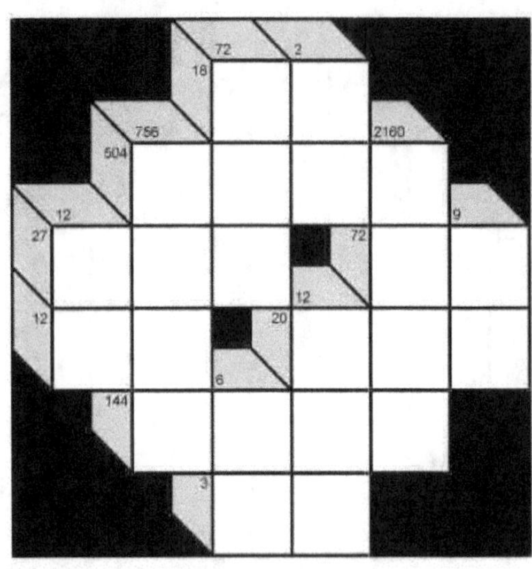

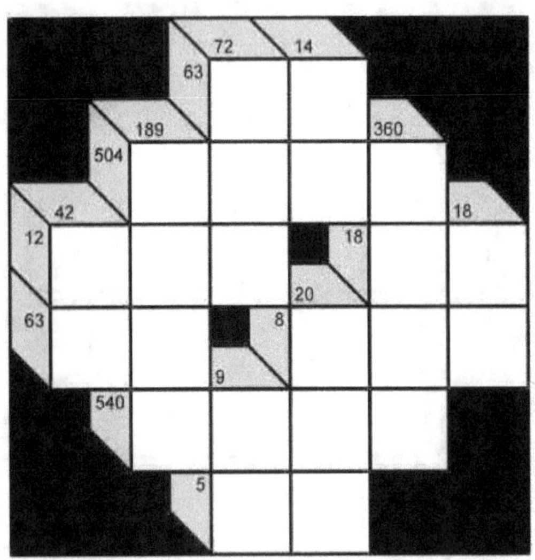

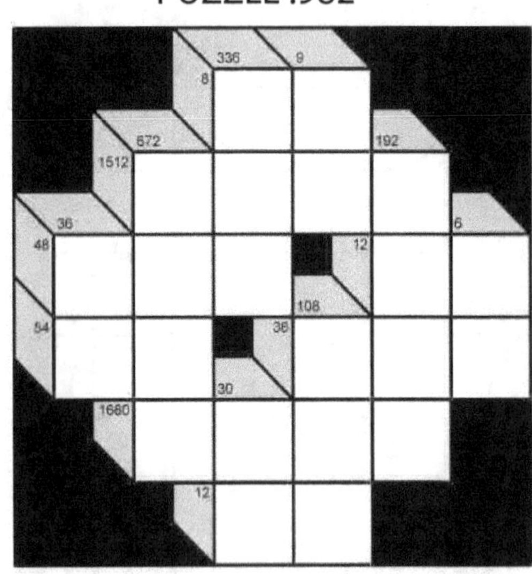

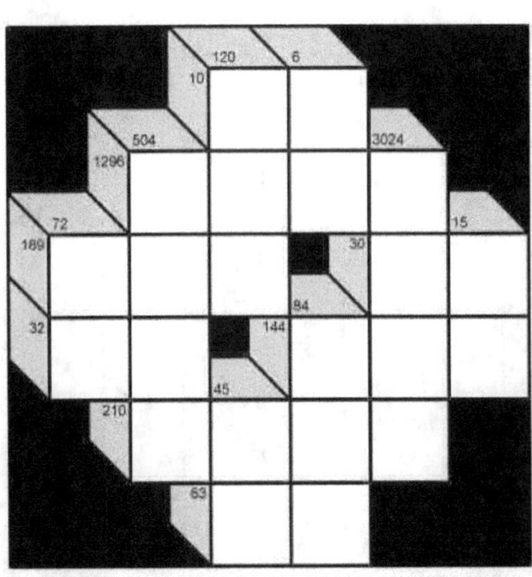

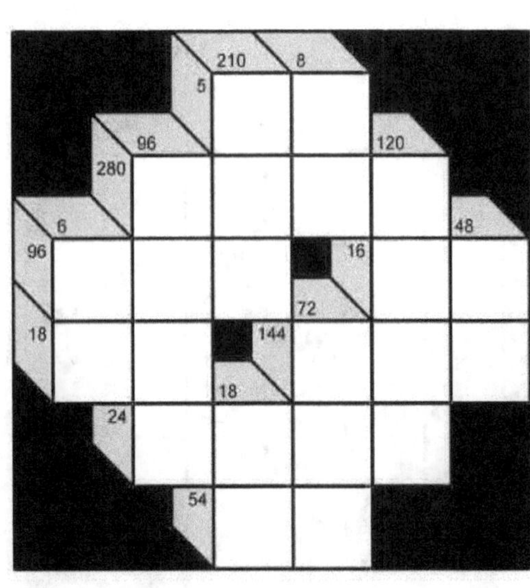

PUZZLE :985

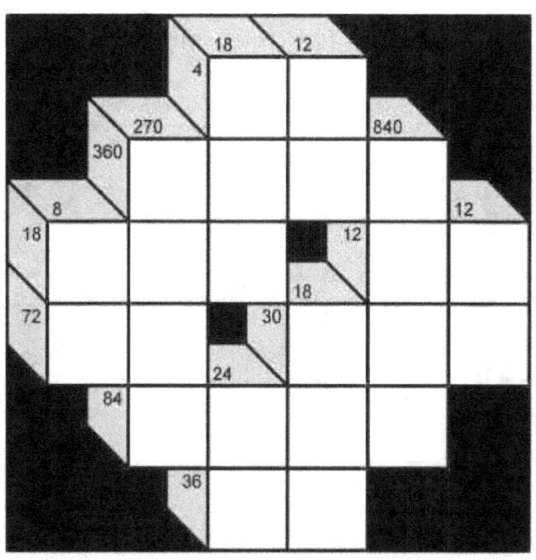

PUZZLE :986

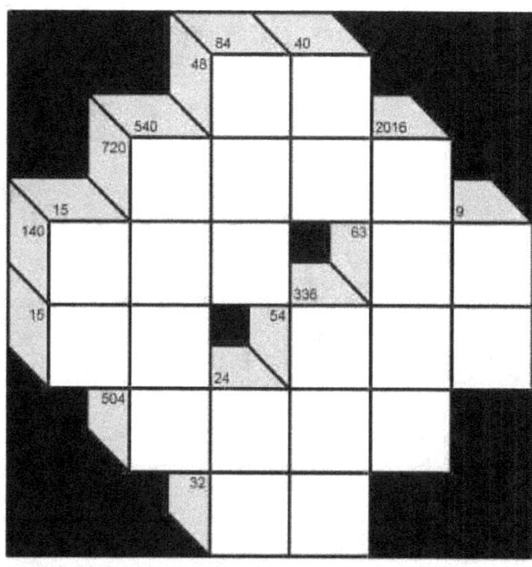

PUZZLE :987

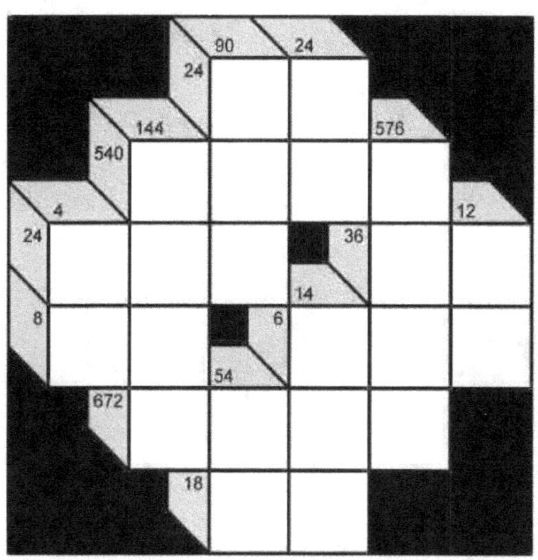

PUZZLE :988

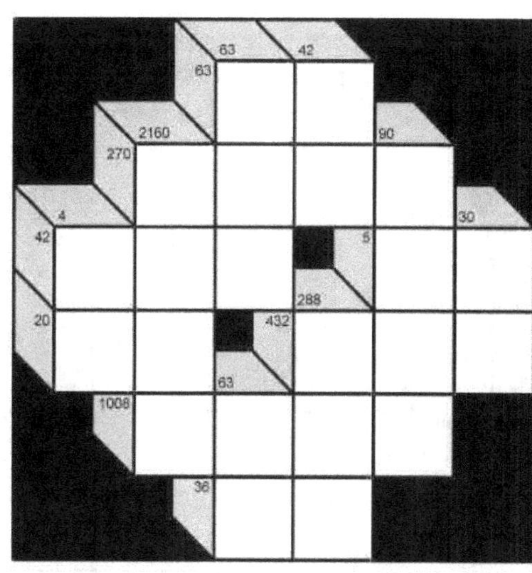

PUZZLE :989

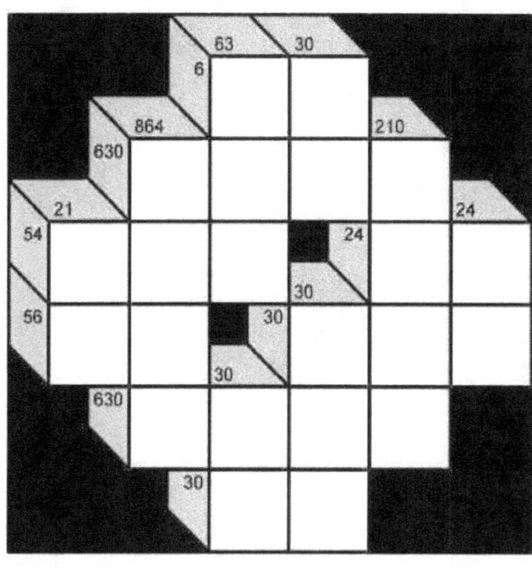

PUZZLE :990

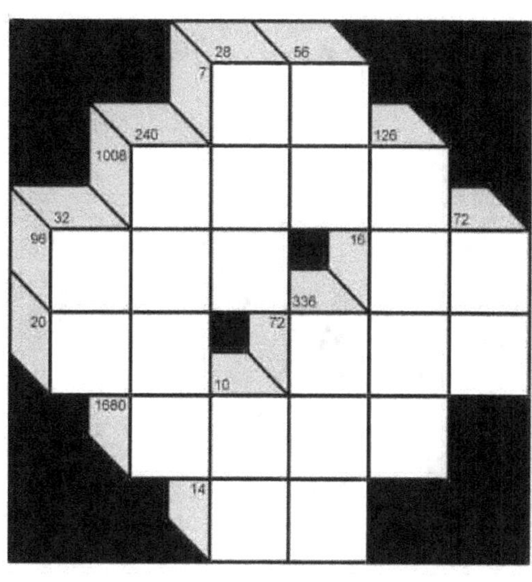

PUZZLE :991

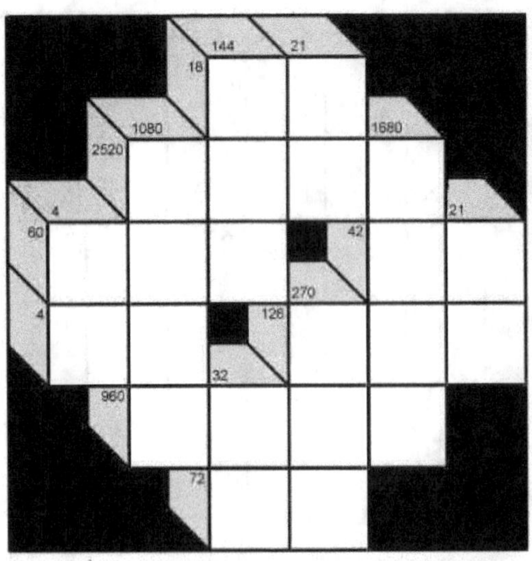

PUZZLE :992

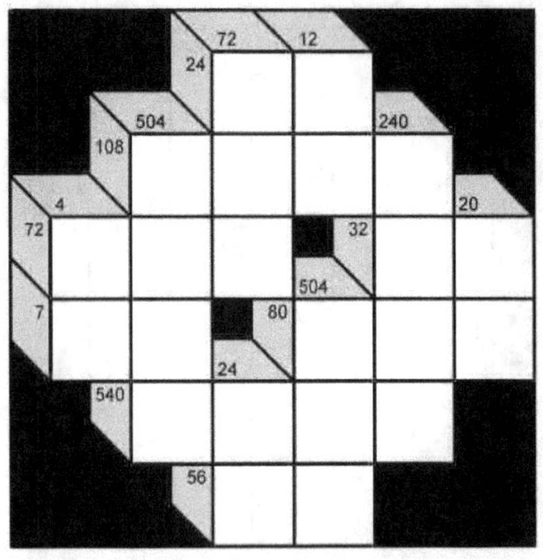

PUZZLE :993

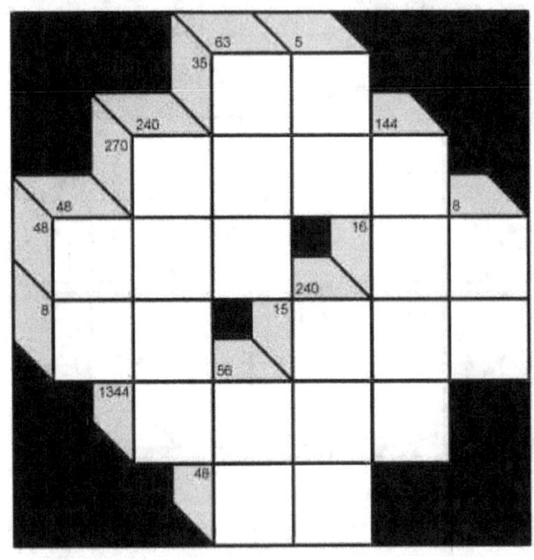

PUZZLE :994

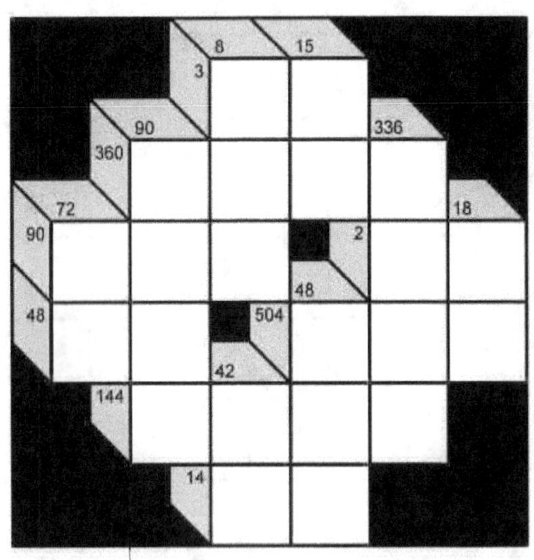

PUZZLE :995

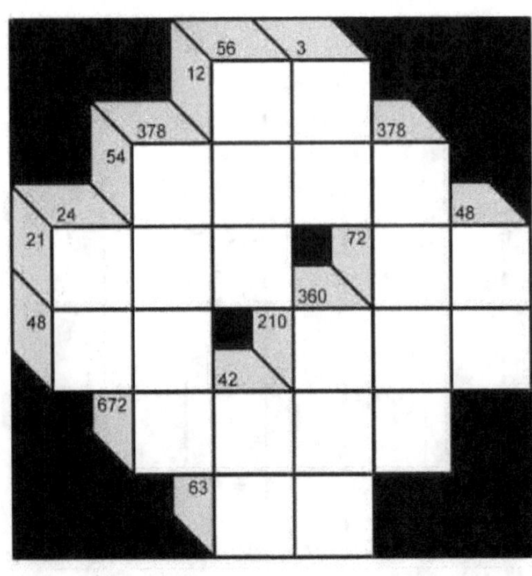

PUZZLE :996

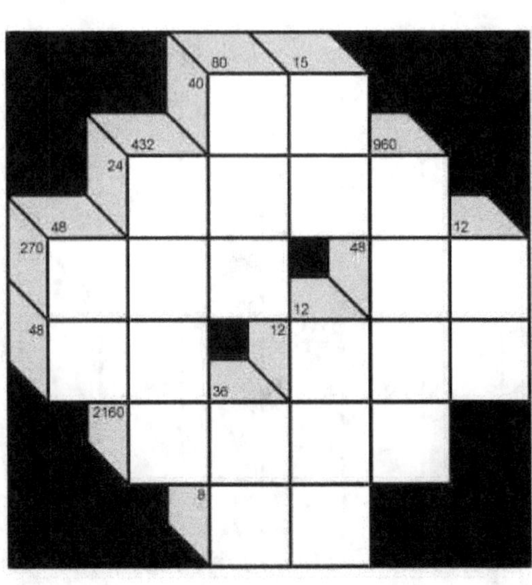

PUZZLE :997

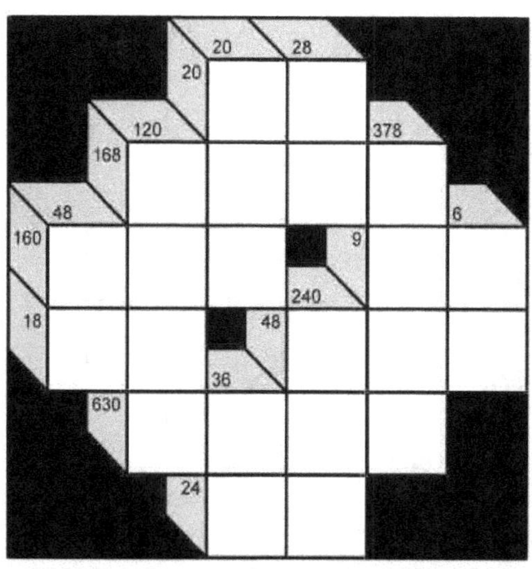

PUZZLE :998

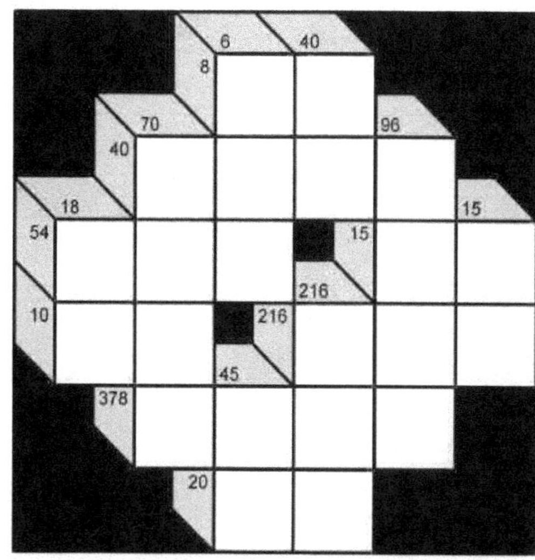

PUZZLE :999

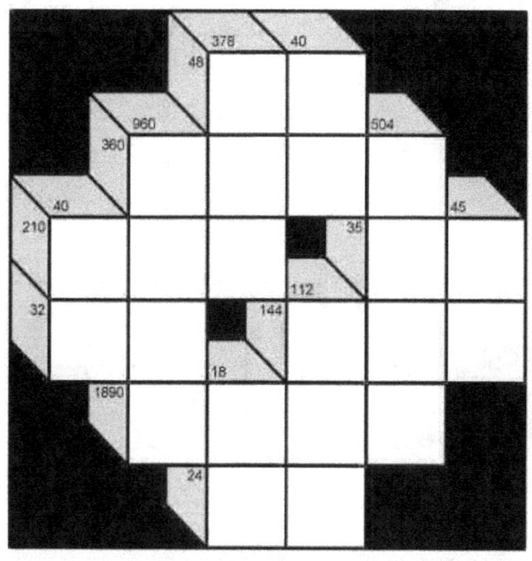

PUZZLE :1000

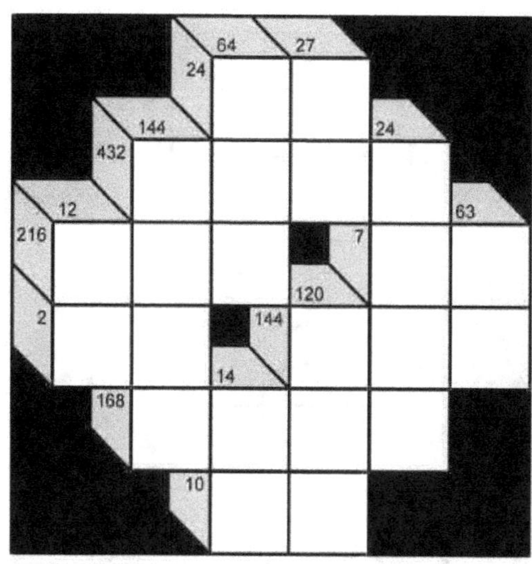

PUZZLE :1001

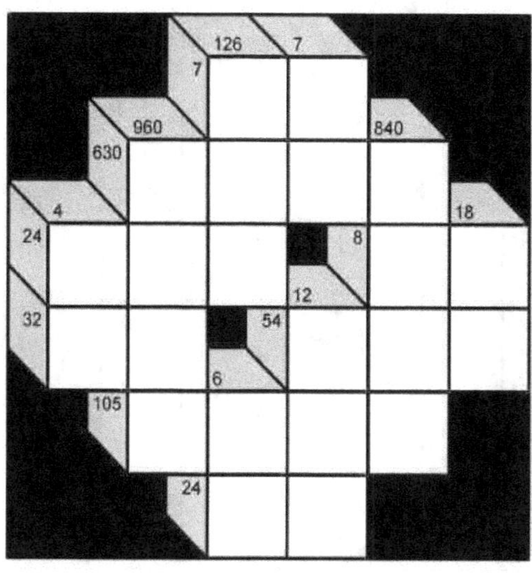

PUZZLE :1002

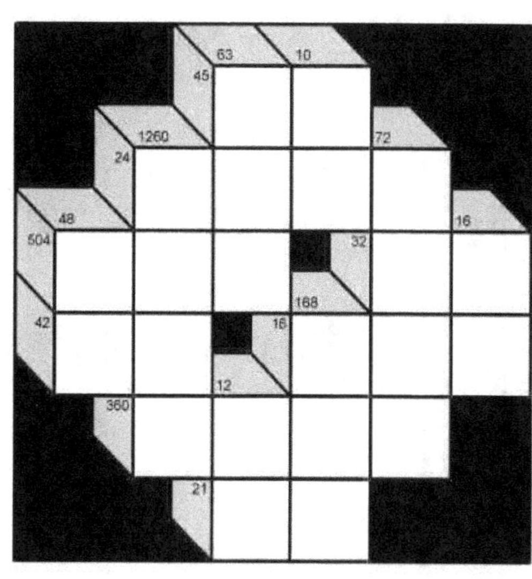

PUZZLE :1003

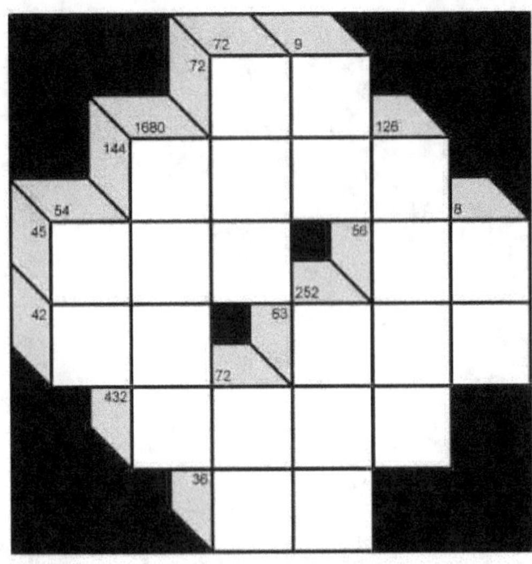

PUZZLE :1004

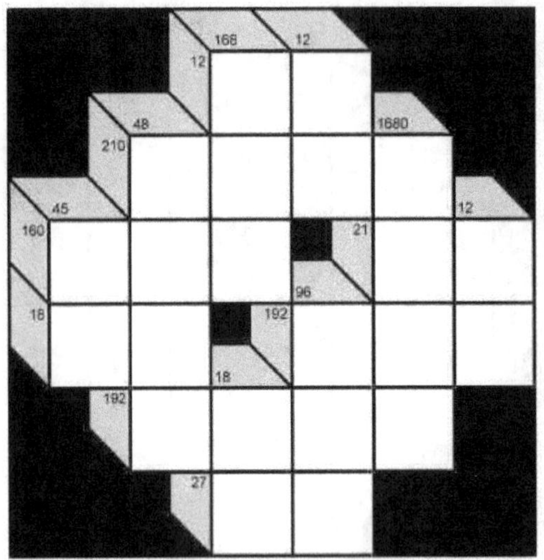

PUZZLE :1005

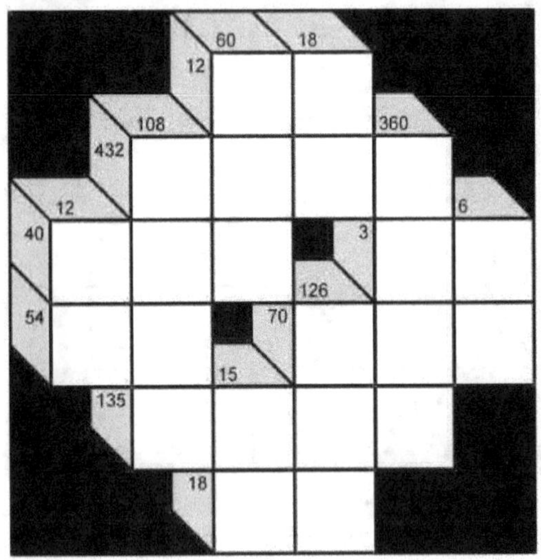

PUZZLE :1006

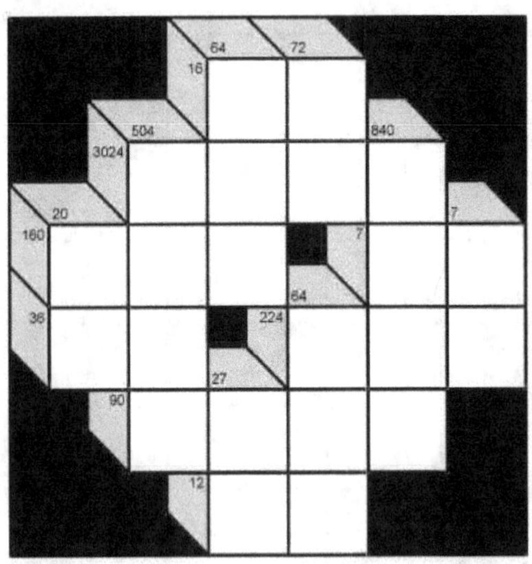

PUZZLE :1007

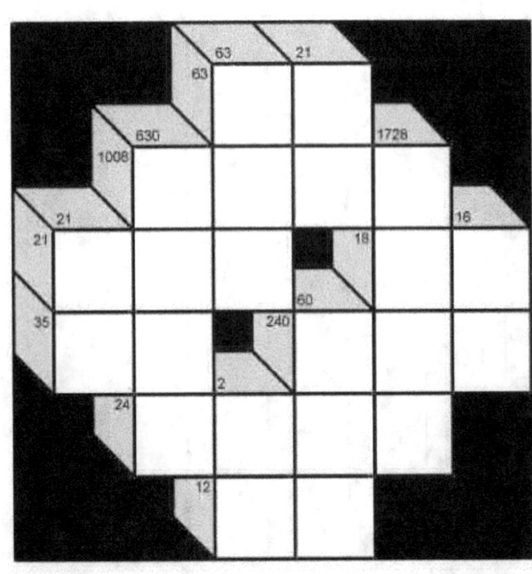

PUZZLE :1008

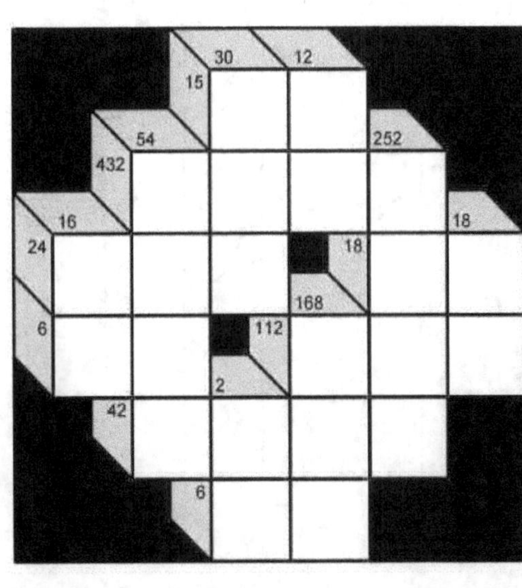

ANSWERS

PUZZLE :1
PUZZLE :2
PUZZLE :3
PUZZLE :4
PUZZLE :5
PUZZLE :6
PUZZLE :7
PUZZLE :8
PUZZLE :9
PUZZLE :10
PUZZLE :11
PUZZLE :12
PUZZLE :13
PUZZLE :14
PUZZLE :15
PUZZLE :16
PUZZLE :17
PUZZLE :18
PUZZLE :19
PUZZLE :20
PUZZLE :21
PUZZLE :22
PUZZLE :23
PUZZLE :24

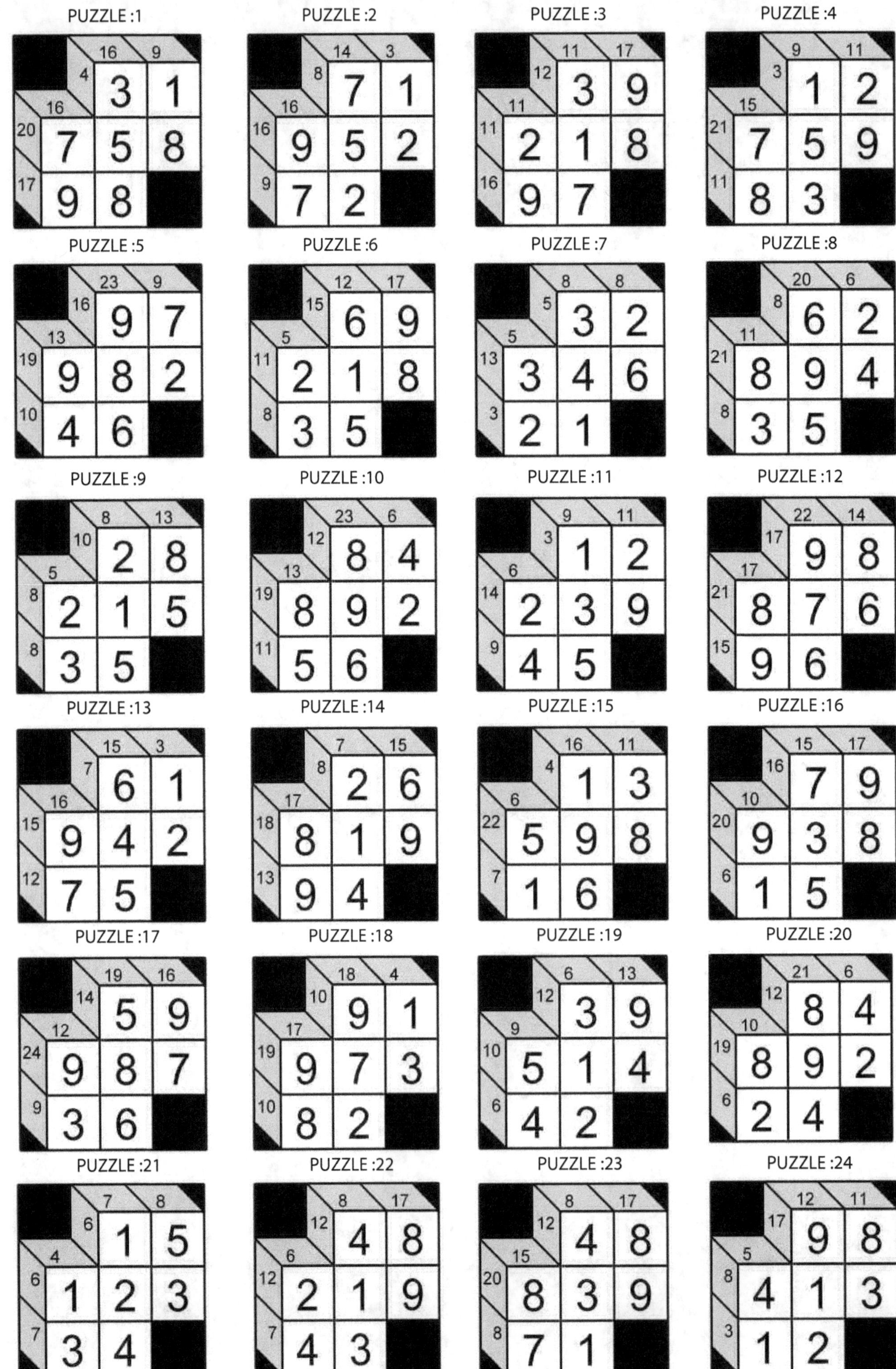

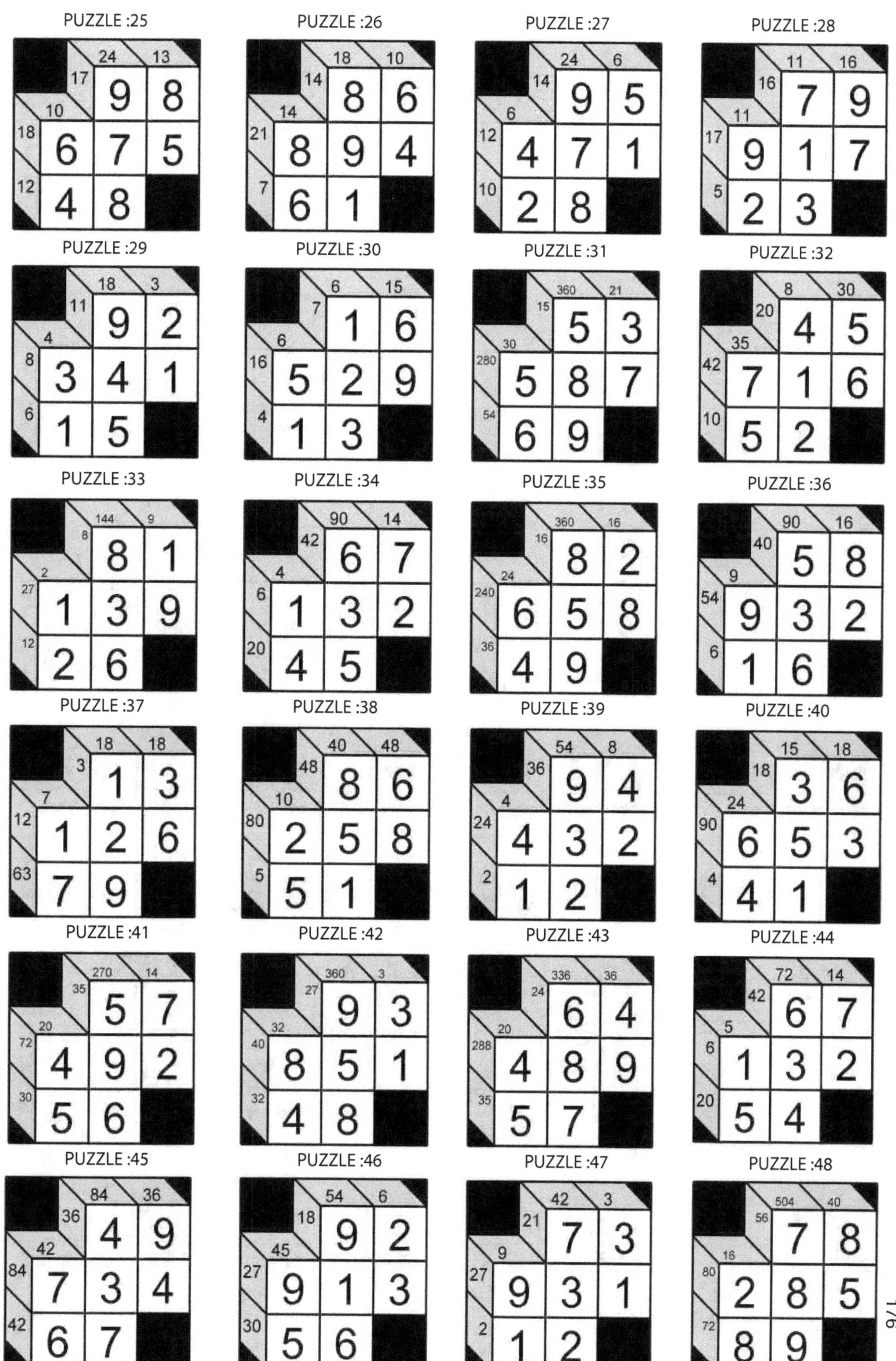

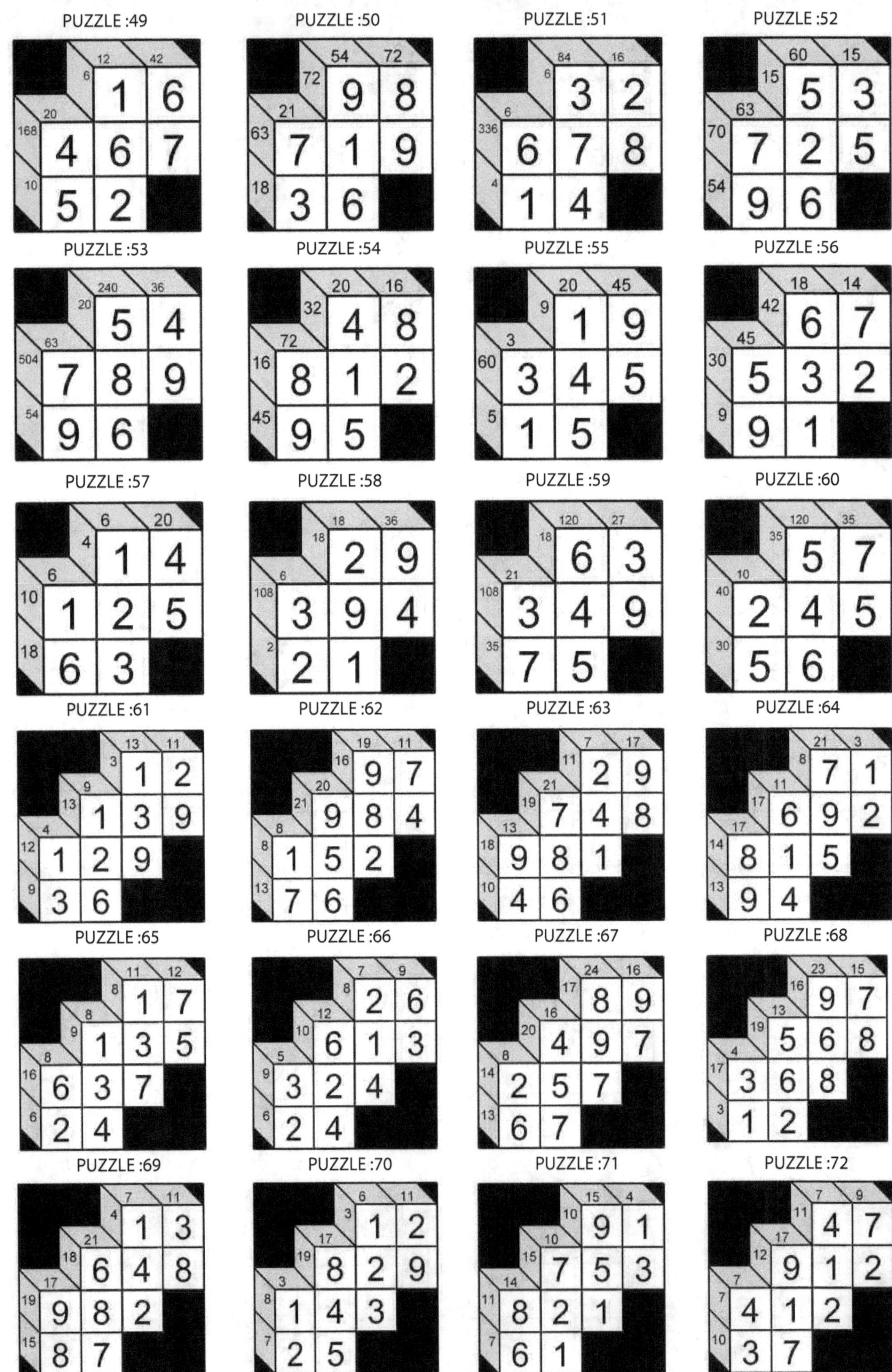

PUZZLE :49
PUZZLE :50
PUZZLE :51
PUZZLE :52
PUZZLE :53
PUZZLE :54
PUZZLE :55
PUZZLE :56
PUZZLE :57
PUZZLE :58
PUZZLE :59
PUZZLE :60
PUZZLE :61
PUZZLE :62
PUZZLE :63
PUZZLE :64
PUZZLE :65
PUZZLE :66
PUZZLE :67
PUZZLE :68
PUZZLE :69
PUZZLE :70
PUZZLE :71
PUZZLE :72

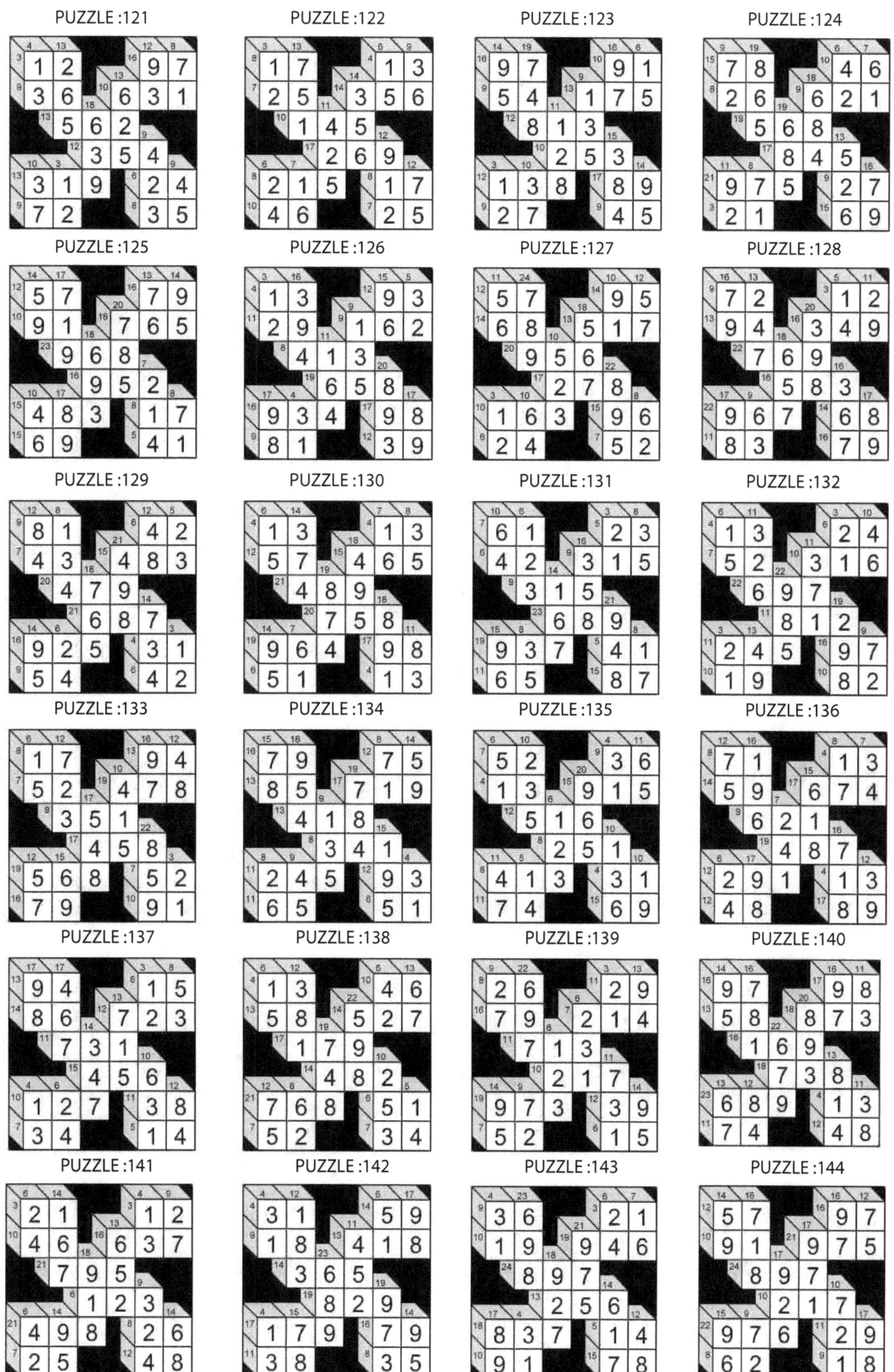

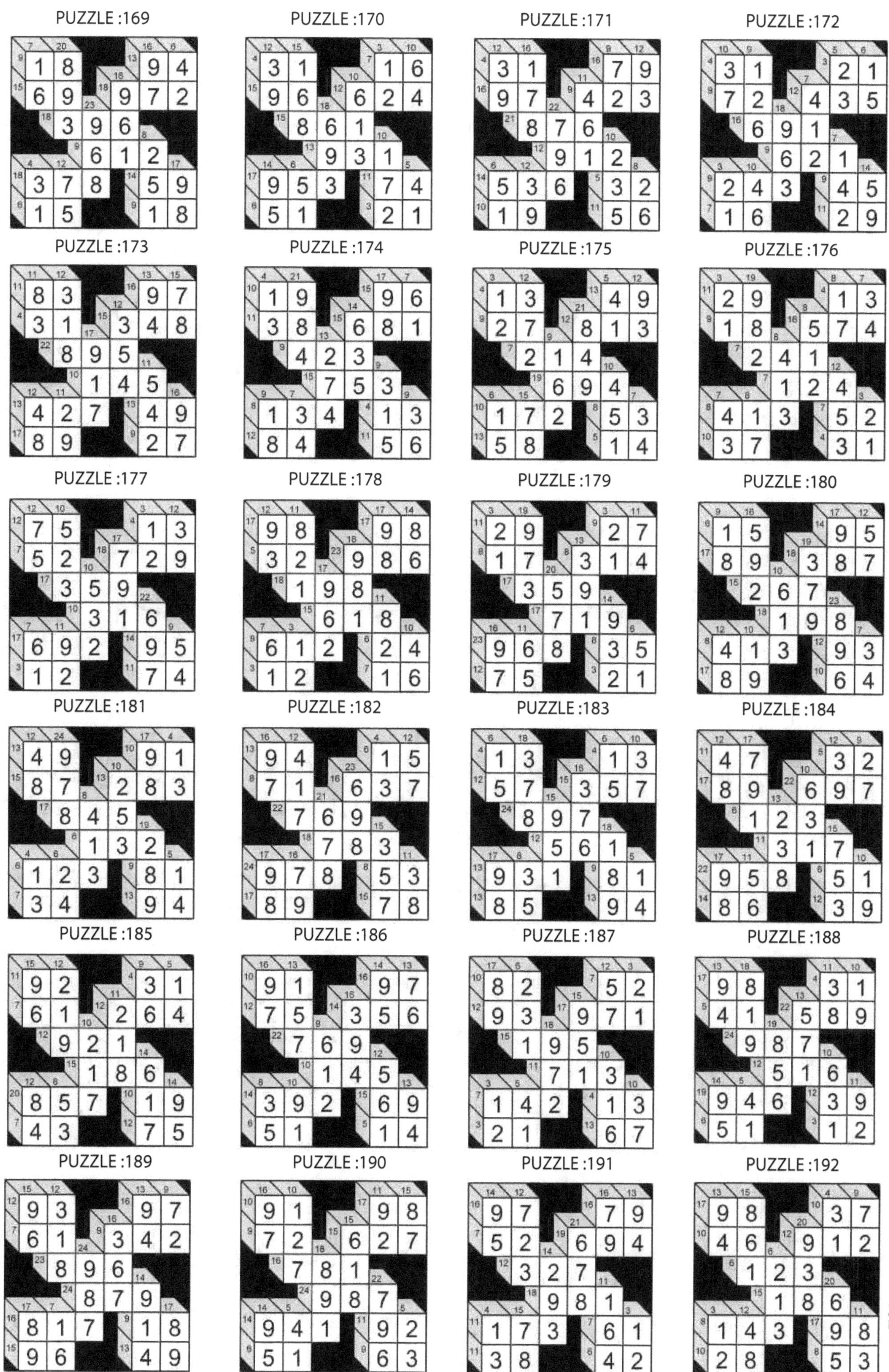

PUZZLE :169
PUZZLE :170
PUZZLE :171
PUZZLE :172
PUZZLE :173
PUZZLE :174
PUZZLE :175
PUZZLE :176
PUZZLE :177
PUZZLE :178
PUZZLE :179
PUZZLE :180
PUZZLE :181
PUZZLE :182
PUZZLE :183
PUZZLE :184
PUZZLE :185
PUZZLE :186
PUZZLE :187
PUZZLE :188
PUZZLE :189
PUZZLE :190
PUZZLE :191
PUZZLE :192

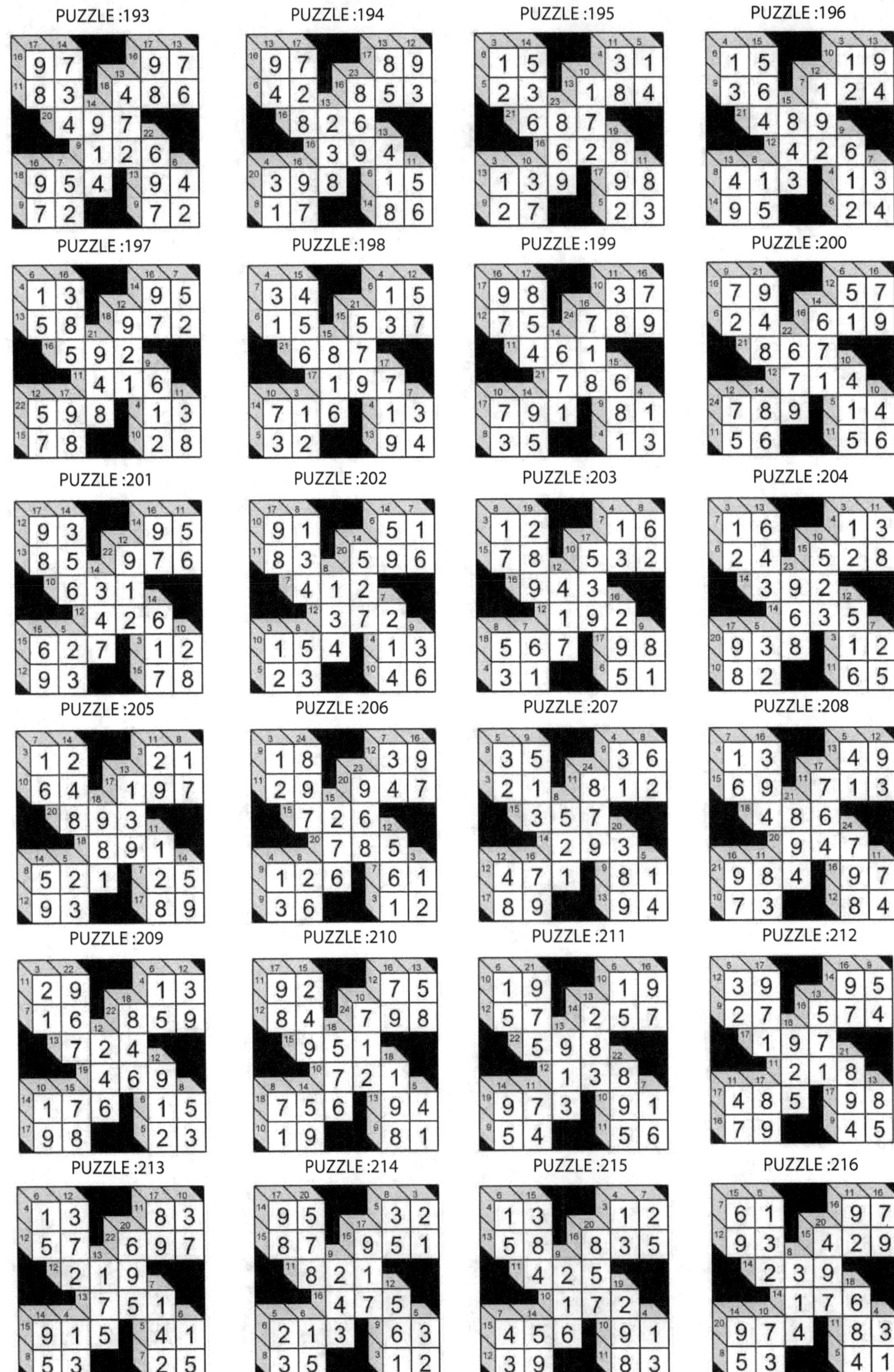

PUZZLE :193
PUZZLE :194
PUZZLE :195
PUZZLE :196
PUZZLE :197
PUZZLE :198
PUZZLE :199
PUZZLE :200
PUZZLE :201
PUZZLE :202
PUZZLE :203
PUZZLE :204
PUZZLE :205
PUZZLE :206
PUZZLE :207
PUZZLE :208
PUZZLE :209
PUZZLE :210
PUZZLE :211
PUZZLE :212
PUZZLE :213
PUZZLE :214
PUZZLE :215
PUZZLE :216

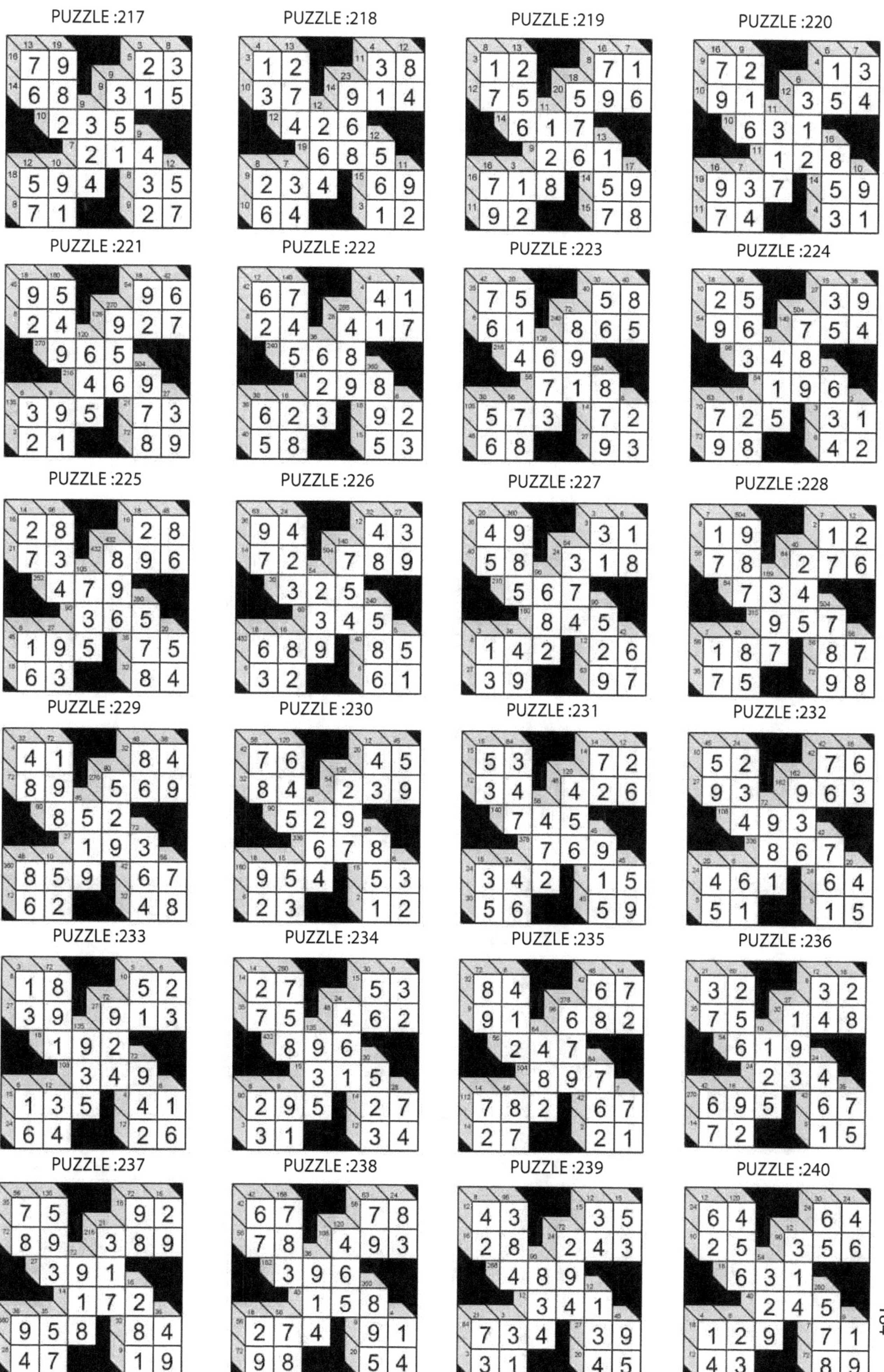

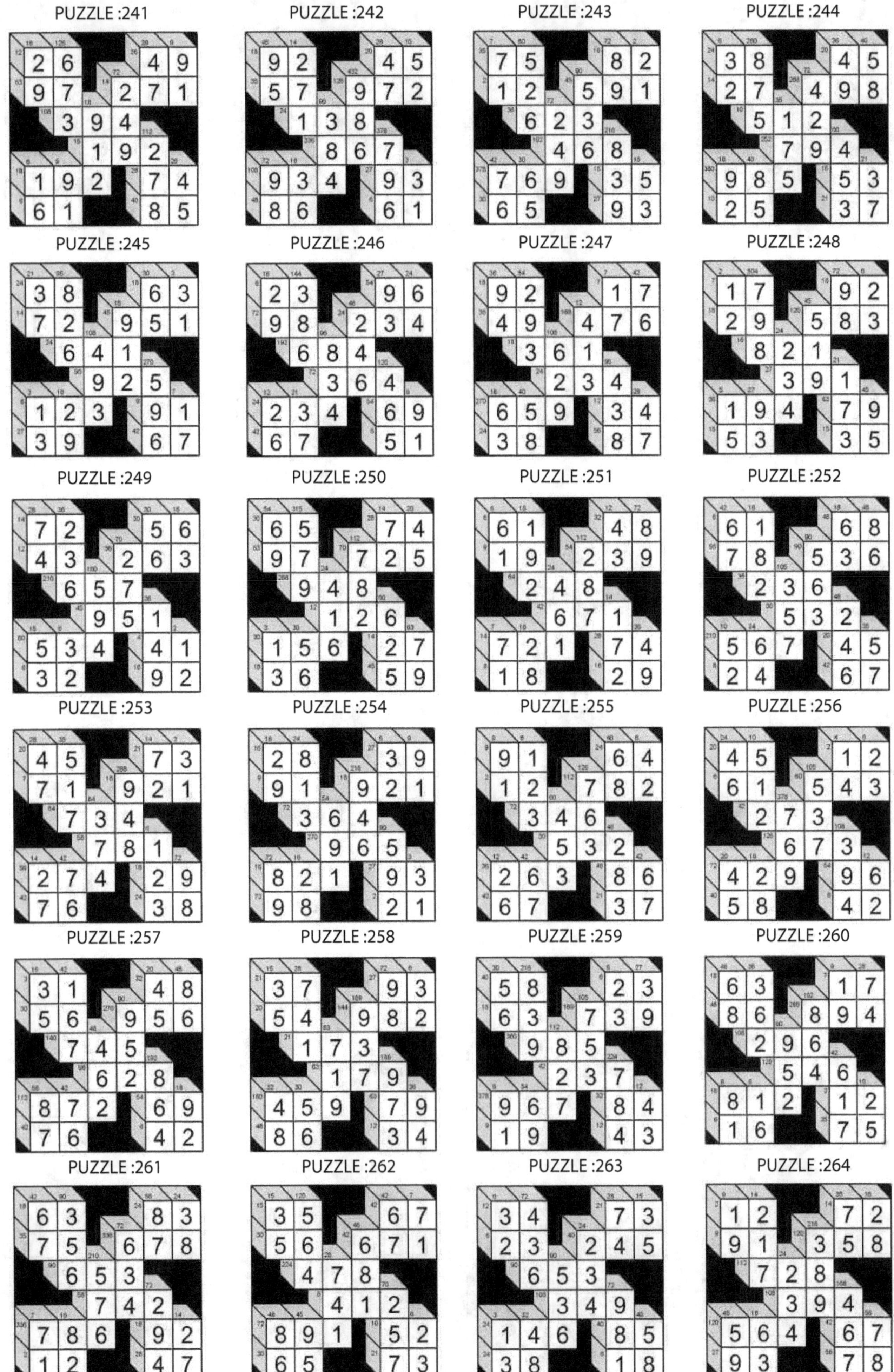
PUZZLE :241
PUZZLE :242
PUZZLE :243
PUZZLE :244
PUZZLE :245
PUZZLE :246
PUZZLE :247
PUZZLE :248
PUZZLE :249
PUZZLE :250
PUZZLE :251
PUZZLE :252
PUZZLE :253
PUZZLE :254
PUZZLE :255
PUZZLE :256
PUZZLE :257
PUZZLE :258
PUZZLE :259
PUZZLE :260
PUZZLE :261
PUZZLE :262
PUZZLE :263
PUZZLE :264

PUZZLE :265
PUZZLE :266
PUZZLE :267
PUZZLE :268
PUZZLE :269
PUZZLE :270
PUZZLE :271
PUZZLE :272
PUZZLE :273
PUZZLE :274
PUZZLE :275
PUZZLE :276
PUZZLE :277
PUZZLE :278
PUZZLE :279
PUZZLE :280
PUZZLE :281
PUZZLE :282
PUZZLE :283
PUZZLE :284
PUZZLE :285
PUZZLE :286
PUZZLE :287
PUZZLE :288

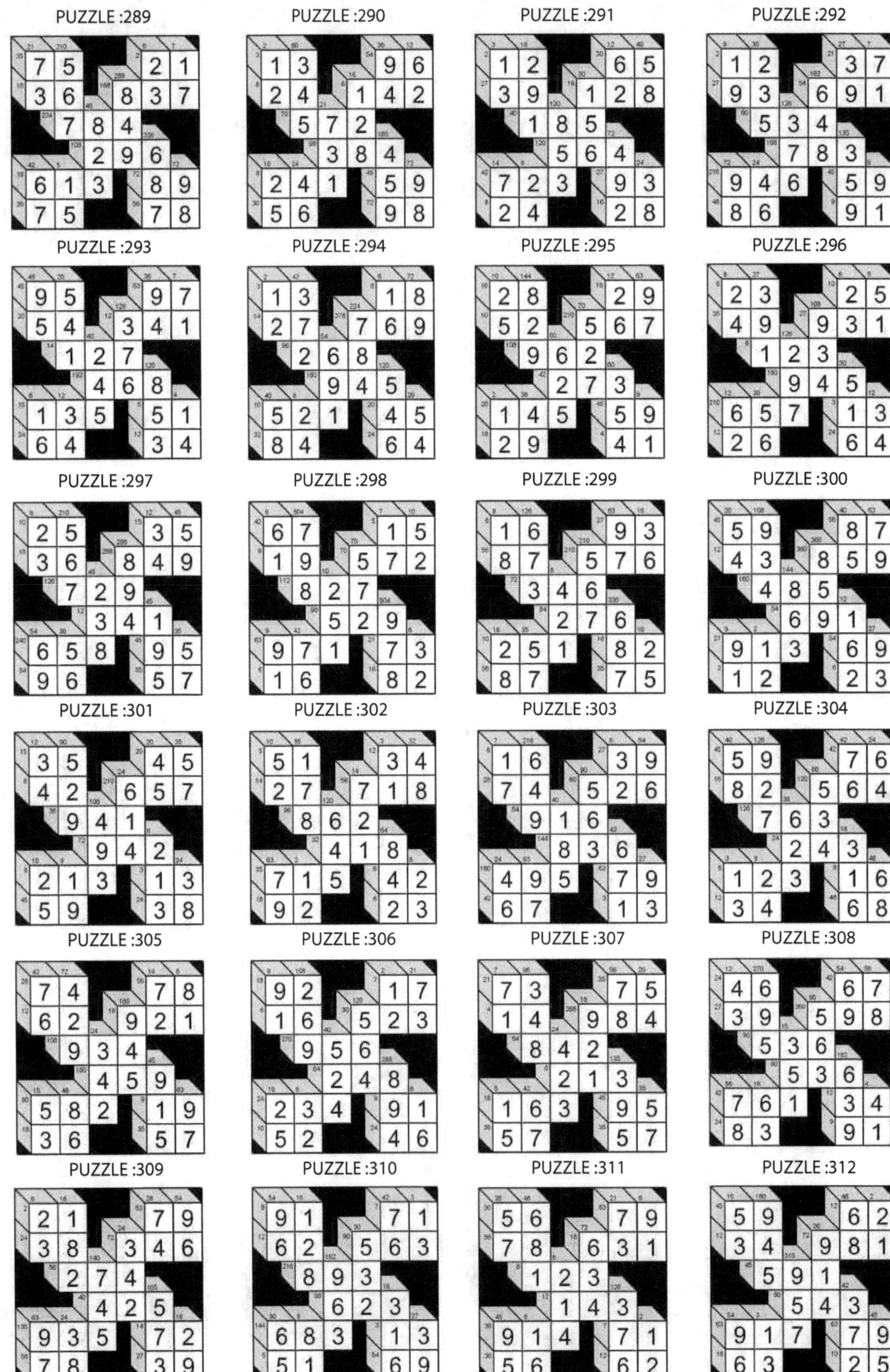

PUZZLE :289 PUZZLE :290 PUZZLE :291 PUZZLE :292
PUZZLE :293 PUZZLE :294 PUZZLE :295 PUZZLE :296
PUZZLE :297 PUZZLE :298 PUZZLE :299 PUZZLE :300
PUZZLE :301 PUZZLE :302 PUZZLE :303 PUZZLE :304
PUZZLE :305 PUZZLE :306 PUZZLE :307 PUZZLE :308
PUZZLE :309 PUZZLE :310 PUZZLE :311 PUZZLE :312

PUZZLE :313
PUZZLE :314
PUZZLE :315
PUZZLE :316
PUZZLE :317
PUZZLE :318
PUZZLE :319
PUZZLE :320
PUZZLE :321
PUZZLE :322
PUZZLE :323
PUZZLE :324
PUZZLE :325
PUZZLE :326
PUZZLE :327
PUZZLE :328
PUZZLE :329
PUZZLE :330
PUZZLE :331
PUZZLE :332
PUZZLE :333
PUZZLE :334
PUZZLE :335
PUZZLE :336

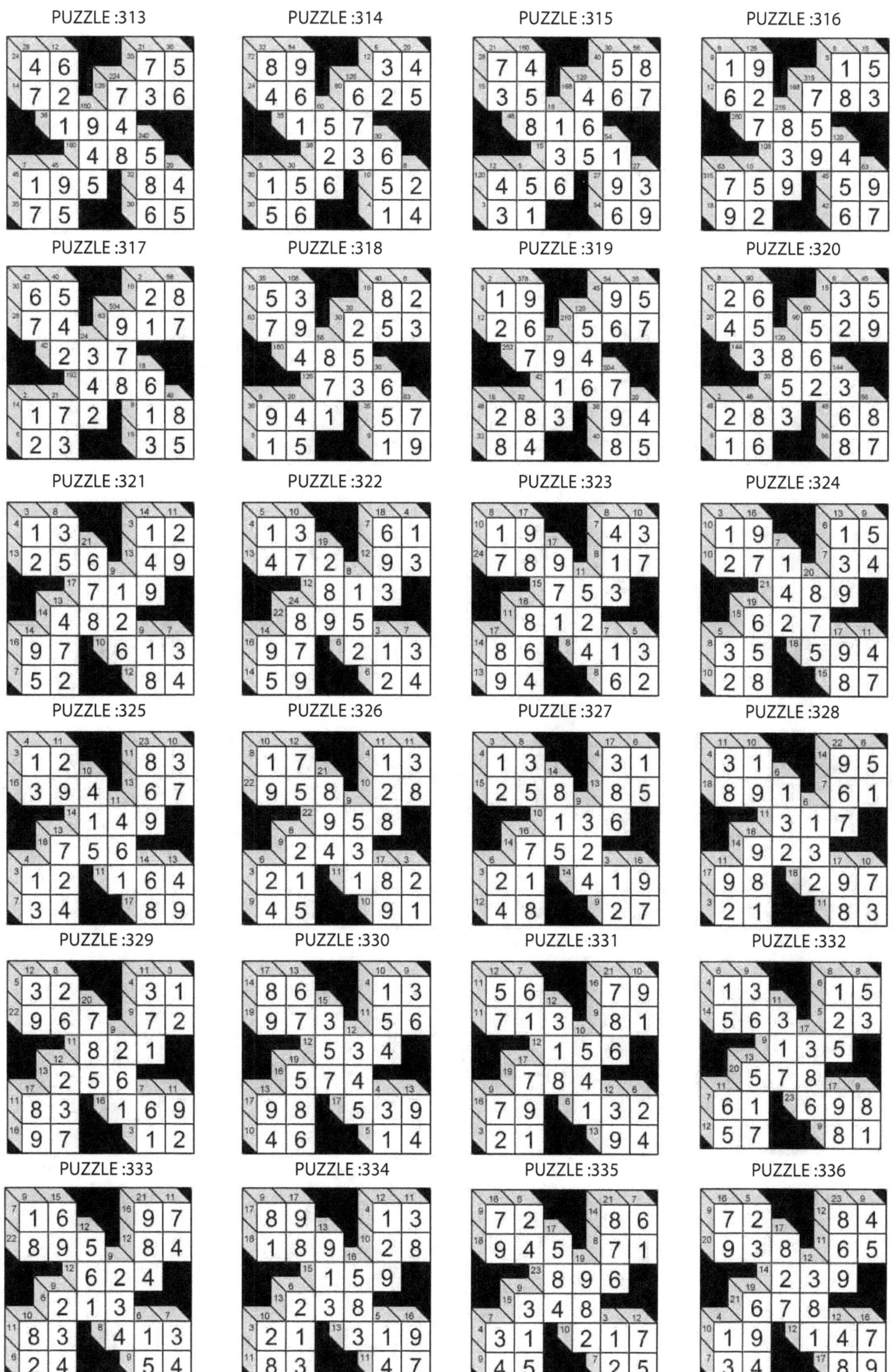

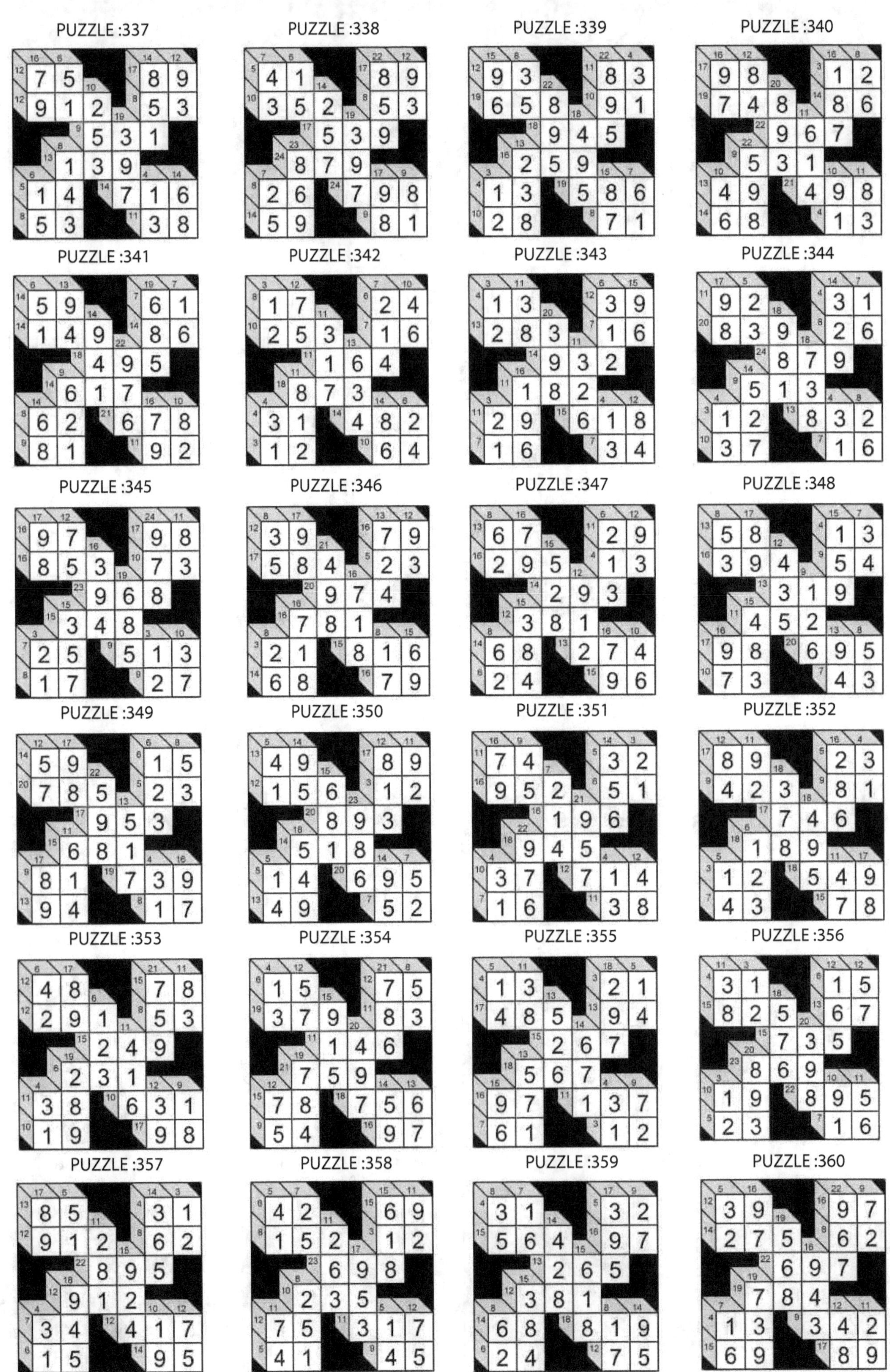

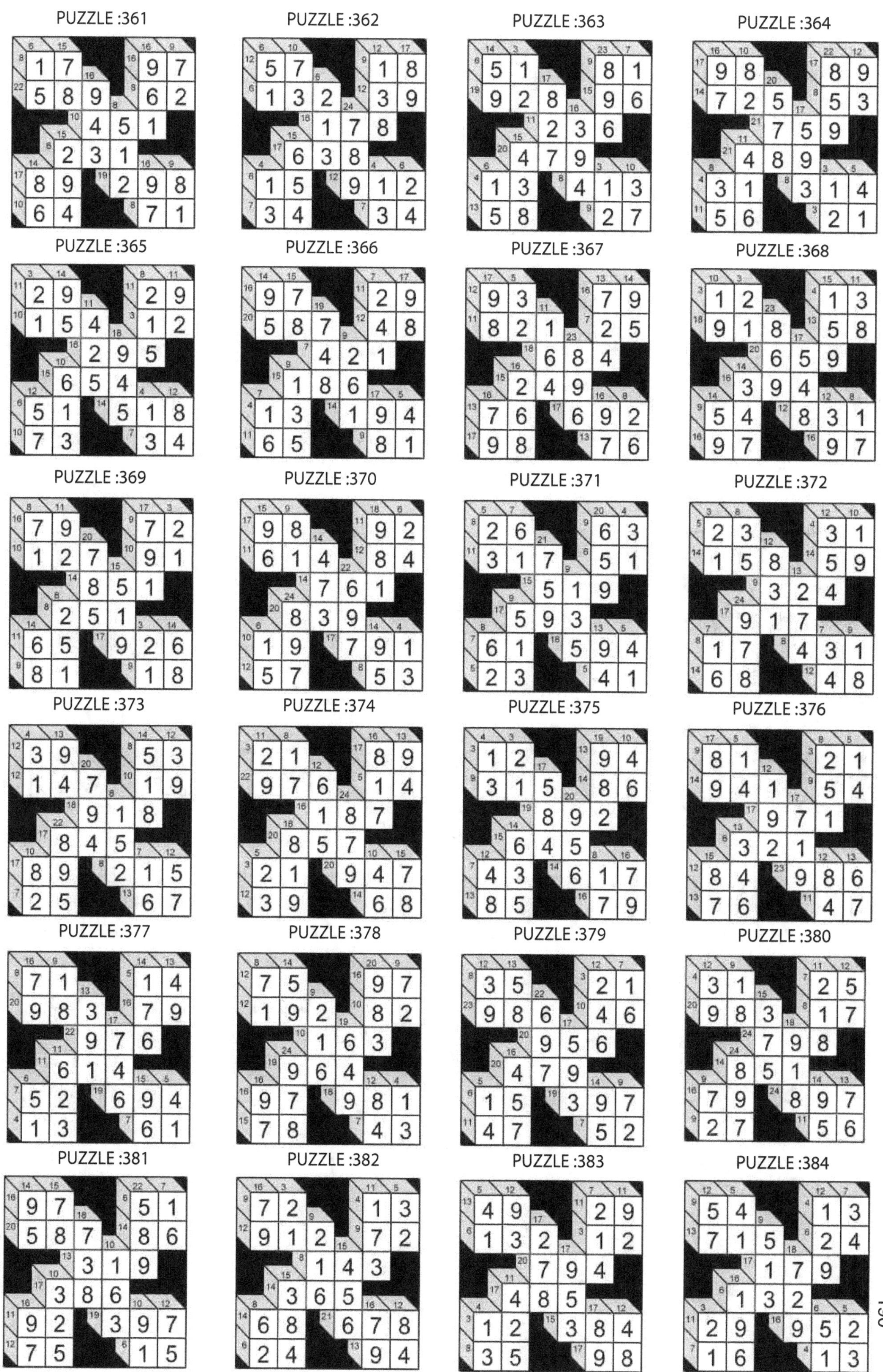

PUZZLE :385
PUZZLE :386
PUZZLE :387
PUZZLE :388
PUZZLE :389
PUZZLE :390
PUZZLE :391
PUZZLE :392
PUZZLE :393
PUZZLE :394
PUZZLE :395
PUZZLE :396
PUZZLE :397
PUZZLE :398
PUZZLE :399
PUZZLE :400
PUZZLE :401
PUZZLE :402
PUZZLE :403
PUZZLE :404
PUZZLE :405
PUZZLE :406
PUZZLE :407
PUZZLE :408

PUZZLE :433
PUZZLE :434
PUZZLE :435
PUZZLE :436
PUZZLE :437
PUZZLE :438
PUZZLE :439
PUZZLE :440
PUZZLE :441
PUZZLE :442
PUZZLE :443
PUZZLE :444
PUZZLE :445
PUZZLE :446
PUZZLE :447
PUZZLE :448
PUZZLE :449
PUZZLE :450
PUZZLE :451
PUZZLE :452
PUZZLE :453
PUZZLE :454
PUZZLE :455
PUZZLE :456

PUZZLE :457
PUZZLE :458
PUZZLE :459
PUZZLE :460
PUZZLE :461
PUZZLE :462
PUZZLE :463
PUZZLE :464
PUZZLE :465
PUZZLE :466
PUZZLE :467
PUZZLE :468
PUZZLE :469
PUZZLE :470
PUZZLE :471
PUZZLE :472
PUZZLE :473
PUZZLE :474
PUZZLE :475
PUZZLE :476
PUZZLE :477
PUZZLE :478
PUZZLE :479
PUZZLE :480

PUZZLE :481
PUZZLE :482
PUZZLE :483
PUZZLE :484
PUZZLE :485
PUZZLE :486
PUZZLE :487
PUZZLE :488
PUZZLE :489
PUZZLE :490
PUZZLE :491
PUZZLE :492
PUZZLE :493
PUZZLE :494
PUZZLE :495
PUZZLE :496
PUZZLE :497
PUZZLE :498
PUZZLE :499
PUZZLE :500
PUZZLE :501
PUZZLE :502
PUZZLE :503
PUZZLE :504

PUZZLE :505
PUZZLE :506
PUZZLE :507
PUZZLE :508
PUZZLE :509
PUZZLE :510
PUZZLE :511
PUZZLE :512
PUZZLE :513
PUZZLE :514
PUZZLE :515
PUZZLE :516
PUZZLE :517
PUZZLE :518
PUZZLE :519
PUZZLE :520
PUZZLE :521
PUZZLE :522
PUZZLE :523
PUZZLE :524
PUZZLE :525
PUZZLE :526
PUZZLE :527
PUZZLE :528

PUZZLE :577
PUZZLE :578
PUZZLE :579
PUZZLE :580
PUZZLE :581
PUZZLE :582
PUZZLE :583
PUZZLE :584
PUZZLE :585
PUZZLE :586
PUZZLE :587
PUZZLE :588
PUZZLE :589
PUZZLE :590
PUZZLE :591
PUZZLE :592
PUZZLE :593
PUZZLE :594
PUZZLE :595
PUZZLE :596
PUZZLE :597
PUZZLE :598
PUZZLE :599
PUZZLE :600

PUZZLE :625 · PUZZLE :626 · PUZZLE :627 · PUZZLE :628

PUZZLE :629 · PUZZLE :630 · PUZZLE :631 · PUZZLE :632

PUZZLE :633 · PUZZLE :634 · PUZZLE :635 · PUZZLE :636

PUZZLE :637 · PUZZLE :638 · PUZZLE :639 · PUZZLE :640

PUZZLE :641 · PUZZLE :642 · PUZZLE :643 · PUZZLE :644

PUZZLE :645 · PUZZLE :646 · PUZZLE :647 · PUZZLE :648

PUZZLE :745 PUZZLE :746 PUZZLE :747 PUZZLE :748

PUZZLE :749 PUZZLE :750 PUZZLE :751 PUZZLE :752

PUZZLE :753 PUZZLE :754 PUZZLE :755 PUZZLE :756

PUZZLE :757 PUZZLE :758 PUZZLE :759 PUZZLE :760

PUZZLE :761 PUZZLE :762 PUZZLE :763 PUZZLE :764

PUZZLE :765 PUZZLE :766 PUZZLE :767 PUZZLE :768

PUZZLE :793 PUZZLE :794 PUZZLE :795 PUZZLE :796

PUZZLE :797 PUZZLE :798 PUZZLE :799 PUZZLE :800

PUZZLE :801 PUZZLE :802 PUZZLE :803 PUZZLE :804

PUZZLE :805 PUZZLE :806 PUZZLE :807 PUZZLE :808

PUZZLE :809 PUZZLE :810 PUZZLE :811 PUZZLE :812

PUZZLE :813 PUZZLE :814 PUZZLE :815 PUZZLE :816

PUZZLE :865
PUZZLE :866
PUZZLE :867
PUZZLE :868
PUZZLE :869
PUZZLE :870
PUZZLE :871
PUZZLE :872
PUZZLE :873
PUZZLE :874
PUZZLE :875
PUZZLE :876
PUZZLE :877
PUZZLE :878
PUZZLE :879
PUZZLE :880
PUZZLE :881
PUZZLE :882
PUZZLE :883
PUZZLE :884
PUZZLE :885
PUZZLE :886
PUZZLE :887
PUZZLE :888

PUZZLE :889
PUZZLE :890
PUZZLE :891
PUZZLE :892
PUZZLE :893
PUZZLE :894
PUZZLE :895
PUZZLE :896
PUZZLE :897
PUZZLE :898
PUZZLE :899
PUZZLE :900
PUZZLE :901
PUZZLE :902
PUZZLE :903
PUZZLE :904
PUZZLE :905
PUZZLE :906
PUZZLE :907
PUZZLE :908
PUZZLE :909
PUZZLE :910
PUZZLE :911
PUZZLE :912

PUZZLE :913
PUZZLE :914
PUZZLE :915
PUZZLE :916
PUZZLE :917
PUZZLE :918
PUZZLE :919
PUZZLE :920
PUZZLE :921
PUZZLE :922
PUZZLE :923
PUZZLE :924
PUZZLE :925
PUZZLE :926
PUZZLE :927
PUZZLE :928
PUZZLE :929
PUZZLE :930
PUZZLE :931
PUZZLE :932
PUZZLE :933
PUZZLE :934
PUZZLE :935
PUZZLE :936

PUZZLE :937
PUZZLE :938
PUZZLE :939
PUZZLE :940
PUZZLE :941
PUZZLE :942
PUZZLE :943
PUZZLE :944
PUZZLE :945
PUZZLE :946
PUZZLE :947
PUZZLE :948
PUZZLE :949
PUZZLE :950
PUZZLE :951
PUZZLE :952
PUZZLE :953
PUZZLE :954
PUZZLE :955
PUZZLE :956
PUZZLE :957
PUZZLE :958
PUZZLE :959
PUZZLE :960